(a)黑麦籽粒

(b) 黑小麦穗

(c)苗期的黑小麦

(d) 黑小麦灌浆期

(e) 成熟的黑小麦

(f) 收获的黑小麦

图1-1 黑小麦

(a)小麦全蚀病病苗

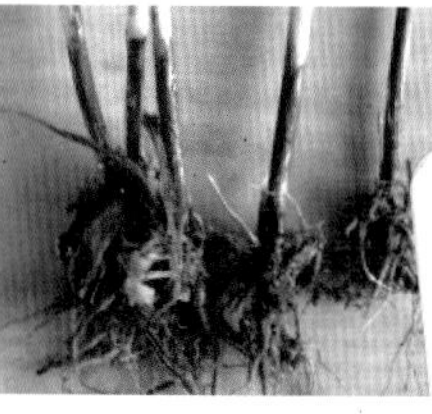

(b)小麦全蚀病病株

(d)小麦全蚀病病田

图1-2 小麦全蚀病

(a)小麦纹枯病病株

(b) 小麦纹枯病病叶

(c)小麦纹枯病病茎　(d)　小麦纹枯病病苗

图1-3 小麦纹枯病

(a)小麦根腐病幼苗　(b)小麦根腐病病株　(c)小麦根腐病病穗　(d)小麦根腐病病田

图1-4 小麦根腐病

(a)小麦白粉病病田　(b)小麦白粉病病叶　(c)小麦白粉病病穗　(d)小麦白粉病病

图1-5 小麦白粉病

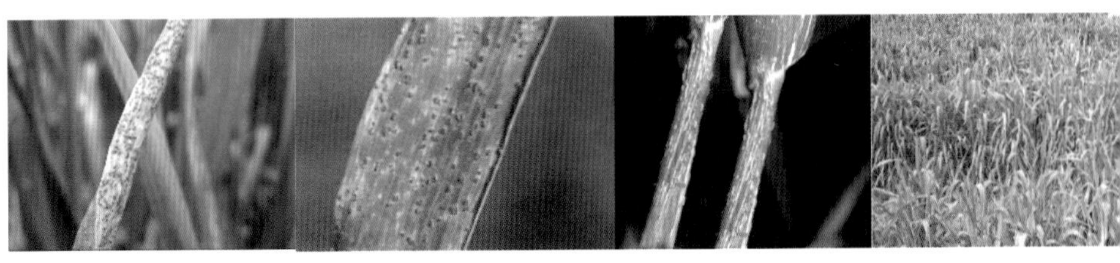

(a)小麦条锈病病叶　(b)小麦叶锈病病叶　(c) 小麦杆锈病病株　(d)小麦锈病病田

图1-6 小麦锈病

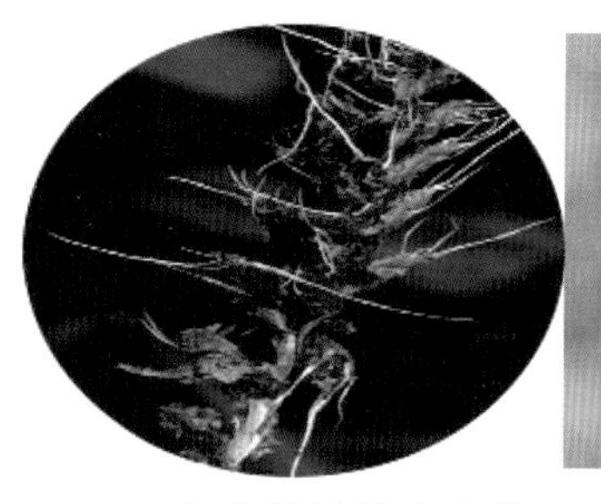

(a)小麦散黑穗病病苗

(b) 小麦散黑穗病病穗

(c)小麦散黑穗病病田

(d) 小麦散黑穗病病株

图1-7 小麦散黑穗病

小麦腥黑穗病病苗 (b) 小麦腥黑穗病病株 (c)小麦腥黑穗病病穗 (d)小麦腥黑穗病病田

图1-8 小麦腥黑穗病

(a)小麦赤霉病病苗

(b) 小麦赤霉病病株

(c) 小麦赤霉病病穗

(d)小麦赤霉病病田

图1-9 小麦赤霉病

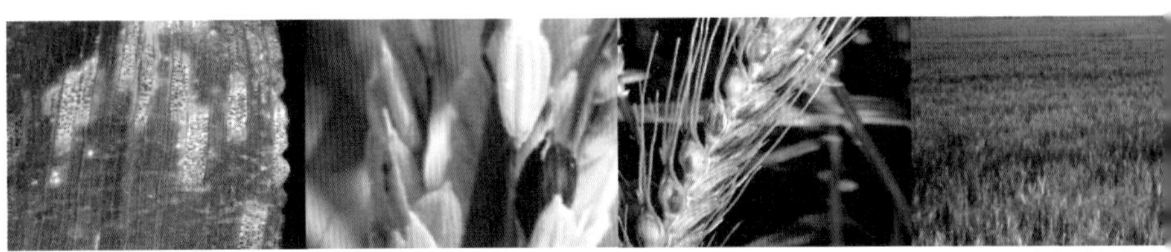

(a)小麦颖枯病病叶　(b)小麦颖枯病病穗　(c)小麦颖枯病病株　(d) 小麦颖枯病病

图1-10 小麦颖枯病

(a)小麦黄矮病　(b)小麦丛矮病　(c)小麦病毒病病苗　(d)小麦病毒病病田

图1-11 小麦病毒病

图1-12 药害

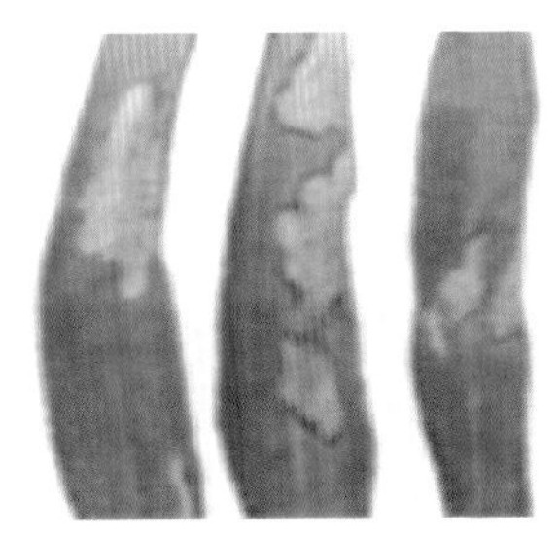

图1-13 空气污染（SO_2）毒害

图1-14 小麦干热风　　图1-15 冻害　　图1-16 毒麦

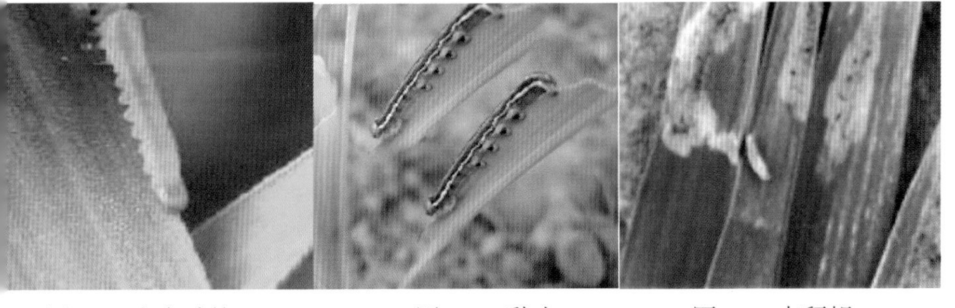

图1-17 小麦叶蜂　　图1-18 黏虫　　图1-19 麦秆蝇

图1-20 小麦蚜虫　　图1-21 麦蛾　　图1-22 吸浆虫　　图1-23 麦蜘蛛

(a) 黑玉米苗　　(b)黑玉米大田　　(c)黑玉米果穗　　(d) 黑玉米籽粒

图2-1 黑玉米

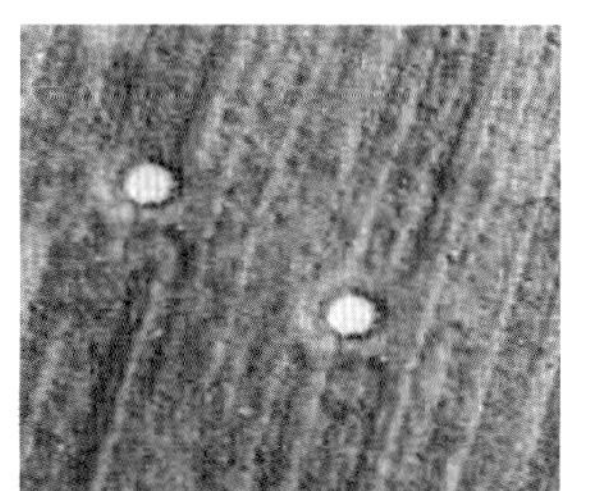
图2-2 玉米圆斑病

图2-3 玉米干腐病　图2-4 玉米丝核菌穗腐病　图2-5 玉米赤霉病

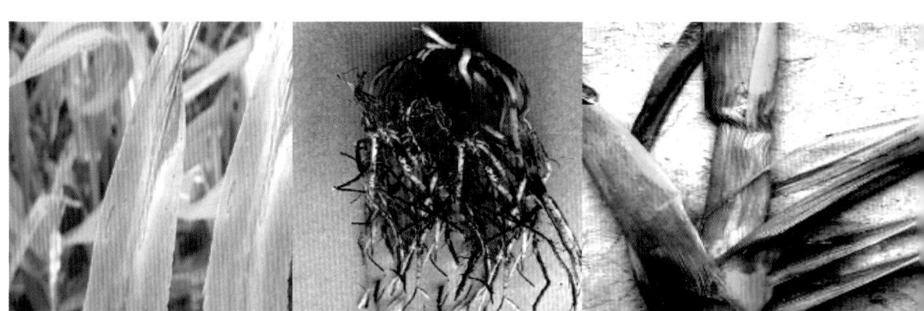
图2-6 玉米斑枯病　图2-7 玉米全蚀病　图2-8 玉米细菌性茎腐病

图2-9 玉米细菌性条纹病　图2-10 玉米细菌性萎蔫病　图2-11 玉米条纹矮缩病

图2-12 玉米矮花叶病毒病　图2-13 玉米粗缩病　图2-14 玉米大斑病

图2-15 玉米小斑病　图2-16 玉米空秆　图2-17 玉米倒伏

图2-18 玉米白化苗　图2-19 玉米黄绿苗　图2-20 玉米低温障碍

图2-21 玉米叶鞘紫斑病　图2-22 玉米高温干旱　图2-23 玉米涝害

图2-24 玉米药害　图2-25 玉米空气污染　图2-26 玉米螟

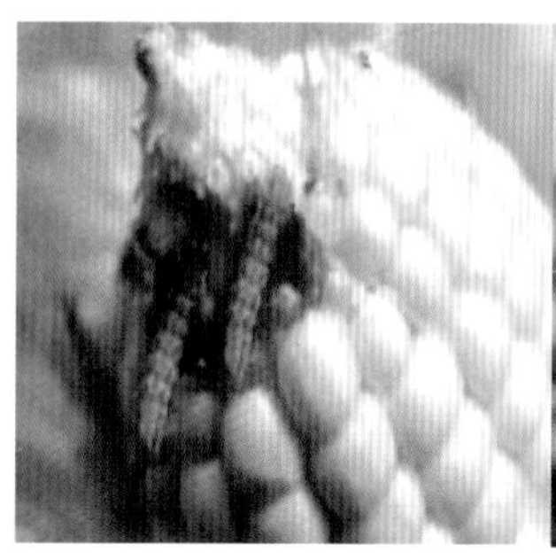

图2-27 玉米田棉铃虫

图2-28 玉米蛀茎夜蛾　图2-29 玉米蚜虫

图2-30 玉米铁甲

图2-31 玉米蓟马

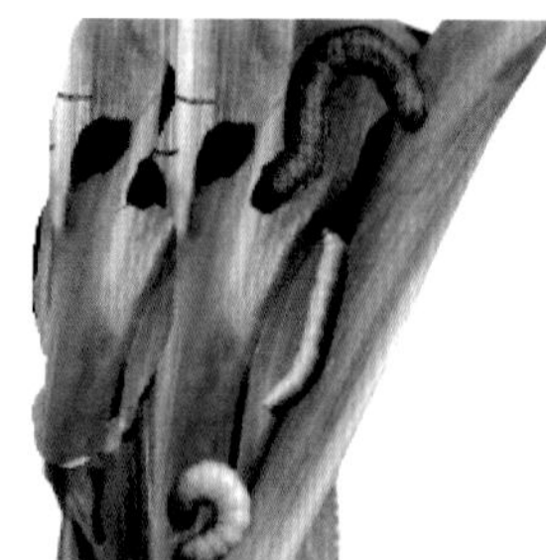

图2-32 玉米叶夜蛾

图2-33 玉米异跗萤叶甲

(a)黑稻苗期

(b) 黑稻抽穗期

(c) 黑稻成熟期　　(d) 黑米

图3-1 黑水稻

图3-2 水稻恶苗病病株　图3-3 水稻稻苗疫病病株

图3-4 水稻烂秧病病田　图3-5 水稻霜霉病病田　图3-6 水稻白绢病根茎部受害

图3-7 水稻稻瘟病受害大田　图3-8 水稻胡麻斑病苗期受害　图3-9 水稻叶鞘腐败病抽穗期受害

图3-10 水稻紫鞘病叶片受害　图3-11 水稻叶黑肿病病田　图3-12 水稻菌核秆腐病

图3-13 水稻纹枯病病株　图3-14 水稻叶尖枯病病叶　图3-15 水稻窄条斑病病叶

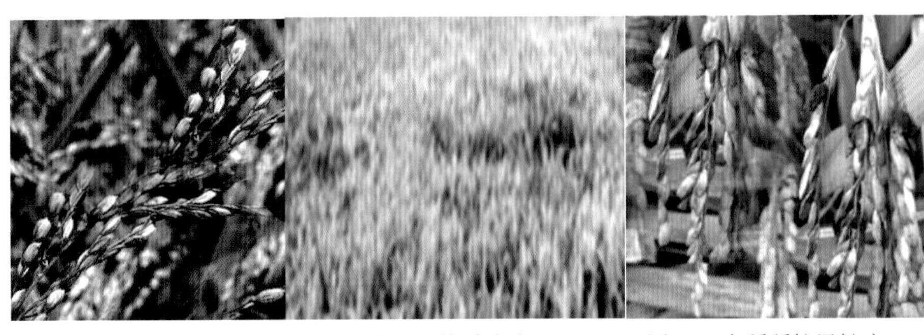

图3-16 水稻谷枯病稻谷　图3-17 水稻一炷香病大田　图3-18 水稻稻粒黑粉病

图3-19 水稻稻曲病　图3-20 水稻白叶枯病病叶　图3-21 水稻细菌性条斑病大

图3-22 水稻细菌性谷枯病大田 图3-23 水稻齿矮病大田 图3-24 水稻赤枯病病田

图3-25 水稻倒伏 图3-26 水稻苗期低温冷害 图3-27 水稻高温热害

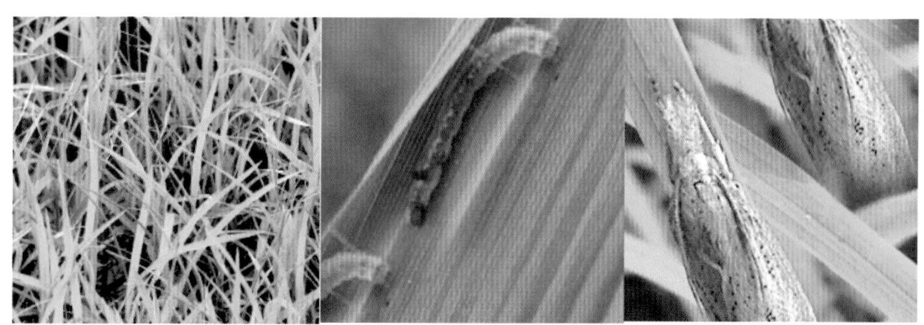

图3-28 水稻青枯病病田 图3-29 水稻三化螟危害稻叶 图3-30 水稻二化螟危害稻叶

图3-31 水稻大螟危害稻叶 图3-32 水稻稻纵卷叶螟危害稻叶 图3-33 水稻显纹纵卷叶螟危害叶片

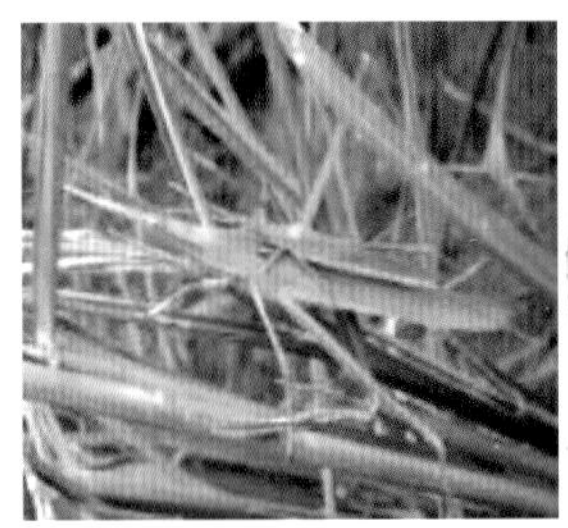

图3-34 水稻中华稻蝗危害植株

(a) 幼苗期黑豆

(b) 分枝期黑豆

(c) 开花期黑豆　(d)结荚期黑豆　(e)　黑豆籽粒　(f)成熟期黑豆

图4-1 黑豆

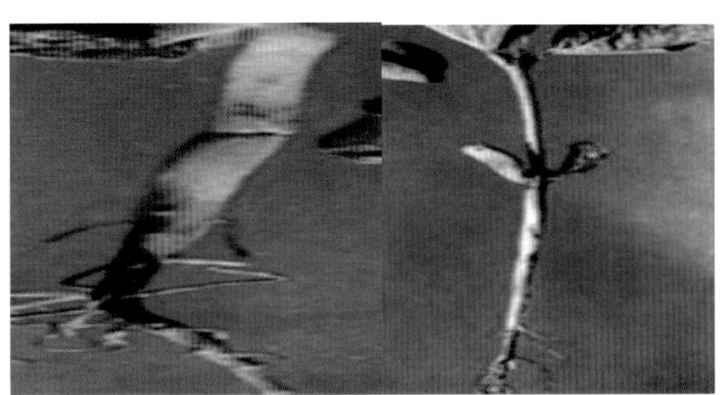

图4-2 大豆猝倒病　图4-3 大豆立枯病

图4-4 大豆霜霉病　图4-5 大豆紫斑病　图4-6 大豆灰斑病

图4-7 大豆褐斑病　图4-8 大豆叶斑病　图4-9 大豆羞萎病

图4-10 大豆黑点病　图4-11 大豆锈病　图4-12 大豆灰星病

图4-13 大豆菌核病　图4-14 大豆轮纹病　图4-15 大豆炭枯病

图4-16 大豆耙点病　图4-17 大豆枯萎病　图4-18 大豆纹枯病

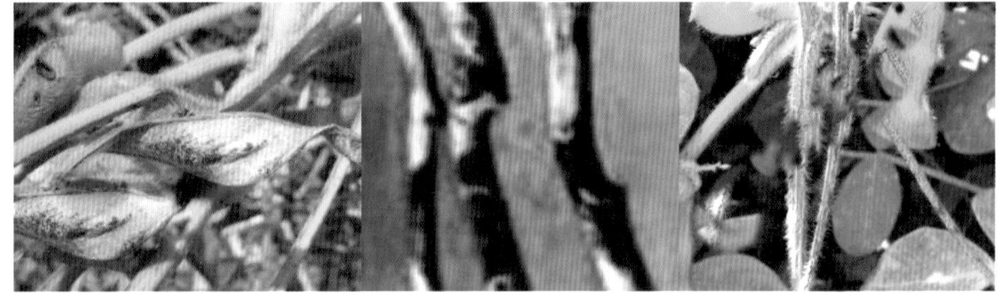

图4-19 大豆荚枯病　　图4-20 大豆茎枯病　　图4-21 大豆黑痘病

图4-22 大豆赤霉病　　图4-23 大豆白粉病　　图4-24 大豆疫病

图4-25 大豆细菌斑点病　　图4-26 大豆细菌角斑病　　图4-27 大豆细菌斑疹病

图4-28 大豆花叶病

图4-29 大豆胞囊线虫病

图4-30 大豆根结线虫病

图4-31 大豆菟丝子　　图4-32 斑须蝽　　图4-33 大豆蚜

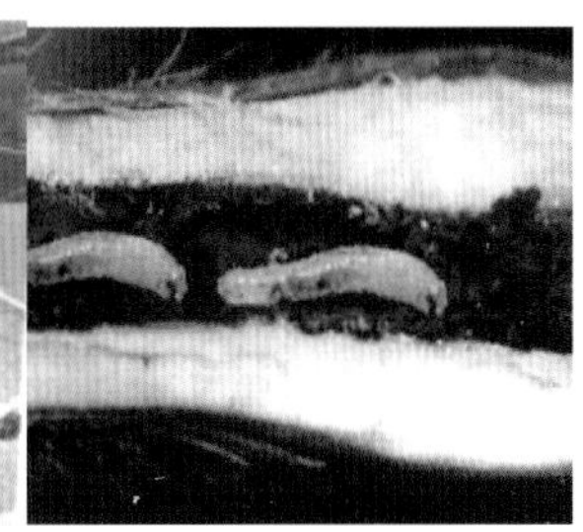
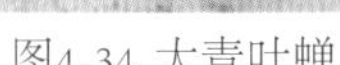

图4-34 大青叶蝉　　图4-35 暗黑鳃金龟危害大豆叶片状　　图4-36 豆秆黑潜蝇

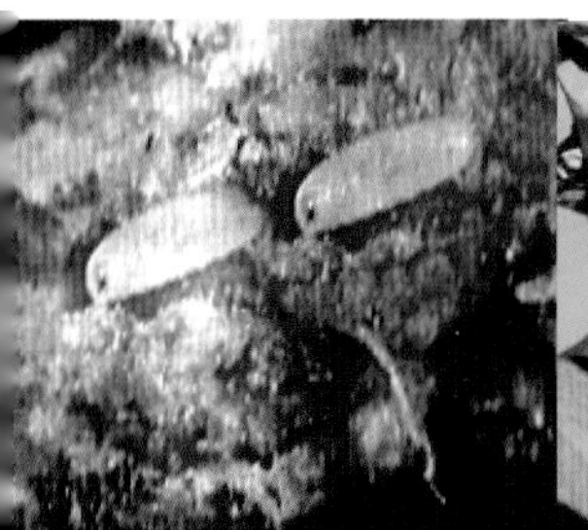

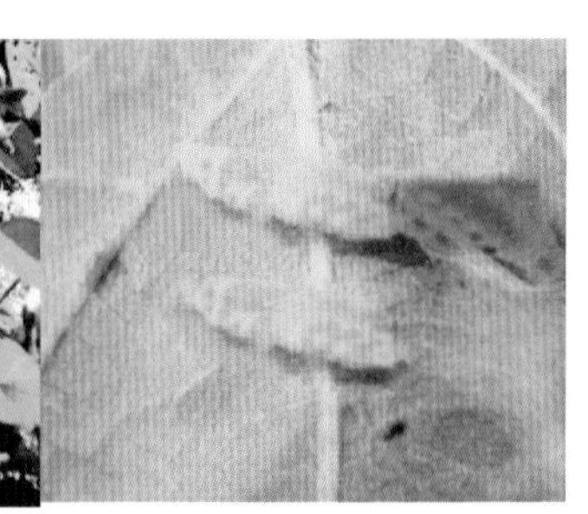

图4-37 豆根蛇潜蝇　　图4-38 小地老虎　　图4-39 豆小卷叶蛾

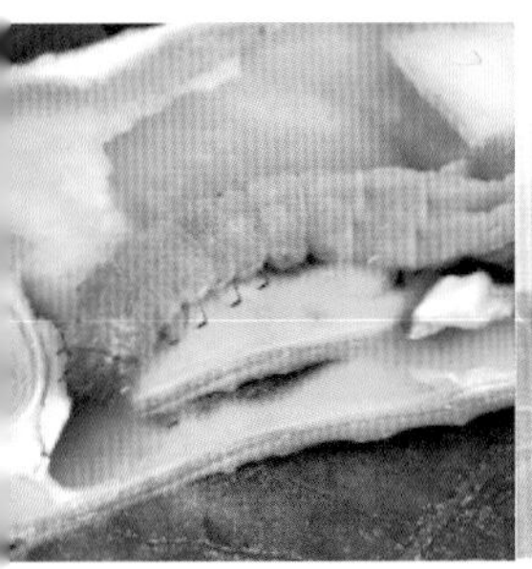
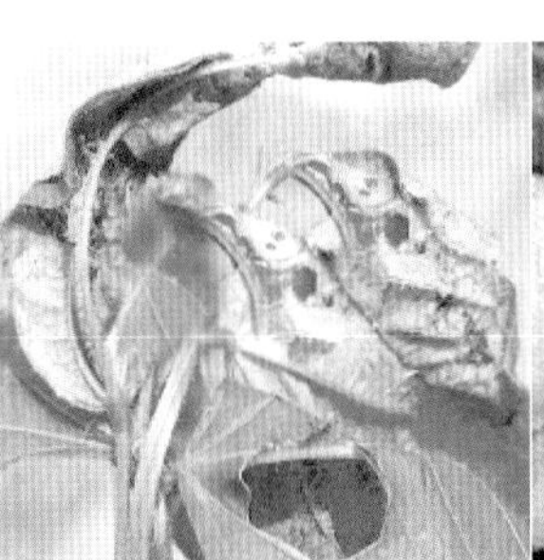
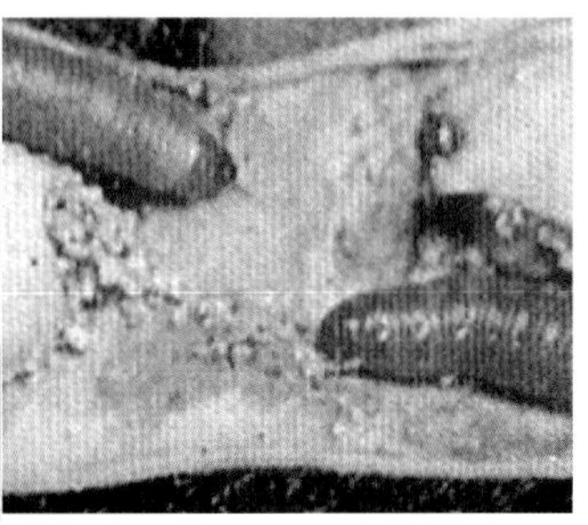

图4-40 银纹夜蛾　　图4-41 苜蓿夜蛾　　图4-42 大豆食心虫

(a)苗期田间长相　(b)分枝期田间长相　(c) 成熟的薯块

(d) 育苗

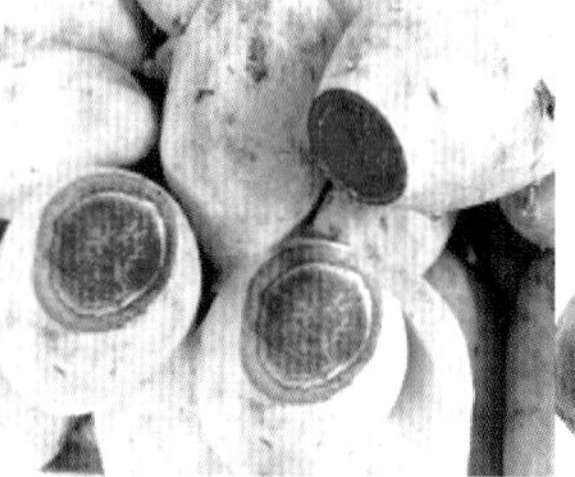

(e)紫甘薯田块

(f)收获的紫甘薯

图5-1 紫甘薯

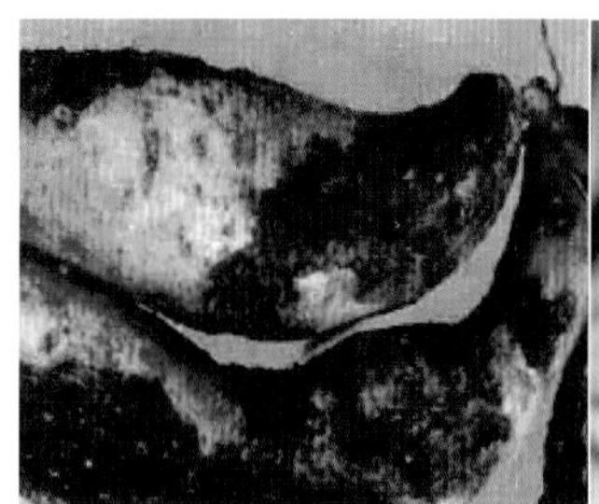

图5-2 甘薯黑斑病

图5-3 甘薯软腐病

图5-4 甘薯干腐病

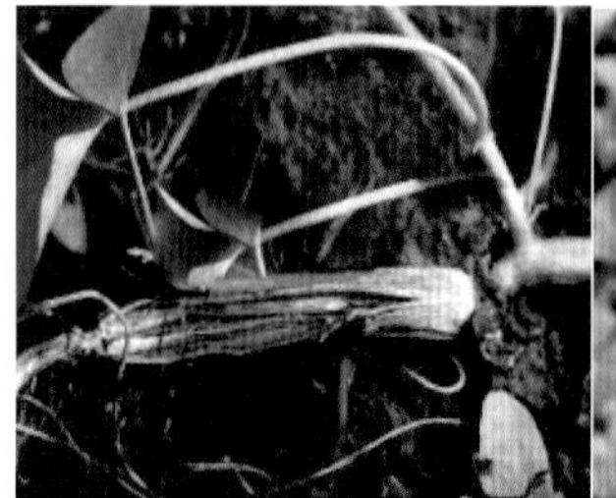

图5-5 甘薯蔓割病

图5-6 甘薯斑点病

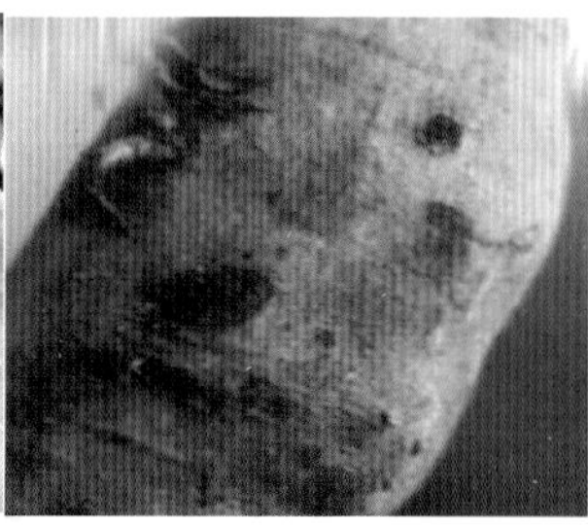

图5-7 甘薯紫纹羽病

图5-8 甘薯根腐病　　图5-9 甘薯茎线虫病　　图5-10 甘薯黑根病病薯

图5-11 甘薯褐斑病大田　　图5-12 甘薯黑痣病病薯　　图5-13 甘薯黑疤病病薯

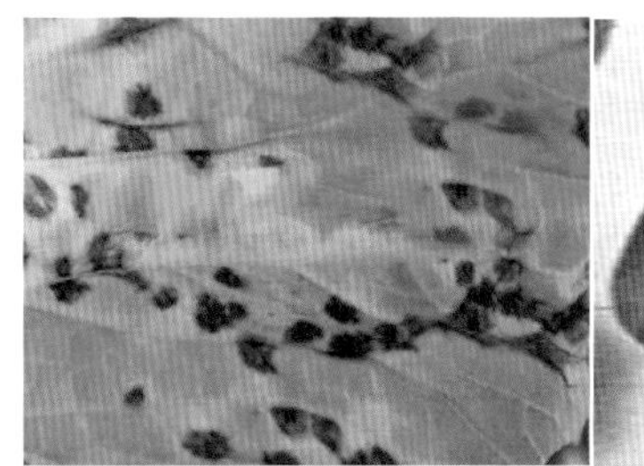

图5-14 甘薯瘟病病叶

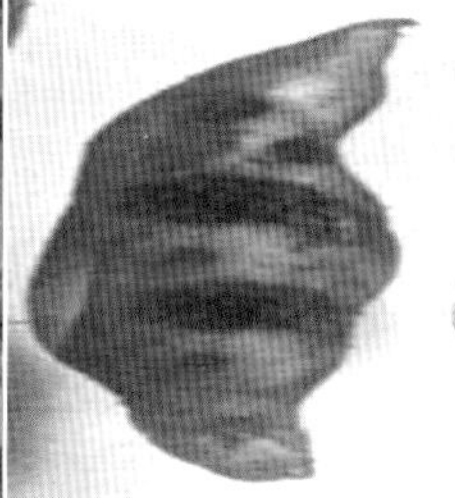

图5-15 甘薯疮痂病病薯

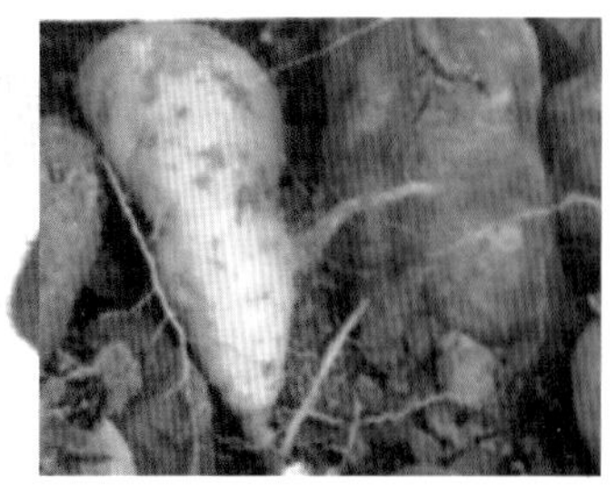

图5-16 甘薯叶斑病病薯

图5-17 甘薯病毒病大田病叶　　图5-18 甘薯冻害叶受害

图5-19 甘薯褐心病病叶

图5-20 甘薯天蛾　　图5-21 甘薯麦蛾　　图5-22 蛴螬

图5-23 小地老虎

图5-24 华北蝼蛄

图5-25 金针虫

图5-26 蟋蟀

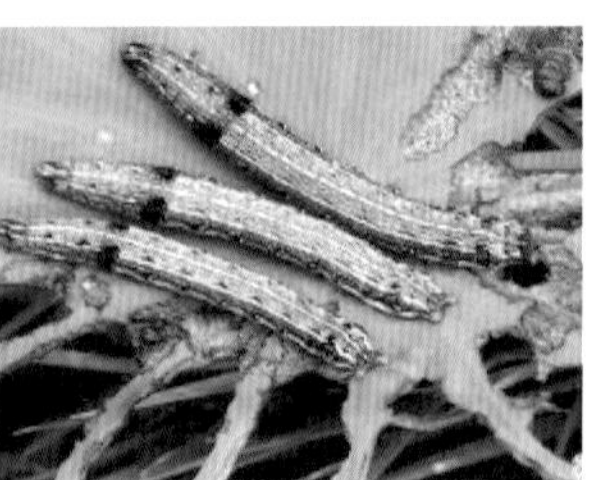

图5-27 斜纹夜蛾

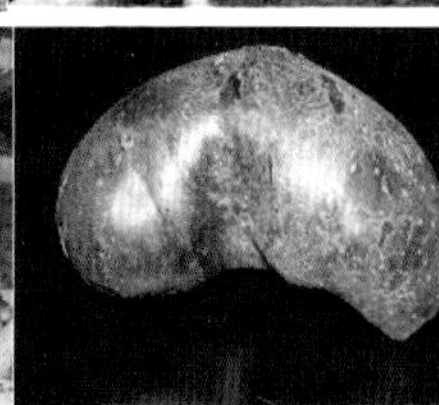

图6-1 黑马铃薯

图6-2 马铃薯黄萎病　　图6-3 马铃薯小叶病

图6-4 马铃薯病毒病　　图6-5 菟丝子为害马铃薯　　图6-6 马铃薯枯萎病

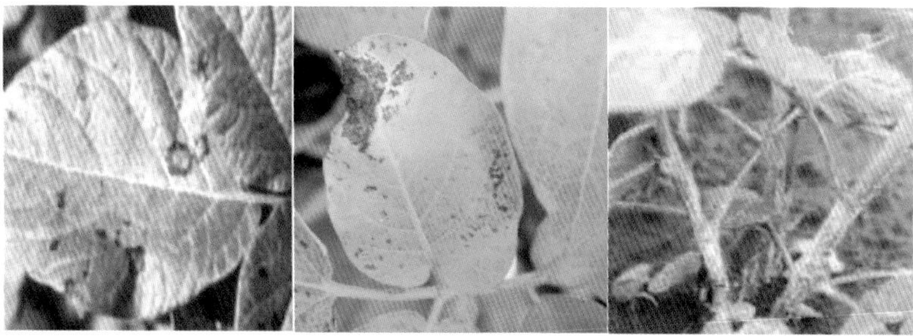

图6-7 马铃薯早疫病　　图6-8 马铃薯晚疫病　　图6-9 马铃薯核菌病

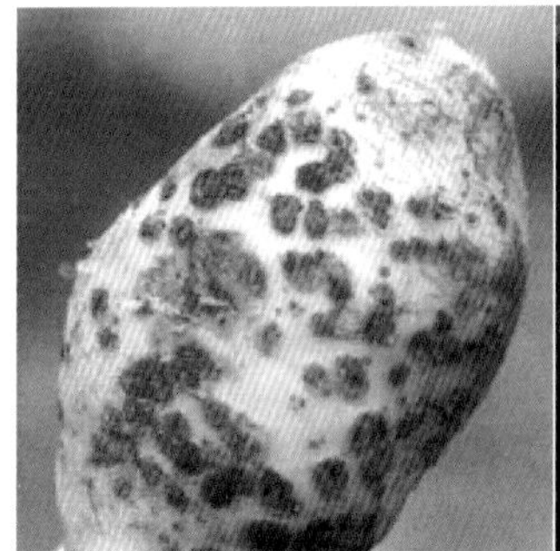
图6-10 马铃薯粉痂病

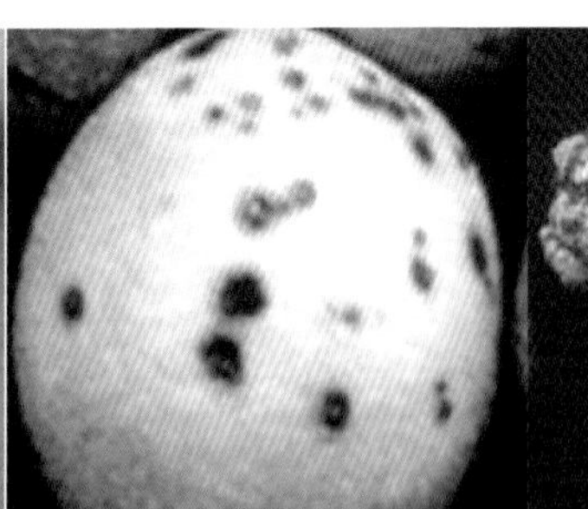
图6-11 马铃薯疮痂病

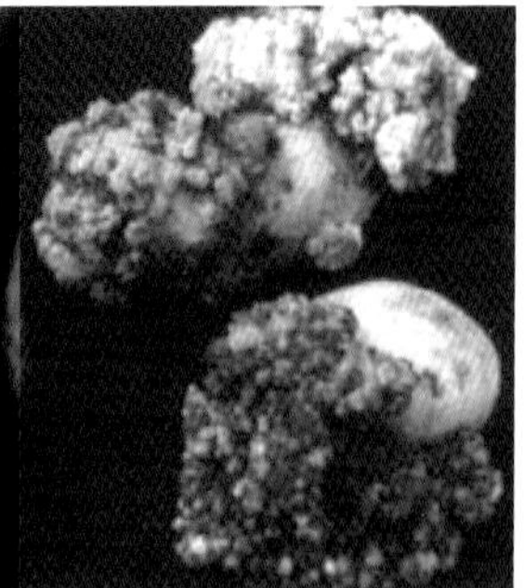
图6-12 马铃薯癌肿病

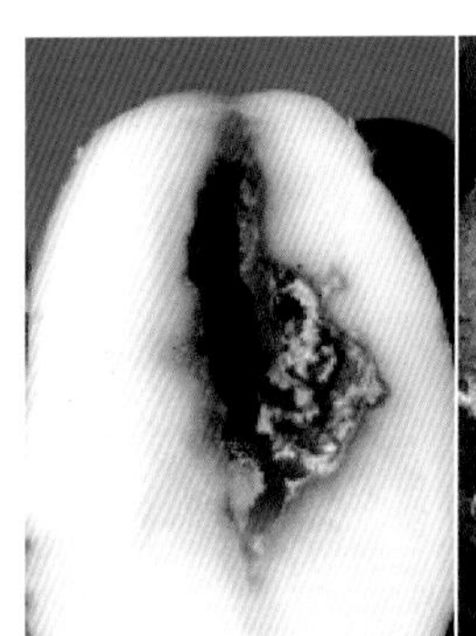
图6-13 马铃薯干腐病

图6-14 马铃薯白绢病

图6-15 马铃薯黑胫病

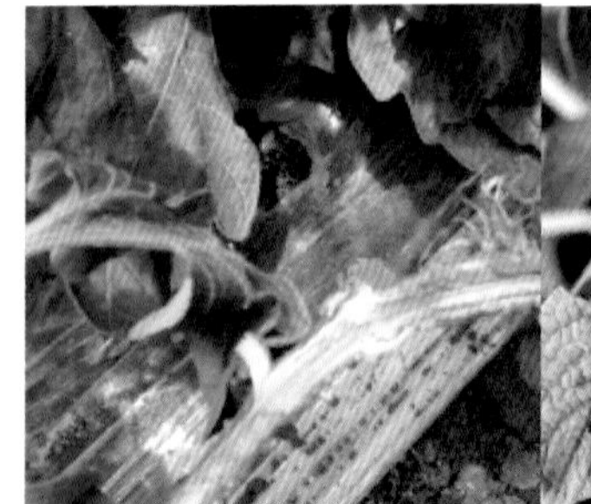
图6-16 马铃薯青枯病

图6-17 马铃薯环腐病

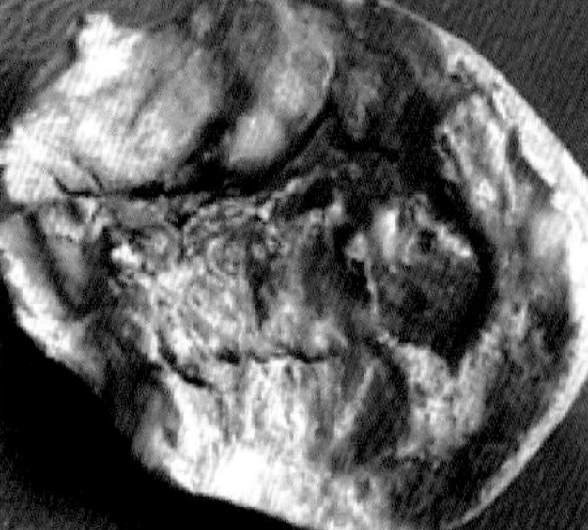
图6-18 马铃薯软腐病

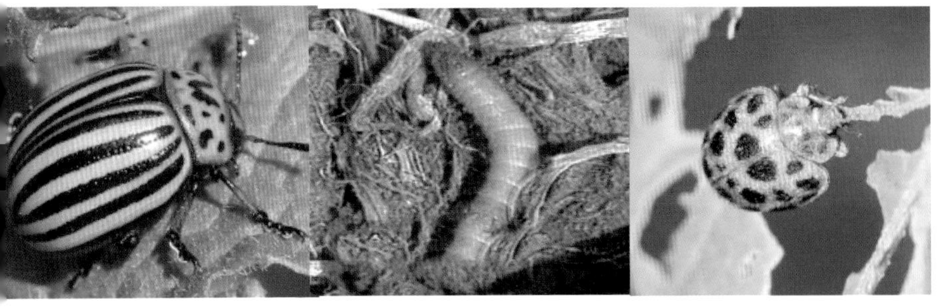

图6-19 马铃薯甲虫　　图6-20 沟金针虫　　图6-21 马铃薯瓢虫

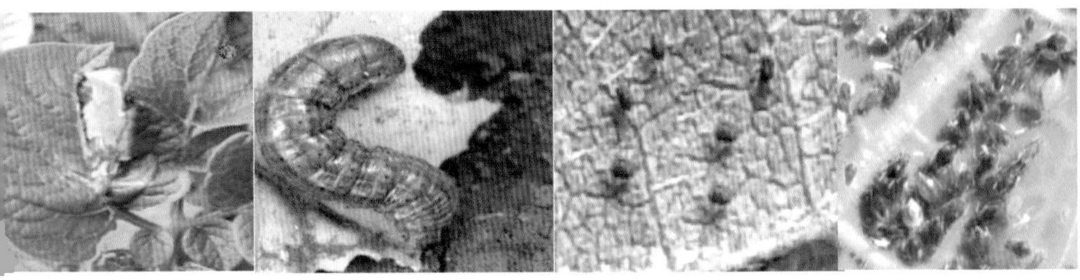

图6-22 马铃薯块茎蛾　　图6-23 小地老虎　　图6-24 朱砂叶螨　　图6-25 桃蚜

图7-1 黑花生

图7-2 花生黑斑病

图7-3 花生丛枝病

图7-4 花生轮斑病　图7-5 花生褐斑病　图7-6 花生斑驳病毒病

图7-7 花生冠腐病

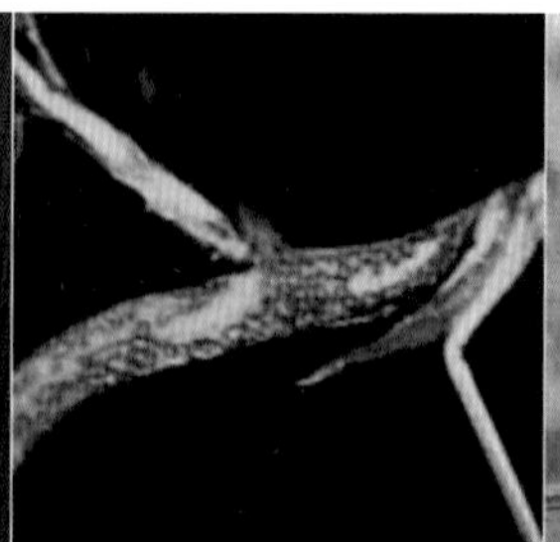

图7-8 花生疮痂病

图7-9 花生网斑病

图7-10 花生茎腐病　图7-11 花生芽枯病毒病　图7-12 花生锈病

图7-13 花生根颈腐病　　图7-14 花生根腐病

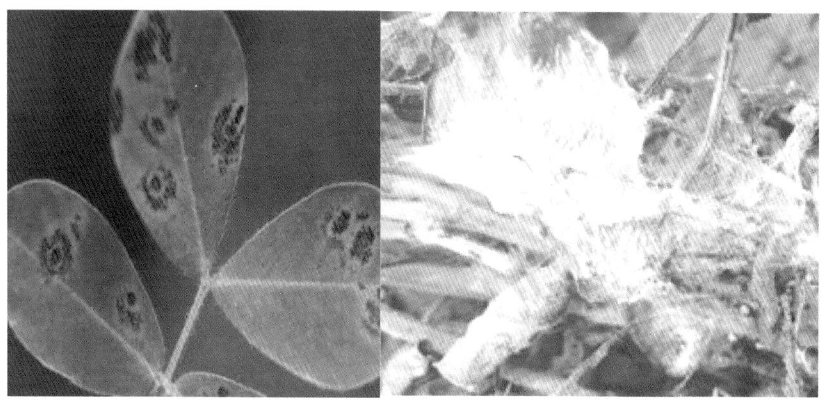

图7-15 花生炭疽病　　图7-16 花生白绢病

图7-17 花生焦斑病　　图7-18 花生根结线虫病

图7-19 花生黄花叶病　图7-20 花生烂种　图7-21 花生叶螨

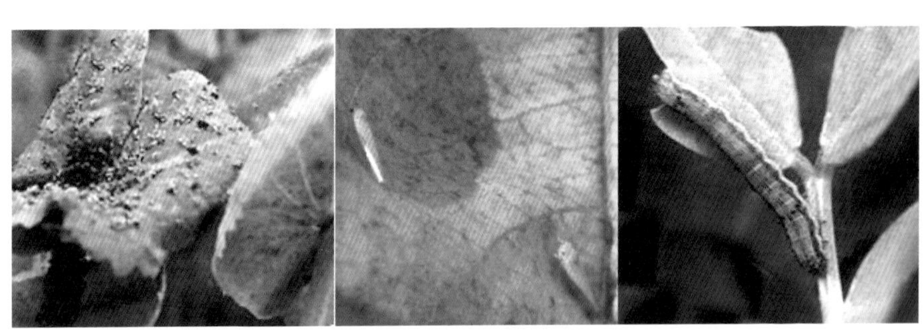

图7-22 花生蚜　图7-23 花生田小绿叶蝉　图7-24 花生田棉铃虫

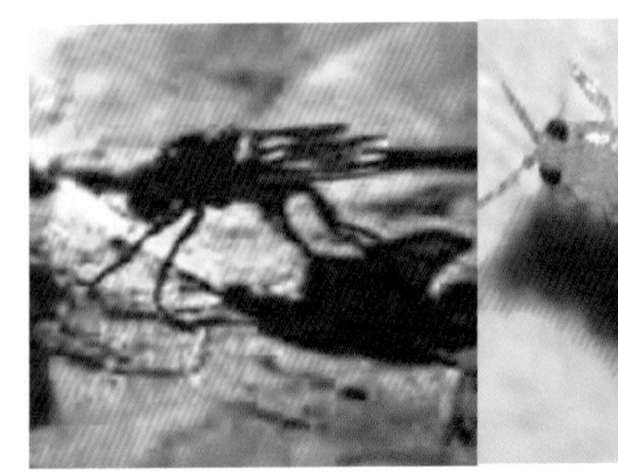

图7-25 花生田灰地种蝇

图7-26 花生田大蓟马

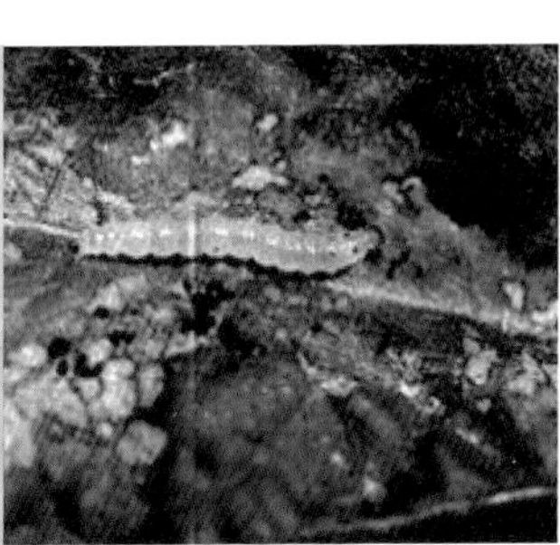

图7-27 花生蚀叶野螟

黑粮食

高产高效栽培与病虫害防治

满昌伟　等编

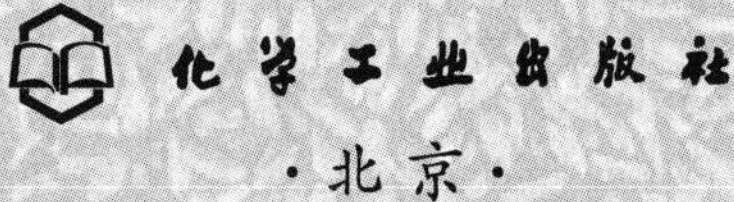

化学工业出版社

·北京·

这是一本专门介绍黑色粮食作物栽培的技术书籍，包括黑小麦、黑玉米、黑水稻、黑大豆、黑甘薯、黑马铃薯及黑花生七种黑色粮食作物，分别从黑色粮食作物的特征特性、种植季节、栽培技术、保健食疗等方面作了详细介绍，使读者不但认识黑色粮食作物，而且了解黑色粮食作物特殊的保健食疗作用。

本书图文并茂，适合农户、粮农、农村工作指导人员及其他有志于农业开发的人士阅读和参考。

图书在版编目（CIP）数据

黑粮食高产高效栽培与病虫害防治/满昌伟等编.
北京：化学工业出版社，2015.12
ISBN 978-7-122-25409-2

Ⅰ.①黑… Ⅱ.①满… Ⅲ.①粮食作物-栽培技术②粮食作物-病虫害防治 Ⅳ.①S51②S435

中国版本图书馆 CIP 数据核字（2015）第 243096 号

责任编辑：李　丽　　　　文字编辑：王新辉
责任校对：边　涛　　　　装帧设计：孙远博

出版发行：化学工业出版社
（北京市东城区青年湖南街 13 号　邮政编码 100011）
印　　装：北京云浩印刷有限责任公司
850mm×1168mm　1/32　印张 11　彩插 12　字数 333 千字
2016 年 2 月北京第 1 版第 1 次印刷

购书咨询：010-64518888（传真：010-64519686）
售后服务：010-64518899
网　　址：http://www.cip.com.cn
凡购买本书，如有缺损质量问题，本社销售中心负责调换。

定　　价：39.00 元

编写人员名单

满昌伟　孙明远　陈福华　赵立宏

孙凯丽　刘运荣　华秀芝　沈　伟

曹　江　韩建春　沈嘉翔　徐同礼

孙彦峰　周贝康　孙　浩

前言

党的十八大报告中提出到2020年我国的国民生产总值比2010年翻番的目标，人均收入也将翻番，全面建成小康社会。2010年农村居民全年人均纯收入5919元，其中，人均农业纯收入1723元。到2020年，农民的收入将翻一番。在粮食生产这一块，基于我国绝大部分种植的是常规作物的现实，粮食价格不可能翻番。为保证2020年农民收入翻番的目标，在作物种植方面，就要改革种植模式，大力发展特种作物种植。而黑小麦、黑玉米等七种粮食作物又是特产粮食作物中的佼佼者。大力发展黑小麦、黑玉米、黑水稻等七种粮食作物，不仅黑粮价格能有所提高，为2020年农民收入翻番做贡献，而且黑粮又是满足居民吃饱、吃好、吃出健康的最优食品。

现代医学认为："黑色食品"不但营养丰富，而且多有补肾、防衰老、保健益寿、防病治病、乌发美容等独特功效。经大量研究表明，"黑色食品"保健功效除与其所含的三大营养素、维生素、微量元素有关外，其所含黑色素类物质也发挥了特殊的作用。如黑色素具有清除体内自由基、抗氧化、降血脂、抗肿瘤、美容等作用。

黑色粮食与其他颜色的粮食相比，含有更丰富的维生素C，钾、镁、钙等矿物质的含量也高于其他粮食，尤其是含有最特别的一种物质"花青素"。花青素是纯天然抗衰老的营养补充剂，是当今人类发现的最有效的抗氧化剂，它的抗氧化性能比维生素E高出50倍，比维生素C高出20倍。花青素又被称为"口服的皮肤化妆品"，可增强皮肤免疫力，应对各种过敏性症状。它不但能防止皮肤皱纹的提早生成，还可维持正常的细胞联结、血管的稳定，增强微血管循环，促进微血管和静脉血的流动。

而今，我国人民的生活水平已今非昔比，几乎整天大鱼、大肉，而且工作压力巨大，各种富贵病，如高血压病、心脏病等越来越多，发病年龄越来越小，直接影响了人们的健康。既然黑色粮食对人的健康有这么大的作用，专门介绍这方面粮食的资料又很缺乏。为此，针对这种现状，笔者参考国内外有关的大量文献资料编写了本书，目的是让农民和食用者对黑色粮食有个系统的认识，并指导粮农重视和栽培更多的黑色粮食，使人们能吃到更多的黑色粮食，使粮食生产再上一个新的台阶。

本书中涉及的处方等请遵医嘱，不可擅用。

由于笔者学识所限，书中存有不当之处，请阅者给予指出为盼。

编者

2015 年 8 月

目 录

第一章 黑小麦栽培技术

第一节 概　　述

黑小麦与普通小麦相比，不但有很高的营养价值，而且富含抗氧化物质，可排出体内毒素，改善体质，延缓衰老。黑小麦以其自然性、营养性、功能性和科学性愈来愈受到人们的关注。黑小麦是采用不同的育种手段培育出来的特用型的优质小麦新品种，或称珍稀小麦品种。因其含有微量元素硒，又被称为神奇的长寿食物。黑色作物产品含有黑色素，因具高营养、高滋补、高免疫之功能而身价倍增。黑小麦具有耐晚茬、耐寒抗冻、返青快、分蘖率高、抽穗整齐、抗倒伏、抗病虫害、抗干热风、抗干旱等优点（图 1-1，见彩图）。

(a) 黑麦籽粒　(b) 黑小麦穗

(c) 苗期的黑小麦　(d) 黑小麦灌浆期

图 1-1

(e) 成熟的黑小麦

(f) 收获的黑小麦

图 1-1　黑小麦

我国营养学家称黑小麦为“保健食品”，是开发系列营养保健食品和优良面食的理想原料。据调查，用黑小麦制作的一个黑馒头卖到 2～3 元钱，黑面条一碗卖到 10～15 元钱，黑面包一个卖到 8～10元钱，而且市场看好，常常出现供不应求的局面。黑小麦面粉的市场收购价也比普通小麦高出 1～2 倍，种 1 亩（1 亩＝667 米^2）黑小麦按商品麦出售效益可达 2000 元以上。黑小麦亩产一般在 400～500 千克，在管理好的情况下亩产可达 500 千克以上，按良种出售，亩收入可达到 5000 元以上。国内外市场一直供不应求，开发前景广阔。

第二节　黑小麦的生物学特性及对栽培条件的要求

一、形态特征

（一）小麦的特征

1. 根系

壮苗必先壮根，根深才能叶茂。小麦的根系属须根系，由初生根（也叫种子根）和次生根（也叫节根、不定根）所组成。种子萌发后，首先伸出的是主胚根，经过 2～3 天，从胚轴基部长出第一对和第二对侧根，有时还可以从外子叶内侧与第二对侧根同一平面上长出第 6 条种子根和位于其上方的 1～2 条初生不定根。这几条根统称为初生根。当幼苗第一叶出土后，初生根不再增加，一般为3～5条，多者可达7～8条。

侧根的发生位置都在胚芽鞘节以下。在初生根中，主胚根和第一对侧根吸收能力比次生根强，其余与次生根相同。初生根细而坚韧，上下直径比较一致，并有分枝，扎根集中，垂直分布。初生根生长迅速，据观察，在适宜条件下，冬小麦自分蘖到越冬前，每昼夜可增长1.5～2厘米。到开始分蘖时，其长度可达50～60厘米，拔节以后不再生长。初生根的入土深度较深，可达2米以下。

次生根着生于分蘖节上，发生顺序由下向上，每节发根数一般为1～3条。分蘖也发生不定根。次生根发根时间一般在幼苗生长4片叶子时。地中茎以上的节上，穿破第一叶片的叶鞘发出幼根，如幼苗生长条件良好，同时也长出第一个分蘖。此后发根节位顺序向上推移，根数不断增加，主茎叶片和分蘖也陆续出生。

2. 茎

小麦茎细而直立，圆筒形，富弹性。主茎一般有13～14个节间，冬小麦一般9～14节，其中地上部节间伸长4～6个。茎基部地表下由不伸长的节间、节和腋芽密集的节群构成分蘖节，每节叶腋内有分蘖芽，条件适宜时可长成分蘖。分蘖节交织着大量以分枝互相连会的维管束群，联络着根系和地上部，是苗期营养物质分配和运输的枢纽，也是苗期养分储藏器官，大量糖分累积在分蘖节，使细胞液浓度提高，苗期抗寒力增强。适宜的播种深度可使分蘖节在土中保持适宜深度，以利于储藏养分和安全越冬，同时有利于分蘖的发生以培育壮苗。

3. 叶

小麦叶子的形式有盾片（也叫子叶），胚芽鞘（也叫鞘叶），一般绿色营养叶（也叫真叶），分蘖上的先出叶（也叫分蘖鞘），花序上的颖、稃（也叫变态叶）等。盾片即子叶，着生于胚的一侧，不伸长。胚芽鞘是保护幼苗出土的器官，为一圆筒形叶鞘，具两条脉纹，顶端有一小裂缝，真叶由此伸出。胚芽鞘的颜色有红、绿两种，但也有上部红色、下部绿色者。分蘖鞘是位于真叶鞘之中包围在腋芽外面的一个鞘形叶片，顶端开裂，分蘖从顶端伸出。

真叶是正常的绿叶，由叶片、叶鞘、叶舌、叶耳组成。叶片狭长，左右不对称；第一片叶顶端比较紧硬，呈钝形，其他各叶尖锐；老叶在距尖端3.5厘米处有一收缩的叶束。叶鞘基部联合，上部分开环抱茎秆，可加强茎秆强度，并具光合和储藏养分的作用。叶舌位于叶片与叶鞘交界处，为叶鞘内表皮的延长部分，可防雨水、灰尘、害虫侵入叶鞘。叶耳爪状有茸毛，着生于叶片基部两侧，其颜色是品种鉴别的标志之一。主茎上的叶片数因品种、播期、气候不同而不同，一般春性品种9～11叶，冬性品种12～14叶。在分蘖节上着生近根叶，伸长节上着生茎生叶4～6片。同一茎上叶片，自下而上渐次增长、增宽，倒二叶最长，倒一叶最宽，倒一叶又称顶叶或旗叶。

4. 穗和花

(1) 穗　小麦为穗状花序，穗轴由多个大头朝上的楔形节片组成，整个穗轴呈曲折形。

小穗无柄，着生在各穗轴节片的顶端，每个小穗又形成一短轴，叫小枝梗，小枝梗可分若干短节，每个短节上着生一朵小花，每个小穗有3～9朵小花。但一般仅下部3朵小花结实。每个小穗基部，相对着生两个颖片。

(2) 花　每朵花的外面，有一个外颖和一个内颖，相互对生，外颖呈船形，顶端有芒或无芒，内颖呈鞋形，两侧包于外颖之内。外颖内倒，有两个无色鳞片。每花有雄蕊3个，雌蕊1个。

5. 果实和种子

小麦籽粒生产上叫种子，为一不开裂、含有单粒种子的颖果，籽粒颜色有红、白两种。小麦果实成熟时，其单粒种子的种皮与果皮紧密相连，不易分离。籽粒形卵圆，一侧较平，其背面光滑，朝向内稃的一面有内陷的腹沟。籽粒顶端有短而坚韧的果毛。胚着生于果实背面基部，长度为籽粒长的1/4～1/3，位于腹沟相对的一侧，外为明显皱缩的籽实皮所覆盖。腹沟两侧叫作果颊，一般为圆形隆起状态。

(二) 小麦分蘖

小麦分蘖是小麦在地面以下或近地面处所发生的分枝，产生于比较膨大而储有丰富养料的分蘖节上。直接从主茎基部分蘖节上发出的称一级分蘖，在一级分蘖基部又可产生新的分蘖芽和不定根，形成次一级分蘖。在条件良好的情况下，可以形成第三级、第四级分蘖。结果一株植物形成了许多丛生在一起的分枝。早期生出的能抽穗结实的分蘖称为有效分蘖，晚期生出的不能抽穗或抽穗而不结实的称为无效分蘖。

1. 品种特性

小麦分蘖力高低是遗传特性的表现，不同品种分蘖力不同。一般冬性品种通过春化阶段的时间长，分蘖力较强。

2. 温度

适宜小麦分蘖的温度是13～18℃，高于18℃时分蘖发生受抑制，低于2℃时分蘖停止。冬前积温的高低是影响分蘖发生的重要因素之一，一般麦田冬前要培育4～7个分蘖的壮苗，必须有500℃的0℃以上的积温，而积温的多少又与播种的迟早相关。在适期播种情况下，可以有效增加单株分蘖数。过早播种，单株分蘖数虽可以增加，但群体过大，易造成麦苗旺长，茎秆细弱，不利于安全越冬。晚播小麦分蘖时气温较低，如管理不当，极易出现不分蘖现象。小麦适播期一般是9月25日～10月15日。

3. 播种深度

据试验，小麦种子播深3～4厘米时，分蘖多且大，不缺位，没有不分蘖现象；播深5～7厘米时，分蘖晚，分蘖小，且出现缺位现象；播深10厘米以上时，地中茎为2节，节眼处有少许初生根，基本没有分蘖，这类麦苗植株矮小，叶片窄且长，次生根不发达。播种覆土深，幼苗在出土过程中消耗的胚乳养分多，麦苗细弱，加上分蘖节离地表相对较深，分蘖出土困难，致使分蘖发生明显减少。覆土较浅时，表层土壤极易发生干旱，不仅次生根系发生少，而且叶腋发育受阻，分蘖发生数目也较少。在生产中掌握合适的覆土深度，是培育多蘖壮苗的重要措施。一般小麦播种深度为3～4厘米。管理重点是及时中耕松土，用小锄侧划，将小麦茎部土壤扒开，露出分蘖节，以加速分蘖萌发。

4. 密度

播种密度对分蘖的迟早、速度、数量以及成穗数，都有很大影响。小麦播种密度过大，每亩基本苗数过多，封行过早，通风透光不良，养分消耗过多，分蘖少或不分蘖，往往延缓分蘖期，降低分蘖速度。过低的密度虽能增加单株成穗数，但难以保证群体分蘖总数，最终将因群体分蘖不足，成穗偏少而降低产量。实践证明，高肥力田地，基本苗每667米^{2}一般为30万～50万株；低肥力田地，基本苗每667米^{2}一般20万株。密度过大时，及时蔬苗，小面积密苗可人工拔除，面积较大时可用耙横耙，除掉部分麦苗。耙后中耕，以提温增蘖。

5. 土壤肥力

土壤肥力越高，分蘖发生越多。小麦三叶期后，所需营养主要是从土壤中吸取，充足的氮、磷营养可以促进根系的发生和深扎，分蘖发生快而多；若养分供应不足，特别是氮肥不足，使分蘖受阻，严重时不分蘖，主要表现为植株矮小，茎秆细弱，叶窄而短，叶色发黄，次生根少而细，无分蘖。因此，应注意三叶期的追肥，一般667米^{2}用尿素5～7千克或碳铵20千克，深施；或每667米^{2}用稀人粪尿600～800千克，开沟浇施，同时，可叶面喷施1%～2%尿素溶液或植物生长剂等微肥，以促进分蘖发生。但过多的氮素往往使分蘖发生过多，造成群体过大，甚至会引起旺长倒伏。

6. 土壤水分

分蘖必须在足够的湿度条件下才能进行。小麦分蘖期的土壤持水量应在60%～80%，水分不足时根系不能下扎，叶片出生慢，分蘖减少，严重时不分蘖。土壤干旱时影响分蘖生长，过于干旱会形成“空位”或不分蘖的独秆苗。土壤水分过多，超过80%～90%时，由于土壤缺氧，也会造成黄苗，分蘖迟迟不长。因此，控制土壤水分是控制分蘖发生最有效的措施。因此，要注意及时浇水，增加土壤水分，促进小麦分蘖。及时灌溉，以小水洇灌为宜，不宜大水漫灌，以防大水冲掉麦苗。

7. 光照

光照充足，小麦叶片所制造的有机营养充分、分蘖明显增多；

反之，光照不足，分蘖发生受阻，数目减少。因此，要特别注意改善小麦光照条件。

8. 整地质量

部分麦田整地时湿度较大，粗犁粗整死泥垫遍地；也有部分前作腾茬过晚的田块，因仓促整地，耕耙质量差；还有部分麦田因长期单一施用化肥，土壤板结严重，整地时错过了适耕期，又没有细犁多耙，土壤干硬，土块架空，冷风吹过表土水分散失大，影响了根系伸展和分蘖正常生长。这类麦苗叶片干燥，叶尖干枯，植株瘦小，新叶萌发慢，次生根少且发黄，根毛卷曲，分蘖停滞。要及时压碎大土块，弥实缝隙。以苗情而定，三叶期前茎叶脆嫩易断裂，以轻压为好；三叶期后可稍重一点，避免重复碾压。压后结合冬灌进行追肥，以促弱转壮，增加低位分蘖。

二、生育周期

（一）小麦的生育期

小麦的生育期分为以下几个生育时期。

（1）出苗期　从播种到出苗，一般7～10天。

（2）三叶期　田间50%以上的麦苗，主茎节3片绿叶伸出2厘米左右的日期，为三叶期。

（3）分蘖期　田间有50%以上的麦苗，第一分蘖露出叶鞘2厘米左右时，即为分蘖期。

（4）越冬期　冬麦区冬前平均气温稳定降至0～1℃，麦苗基本停止生长时，即为越冬期。

（5）返青期　冬麦区翌年春季气温回升，麦苗叶片由青紫色转为鲜绿色，部分心叶露头时，为返青期。

（6）起身期　翌春麦苗由匍匐状开始挺立，主茎第一叶叶鞘拉长并和年前最后叶叶耳距相差1.5厘米左右，主茎年后第二叶接近定长，内部穗分化达二期、基部第一节开始伸长，但尚未伸出地面，为起身期。

（7）拔节期　全田50%以上植株茎部第一节露出地面1.5～2厘米时，为拔节期。

(8) 孕穗期　也叫挑旗期，全田50%分蘖旗叶叶片全部抽出叶鞘，旗叶叶鞘包着的幼穗明显膨大，为孕穗期。

(9) 抽穗期　全田50%以上麦穗由叶鞘中露出1/2时，为抽穗期。

(10) 开花期　全田50%以上麦穗中上部小花的内外颖张开、花药散粉时，为开花期。

(11) 灌浆期　也叫乳熟期。籽粒开始沉积淀粉、胚乳呈炼乳状，约在开花后10天左右，为乳熟期。

(12) 成熟期　胚乳呈蜡状，籽粒开始变硬时为成熟期，此时为最适收获期。接着籽粒很快变硬，为完熟期。

(二) 小麦的生长阶段

1. 小麦感温发育阶段

也叫春化阶段，是小麦个体发育的初期，即从种子萌动到分蘖阶段的某个时期，经历一定的低温条件，才能完成这个阶段的发育。

由于冬小麦经过感温发育阶段后，即使处于春播高温条件下，也可以正常抽穗，所以此阶段又称为“春化阶段”。如果在这一阶段没有低温条件，而是一直处于高温下，则小麦植株会长期停留在分蘖状态而不能抽穗。根据各品种对温度高低的要求及通过感温阶段所经历的时间长短，把小麦品种的感温特性，划分为三类。

(1) 春性品种　在0～12℃条件下，经过5～15天的时间，即可通过感温发育阶段而抽穗结实。

(2) 半冬性品种或弱冬性品种　在0～7℃的条件下，经过15～35天，即可通过感温发育阶段。未经春化处理的小麦种子，在冬麦区进行春播时，其抽穗不整齐或延迟抽穗。我国黄淮中下游中早熟麦区及长江流域大部分麦区的品种多属这个类型。

(3) 冬性品种　其感温阶段对低温的要求极为严格，在0～3℃条件下，经过30天以上才能完成感温发育阶段。温度过高时发育停止。未经低温处理的种子，在冬麦区进行春播，不能抽穗结实。

在大田生产条件下，感温阶段从种子萌动到分蘖阶段都可进行，一般冬小麦在正常播期下，由于播后最初时期，白天温度在15℃以上，没有进行春化的条件，只有在夜间温度降至10℃以下，具备了不同品种所要求的不同程度的低温，才能进行感温阶段的发育。因而秋播冬小麦的感温发育，基本上是日断夜继地进行。而感温发育完成前，小麦外部生长特点是进行分蘖、长根、长叶，因此，感温时期的长短，与分蘖数、叶片数有密切关系。感温期长，则分蘖多，叶片多。

2. 小麦感光发育阶段

小麦通过感温阶段以后，在外界条件适宜情况下，即进入第二个发育阶段，即感光发育阶段，又叫光照阶段。这个发育阶段除要求一般的外界条件如温度、水分、养分外，对于光照时间长短特别敏感，一些小麦品种如果每日仅给8小时的光照，则不能抽穗，或大大延迟抽穗。若加长光照时间或给予连续的光照，则抽穗速度大为加快。根据对小麦品种光照长短的反应，也把小麦划分为三种类型。

（1）光反应迟钝类型　小麦在每日8～12小时的光照条件下，经过16天以上，能够顺利通过感光发育阶段而抽穗。

（2）光反应中等类型　小麦在每日8小时的光照条件下，不能通过光照发育阶段，从而不能正常抽穗或抽穗延迟。一般半冬性类型多属此类。

（3）光反应敏感类型　小麦在每日8～12小时的光照条件下，均不能正常抽穗，在12小时以上的光照条件下，经30～40天才能完成光照发育。

3. 温光发育条件与其他生长条件的关系

小麦在温光发育进行中，不仅必须具备相应的发育条件，而且必须具备适宜的生长条件。首先，感温阶段的发育必须在生长点处于活动状态下进行，这就要求足够的水分和温度，使小麦种子处于萌动状态，并具有进行各种新陈代谢的条件，才能进行感温阶段的发育。当种子含水量不足45%时，胚的生长几乎停止，而使春化作用也处于停顿状态。另外，在缺氧的条件下，感温发育也不能进行。在感光发育阶段，温度也是重要的伴随因素。在4℃以下的温度条件下，感光发育不能进行，最适宜的光照发育温度是18～20℃，高于20℃或低于10℃，光照发育迟缓。一些冬麦区的冬性或半冬性品种，由于播种过早，虽冬前可以完成感温阶段的发育，但因气温较低，也不能进行感光发育，这一特点大大防止了小麦由于进入感光发育而抗寒性大减所带来的冬季冻害。此外，若水分不足，在一定范围内可以加速感光发育的进程，使小麦提早抽穗。而过量的氮肥却可以延缓光照发育，而磷肥则有加速感光发育进程的作用。

4. 感温阶段的短光效应

在自然条件下，秋季小麦出苗后，随着环境温度的下降，逐步进入感温发育阶段，此时，日照时间也不断缩短。因而，在小麦长期的进化过程中，短光条件也成了感温阶段的重要伴随条件。这种伴随条件的作用，在具备低温条件时往往不太明显，但是当不具备感温发育的低温条件时，短光条件常可以代替低温而完成感温发育。

三、肥水规律

（一）小麦需水规律

水分在小麦的一生中起着十分重要的作用。据研究，每生产1千克小麦需1～1.2千克水，其中有30%～40%是由地面蒸发掉的。在小麦生长期内，降水量只有需水量的1/4左右。

1. 各生育阶段的需水量

冬小麦各生育期需水量和阶段日需水强度不同。需水量最多的阶段是抽穗至成熟期，即灌浆阶段。灌浆期需水量大，是由于灌浆期生长期长，日需水强度高。但日需水强度最大的阶段是在拔节至抽穗期，这是因为此期间冬小麦由营养生长阶段转为生殖生长与营养生长并进的阶段，生长旺盛、需水强度大，属于需水敏感期。因此保证这一阶段的水分需求，对冬小麦的增产、增收十分重要。

2. 棵间蒸发与叶面蒸腾

冬小麦需水量主要由叶面蒸腾与棵间蒸发两部分组成。叶面蒸腾是一个生理过程，蒸腾量大小与大气条件和土壤水分条件有关，也与植株本身的生理作用有关。蒸腾量的变化规律是由冬小麦生长初期的较少而逐渐增大，至拔节以后至最大值。棵间蒸发与土壤水分条件、棵间小气候状况、水气压梯度和地面覆盖条件有关。冬小麦生长初期，棵间蒸发量较大。如播种至越冬期，由于叶面覆盖少，棵间蒸发量占需水量的60％以上。以后，随着冬小麦植株群体的逐渐增大，棵间蒸发量逐渐降低，至拔节以后减至最小值，这时不足需水量的10％。

所以在麦田的不同时期灌水，以及采取抗旱保墒措施，对于补充小麦水分需要具有十分重要的意义。冬小麦在生育时期的耗水情况有如下特点。

① 播种后至拔节前：植株小，温度低，地面蒸发量小，耗水量占全生育期耗水量的35％～40％，每667米^{2}日平均耗水量为0.4米^{3}左右。

② 拔节到抽穗：进入旺盛生长时期，耗水量急剧上升。在25～30天时间内耗水量占总耗水量的20％～25％，每667米^{2}日耗水量为2.2～3.4米^3。这个时期期是小麦需水的临界期，如果缺水会严重减产。

③ 抽穗到成熟：为35～40天，耗水量占总耗水量的26％～42％，日耗水量比前一阶段略有增加。尤其是在抽穗前后，茎叶生长迅速，绿色面积达一生最大值，每667米^{2}日耗水量约4米^3。

灌溉用水和土壤情况有关。灌水量（米^3/667米^2）＝667×（田间最大持水量－灌水前土壤含水量）×土壤容重×计划灌水土层深度。例如，灌前测知土壤含水量为17％，田间最大持水量28％，土壤容重为1.3，计划灌水土层深度为0.6米，则这次每667米^{2}灌水量应为57.22米^3。

（二）小麦需肥规律

在小麦生产中，由于籽粒和麦秆大部分被人们利用，土地养分逐渐递减。因此，施肥就成为提高小麦产量和质量的一个重要手段。但是要增产，不只是要肥料足，而且还要合理施用。要合理施肥，就应根据各种矿质元素对小麦的生理作用，结合小麦的需肥规律，适时适量地施用，做到合理、高效。在小麦全生产过程中，大体上是每生产 50 千克籽粒，需从土壤中吸取氮素 1.5 千克、磷（P_2O_5）0.75 千克、钾（K_2O）1.5 千克左右，其比例为 1∶0.5∶1。

小麦在不同生育期，对养分的吸收数量和比例是不同的。小麦对氮的吸收有两个高峰，一是在出苗到拔节阶段，吸收氮占总氮量的 40%左右；二是在拔节到孕穗开花阶段，吸收氮占总氮量的 30%～40%，在开花以后仍有少量吸收。小麦对磷、钾的吸收，在分蘖期吸收量约占总吸收量的 30%，拔节以后吸收率急剧增长。

施足底肥能保证小麦苗期生长对养分的需要，促进早生快发，使麦苗在冬前长出足够的健壮分蘖和强大的根系，并为春后生长打下基础。底肥的数量，应根据产量要求，肥料种类、性质，土壤和气候条件而定，应占施肥总量的 60%～70%为宜。底肥应以有机肥料为主，适量配合施用氮、磷、钾等化学肥料。一般 667 米^2 施农家肥 500～1000 千克、尿素 10 千克或碳铵 25 千克，或高浓度复混肥 25～30 千克。

施好返青肥和拔节孕穗肥。基肥施用量不足、已经脱肥发黄、群体严重不足的田块，应尽早结合灌水，施好返青肥，以促进春季分蘖，保证成穗数，在早春返青期每 667 米^2 追施尿素 5～10 千克的基础上，再在拔节孕穗期追施尿素 5～10 千克。对于群体总茎蘖数较足、叶色正常的麦田可在拔节孕穗期每 667 米^2 追施尿素 10～15 千克。强筋小麦拔节孕穗肥平均分 2 次施用，分别在倒 3 叶和倒 1 叶时均施；中筋小麦拔节穗肥分别在倒 3 叶与倒 2 叶时均施；弱筋小麦拔节孕穗肥在倒 3 叶时施用，适当控制后期氮肥使用。

第三节　高产高效栽培技术

一、主要品种

目前，黑小麦的品种很多，有漯珍 1 号、黑宝马 1 号、紫株 6 号、黑小麦农大 3753、黑小麦 1 号、黑小麦 76 号、黑宝石 1 号、黑宝石 2 号（春小麦）等，基本上能满足我国黑小麦栽培的需要。这里仅介绍其中的几个优良品种。

（1）漯珍 1 号　经多年精心定向选育而成的稀有小麦新品种。

属弱春性品种，幼苗匍匐，颖马喙形。分蘖力强，穗长方形，长芒、白壳，籽粒黑色、硬质，矮秆，株高75厘米，遗传稳定，食味好，适应范围广。穗长8.8厘米，多花多实，每穗小穗数50粒，千粒重35克以上。根系发达，植株粗壮，高抗倒伏，株形紧凑，穗层整齐。抗逆能力强，高抗条锈病、叶锈病，中感白粉病，轻感纹枯病，后期落黄好，早熟，抗干热风。一般667米^{2}产400千克以上。适于河南、山东、安徽、湖北等麦区中等以上肥力的土地种植，适播期为10月中、下旬。

（2）黑宝马1号　冬性品种，株高75～78厘米，幼苗分蘖力强，穗长方形，长芒，白壳，籽粒黑长圆形、硬质、穗大粒多，千粒重30.5克，根系发达，防风抗倒性特强，一般667米^{2}产350千克左右。

（3）紫株6号　春性品种，株高88～95厘米，成穗率高，顶芒，穗长7～8厘米，每穗籽粒33～36个，千粒重36克左右，耐旱，抗叶锈病、白粉病，成熟后茎秆紫中透红发亮，平均667米^{2}产300千克。

（4）黑小麦农大3753　冬性品种，抗寒性好，植株高度在80厘米左右，茎秆坚硬，抗倒性强。小麦面筋品质优良，属于强筋黑小麦，适合制作面包，特别是全麦面包。单位面积成穗多，穗粒数稳定，粒重较小，一般年份在36～42克。所以，保穗数、保粒数、增粒重是黑小麦农大3753的栽培原则。适合在北京、天津、山西的中南部、山东的中北部、河北的北部等地区种植。

二、栽培季节

小麦是一种温带长日照作物，适应种植地区范围较广，自北纬18°～50°，从平原到海拔4000米的高度均有栽培。简单地说，黑小麦也适合我国各地种植。由于黑小麦本身具有的生理习性差异，也同普通小麦一样，各地的播种期不同，各地的栽培季节也有所不同。

冬小麦在生长过程中抗寒能力极强，幼苗能够过冬，在春天来临时，幼苗分蘖很快，扎蹲长大。春小麦的抗旱能力极强，株矮穗大，生长期短，适于春天播种。春小麦适合在冬季很冷的地方种植，因为冬季太冷，不能播种，所以在开春后播种，称为春小麦；冬小麦适合在稍暖的地方种植，冬季播种夏季收，比如我国东北地区种植的就是春小麦，华北及其以南地区种植的是冬小麦。

在我国一般以长城为界，以北为春小麦，以南则为冬小麦。我国以冬小麦为主。我国小麦有三大产区。

（1）北方冬小麦区　主要分布在秦岭、淮河以北，长城以南，这里的冬小麦产量约占全国小麦总产量的56%。秋季10～11月播种，翌年5～6月成熟，生育期长达180～240天。其中主要分布于河南、河北、山东、陕西、山西等地。

（2）南方冬小麦区　主要分布在秦岭淮河以南。这里是我国水稻主产区，种植冬小麦有利提高复种指数，增加粮食产量。其特点是商品率高。主产区集中在江苏、四川、安徽、湖北各省。

（3）春小麦区　主要分布在长城以北。该区气温普遍较低，生产季节短，故以一年一熟为主。于春天3～4月播种，7～8月成熟，生育期短，约100天；主产区有黑龙江、新疆、甘肃和内蒙古。

三、栽培技术

（一）土壤选择

要取得高产高效的黑小麦栽培，对土壤的要求是土质肥沃，即土壤中具有丰富的有机质和各种养分。高产麦田的土壤有机质含量在1.2%以上，含氮量≥0.10%，缓效钾≥0.02%，有效磷20～30毫克/千克。有机质含量高，土壤结构和理化性状好，能增强土壤保水保肥性能，较好地协调土壤中肥、水、气、热的关系。土层深厚，即在原有耕作层12～15厘米的基础上，加深到18～22厘米，当年小麦可增产10%左右。高产麦田耕地深度应确保20厘米以上，能达到25～30厘米更好。加深耕作层，能改善土壤理化性能，增加土壤水分涵养，扩大根系营养吸收范围，从而提高产量。但超过40厘米，就打乱了土层，不但当年不增产，而且还有可能减产。质地良好，即土壤结构松紧度合适。土壤容重为1.14～1.26克/厘米^3，空隙率为 50%～55%，这样的土壤上层疏松多孔，水、肥、气、热协调，养分转化快，下层紧实有利于保肥保水。在偏酸和微碱性土壤上小麦都能较好地生长，但最适宜高产小麦生长的土壤酸碱度，即 pH 值在 6.5～7.5 之间。

（二）精细整地

小麦的根系比较发达，其中 70%集中在距地表 10～30 厘米的耕层内，为促进小麦根系的发育，必须对土壤进行深耕。深耕的适宜深度为 25～30 厘米，一般不超过 33 厘米，深耕后效果可维持 3 年，因此生产上可实行 2～3 年深耕 1 次。一要保证小麦播种具备充足的底墒和口墒。墒情不足时要浇好底墒水，耙透、整平、整细，保墒待播。如进行秸秆还田，应在玉米收获后马上粉碎两遍秸秆，粉碎长度不长于 10 厘米。秸秆粉碎铺匀后，在播种前先施用底肥，然后整地。整地方法是，已经连续旋耕 3 年以上的，应深耕 20 厘米；最近 3 年内深耕过的，可以旋耕两遍，使深度达到 15 厘米以上，确保旋耕质量；深耕或旋耕后要及时耙耱或镇压，避免跑墒。要掌握好耙耱和镇压的时机，避免形成坷垃，做到上虚下实，土地细平、无坷垃、无杂草，为提高播种质量达到苗全、苗齐、苗匀、苗壮打好基础。

干旱缺墒必须最大限度地接纳雨水，增加土壤深层水分储备。对晒旱地“一年一熟”麦田，应坚持“三耕法”，即第一遍于 6 月中、下旬伏前深耕晒垡，犁后不耙，做到深层蓄墒，并熟化土壤，提高肥力；第二遍于 7 月中、下旬伏内耕后粗耙，遇雨后再耙，继续接雨纳墒；第三遍于 9 月中、下旬随犁随耙，多耙细耙，保好口墒，结合这次整地，施入底肥。对“一年两熟”麦田，可采用“浅-深-浅”的中耕方法，即秋作物收获后抓紧时间收获腾茬，施肥，随耕随耙，保好口墒。如遇干旱年份也可不翻耕，而直接用旋耕机旋耕 10～20 厘米，然后再耙耱两遍。总的质量要求是早、深、细、透、净、平、实、足。

（1）早　指前茬作物收获后及时翻地，早整地，达到保墒、消灭杂草、减少水肥消耗、延长土壤风化时间和增加养分含量的目的。

(2) 深　指要求在原有基础上逐年加深耕作层，要求深度一般为20～25厘米。不宜一次耕得太深，以免翻出大量生土，不利小麦当季当年生产。深耕可以加厚活土层，改善土壤结构，提高土壤肥力，促进根系的发育。一般麦田可3年深耕1次，其余2年进行浅耕，深度16～20厘米即可。

(3) 细　农谚说“小麦不怕草，就怕坷垃咬”。小麦幼芽顶土能力较弱，在坷垃底下，会出现芽干现象，易造成缺苗断垄，冬季因麦根透风而遭受冻害。所以耕地后必须把土块耙碎、耙细，垡翻平扣严，耙深耙细，无明、暗坷垃。

(4) 透　指犁地时犁深、犁透，犁到地边，不漏耕漏耙。

(5) 净　指及时灭茬，拾干净前茬作物遗留的枯枝败叶。

(6) 平　就是耕前粗平，耕后复平，畦后细平，使耕层深浅一致。只有耕层深浅一致，相对平整，没有坑坑洼洼，才能保证浇水均匀，用水经济，播种深浅一致，出苗整齐。一般麦田坡降要求不超过0.3%，畦内起伏不超过3厘米。

(7) 实　就是表土细碎，表层不板结，下层不翘空，无暗坷垃；下无架空暗垡，达到上虚下实。如果土壤不实，就会造成播种深度不一，出苗不齐，容易跑墒、漏墒，不利于扎根，冬天易受冻害。所以对过于疏松的麦田，应进行播前镇压或浇塌墒水。

(8) 足　指底墒充足，适于播种。底墒不足要造墒。造墒方法一般采取秋作物收获前浇水；整地前浇生茬水；耕后浇塌墒水造墒。

(三) 施足底肥

一般每667米^{2}要求施用优质腐熟有机肥3000～5000千克，磷酸二铵15～20千克，尿素10～15千克，钾肥5～10千克。另外，每667米^{2}施用1～1.5千克硫酸锌。将有机肥和全部磷、钾肥及1/2氮素化肥随整地施入。

(四) 造好底墒，足墒播种

水是种子发芽、出苗的必要条件。小麦种子必须吸收相当于本身重量45%～50%的水分才能发芽。如果田间水分不足，往往影响出苗。所以，足墒播种是确保苗全苗壮的重要措施。播前检查墒情，足墒下种，缺墒浇水，过湿散墒。播前要求 0～20 厘米土壤含水量，黏土为 20%，壤土为 18%，沙土为 15%。

一般的，沙土含水量若小于 15%；壤土含水量小于 18%；黏土含水量小于 20%，都要造墒播种。浇水方法一般采取带茬泅地，即耕前浇水。条件好的也可以在耕地整平后浇塌墒水，一般每 667 米^2 浇水 50～60 米^3。在没有浇底墒水的地区，一方面要多保蓄伏雨、秋雨，防旱蓄墒；另一方面要快收快耕不晾茬，随耕随耙不晾垡，抢墒播种，尽量适时播种，提高播种质量，确保苗全、苗齐、苗匀、苗壮。

（五）种子处理

播种前进行黑小麦种子处理，有促进黑小麦早长快发、增根促蘖、提高粒重、提高产量等重要作用。种子处理方法，根据播种要求的不同而不同。常用的种子处理方法有以下几种，应根据不同的情况选用。

1. 精选种子

未经精选的种子，往往大小粒不整齐，且常混有破损粒、草籽等杂物和带有病虫的籽粒，如不加以排除，不仅降低出苗率，而且对麦苗长势有不利影响。因此，在小麦播种前要进行种子精选。有条件的可用精选机精选；没有条件的可用筛选、风扬等方法，将碎粒、瘪粒、杂物等清理出来。

2. 播前晒种

小麦播前晒种，可以促进种子后熟，打破种子休眠期，提高发芽率和发芽势，并能杀死种子上的部分病菌。可在播种前 7～10 天将种子摊在苇席或防水布上，厚度以 5～7 厘米为宜，连续晒 2～3 天，随时翻动，晚上堆好盖好，直到牙咬种子发响为止。注意不要在水泥地、石板和沥青路面上晒种，以防高温烫伤种子，降低发芽率。

3. 发芽试验

播种前进行种子发芽试验，可避免因种子发芽率过低而造成的损失，并确定适宜的播种量。因此，在小麦播种前，应进行种子发芽试验。当发芽率在 90%以上时，可按预定播种量播种；发芽率在85%～90%时可适当增加播种量；发芽率在80%以下的则要更换种子。发芽试验方法有以下两种。

（1）直接法　用培养皿、碟子等，铺几层经蒸煮消毒的吸水纸或卫生纸，预先浸湿，将100粒种子放在上面，然后加清水淹没种子，浸4～6小时，使其充分吸水，再把淹没的水倒出，把种子摆匀放好，以后随时加水保持湿润，也可用经消毒的纱布浸湿，把种子摆在上面，卷成卷，放在湿度适宜的地方，逐日记载发芽粒数，到第70天时计算发芽率。

（2）间接法　也叫红墨水染色法。取200粒种子，分成两份浸于清水中2小时，取出后用刀片从小麦种子腹沟处通过胚部切成两半，取其一半，浸入红墨水10倍稀释液中1分钟，捞出用清水洗涤，立即观察胚部着色情况，种胚未染色的是有生活力的种子，完全染色的为无生活力的种子，部分斑点着色的是生活力较弱的种子。

发芽率＝7天内发芽种子数(或未染色数)/发芽试验种子数(100)×100%

4. 药剂拌种

（1）防治地下害虫　为了防治地下害虫和苗期多种病虫害，每10千克麦种可用辛硫磷100克，兑水1千克拌种，堆闷3～4小时，晾干后干拌15%粉锈宁200克。

（2）防治苗期病害　对小麦腐病，播种时可用相当于种子重量0.15%的多菌灵、萎锈灵拌种，不仅能明显降低发病率，而且有促进种子发芽和保苗作用；对小麦赤霉病用1%生石灰水浸种，水淹没种子9.9～13.2厘米，在气温20℃条件下浸3～4天，25℃浸2天，30℃浸1天，把种子放入石灰水后，禁止搅动，以防降低杀菌效果。对小麦腥黑穗病用相当于种子重量的0.3%的六氯代苯拌种。

5. 浸种

（1）微量元素浸种　用0.2%～0.4%磷酸二氢钾，或0.05%～0.1%钼酸，或0.1%～0.2%硫酸锌，或0.2%硼砂或硼酸溶液浸种或拌种。

（2）激素浸种　在干旱和干热风常发区，每667米^{2}用抗旱剂1号50克加水1千克拌种，可刺激幼苗生根，有利于抗旱增产；在高水肥地播种前用0.5%矮壮素浸种，可促进小麦提前分蘖，麦苗生长健壮，并对预防小麦倒伏有明显效果。

6. 其他处理法

（1）抗旱处理法　在50千克清水中加入3千克粉碎的过磷酸钙，用木棒充分搅动，然后静置，将澄清液倾于另一容器中，即为6%的过磷酸钙浸出液，再加入50克硼酸搅匀。按种子风干重量的10%喷洒磷硼混合液，边喷洒边翻动种子，要求每粒种子都均匀地沾到溶液。用这种方法处理种子后植株吸水保水能力增强，利于植株体内原生质保护。或者在干旱和干热风常发区，每667米^{2}用抗旱剂1号50克加水1千克拌种，可刺激幼苗生根，促使根系下扎，减少叶面蒸腾，达到抗旱增产的目的；在高水肥地播种前结合药剂拌种，用50%矮壮素50克，或用0.5%矮壮素浸种，可促进小麦提前分蘖，麦苗生长健壮，并对预防小麦倒伏有明显效果。

（2）植物生长调节剂处理法　用福乐定浸种，每千克小麦种子取1毫升原液加2千克水稀释混匀，浸没种子8～24小时，取出种子阴干以便播种。采用这种方法浸种可增强小麦抗旱、抗寒、抗病能力，增强小麦生长势和生命力。

（六）适宜播期

1. 播期的确定

一般根据冬前积温确定播期。根据积温确定播期的具体方法是，从当地多年的气象资料中，找出昼夜平均温度稳定降到0℃的日期，由后向前推算，将逐日昼夜平均温度大于0℃的温度累加起来，直到总和达到或接近所要求的积温指标的那一天，可作为理论上的最适播期。这一天的前后3天左右，可作为该地区各类品种的适宜播期范围。一般播期以9月底10月初为宜，不提倡过晚播种。晚播会使小麦品质降低。

2. 播量

小麦播量的确定，应该坚持“以田定产，以产定种，以种定穗，以穗定苗，以苗定播量”。即根据土壤肥力水平和产量水平，确定适宜的品种；以种定穗是根据不同品种穗产量指标，定出每亩成穗数；以穗定苗就是根据单株成穗数定出合理的基本苗数；以苗定播量是在基本苗确定以后，根据品种籽粒大小、发芽率及田间出苗率等，计算出每亩播种量。计算公式为：

667 米^2 播量(千克)＝667 米^2 计划基本苗数×千粒重(克)/发芽率(％)×出苗率(％)×106

各产量水平播量，667 米^2 产量 350～400 千克的地块播量 8～10 千克；667 米^2 产量 450～500 千克的地块播量为 5～7.5 千克。

一般 667 米^2 播量 10 千克，基本苗 18 万～20 万，地力较好、整地质量较高时，可以适当减量，可以把播量降低到 7.5 千克。

3. 播种

不同产量水平，应采用的播种方式如下。

（1）667 米^2 产量 350～400 千克的地块　选用宽幅条播，播幅 7 厘米，行距 20 厘米，或采用行距 23 厘米的耧靠播等。

（2）667 米^2 产量 500 千克左右的地块　选用宽窄行播种，宽行距 30～33 厘米，窄行距 13～20 厘米，一般有 30 厘米×20 厘米、30 厘米×17 厘米、33 厘米×17 厘米、33 厘米×13 厘米等规格。

（3）黏质土壤　可选择重播，即为了避免缺苗断垄，而把既定播量一分为二，在第一遍播罢，再播一遍。

播种深度一般 3～4 厘米。种满种严，确保全苗。地头要单耕、单旋、单播。出苗后及时查苗补苗，底墒不足喷浇蒙头水。

（七）苗期管理

小麦苗期管理的重点是苗全、苗匀、苗齐、苗壮，目的是促根增蘖，促弱控旺，培育壮苗。

1. 查苗补苗

出苗后要及时查苗，对缺苗断垄的麦田要及早补种浸种催芽的种子。对于 10 厘米以上严重缺苗断垄地段，可采取催芽补种；对已经分蘖仍有缺苗地段，12 月上旬就地进行匀苗移栽，疏稠补稀。

2. 及时浇冻水

浇冻水有利于塌实土壤，有利于麦田储存水分，可提高地温。对于晚播麦田，叶少、根少没有分蘖或分蘖在2个以下的弱苗，一般不浇水，以免降低地温，影响发育。为保证麦苗安全越冬，一般掌握在夜冻昼消时浇冻水。一般在11月下旬，灌水的温度指标是日平均温度3℃以上，灌水后要及时中耕，破除板结，减少蒸发，保蓄水分。尤其是秸秆还田麦田更要浇足、浇好小麦冻水。

3. 划锄保墒

小麦出苗后遇雨、浇过冻水或因其他原因造成的土壤板结，墒情适宜时还要及时划锄，疏松土壤，防止地表龟裂，通气保墒，促进根系和幼苗的健壮生长。中耕镇压适时划锄，可防止地表龟裂，增温保墒，促进冬前分蘖。适时划锄保墒，还可达到提高地温，促进冬前分蘖的效果。对旺长麦田可采取深划锄，控制无效分蘖。对于适期播种的麦田，在封冻前要早锄、浅锄、细锄，防止伤根伤苗；对旱地要进行碾压提墒，浅锄保墒，防止风蚀，达到增温保苗的目的；对整地质量较差、土壤不实、坷垃多的麦田，冬季可进行碾压；对于下湿地麦田的晚播苗，要加强中耕松土。

4. 补施追肥

对底肥不足的麦田，应按照产量指标要求缺多少补多少，对水浇地麦田可以结合冬灌补施追肥，对于晚播弱苗，由于肥水消耗少，冬前一般不宜追施肥水，对于长势不匀的麦田可采取点片追施，追肥时一定要采取穴施，严禁撒施。

5. 严禁牲畜啃食

牲畜啃食麦苗会造成大量死苗，严重时，能使小麦减产，一定要严禁。

6. 防旱

（1）迅速开挖田内一套沟，通过开沟覆土弥合土缝，使种子与土接合紧密。

（2）实施田间镇压　通过镇压碎土提墒，压实土缝，让种子接触底墒水，促进种子及早发芽、出苗。

（3）沟灌洇水抗旱　对沟系健全、出苗困难的麦田，及早沟灌洇水，以增加土壤墒情，促进全苗。掌握满沟水稍爬畦的灌水原则，速灌速排，防止大水漫灌造成土壤板结，妨碍小麦根系生长，产生僵苗。用乙草胺进行土壤封闭处理的田块不能灌水抗旱，以免产生药害，造成死苗。

（4）查苗补苗　平均每 667 米^2 基本苗低于 10 万株、条播每米低于 36 株、撒播每平方尺（1 平方尺＝0.11 米^2）低于 16 株的田块，可以进行人工催芽补种。

（八）越冬期管理

在 11 月中、下旬，小麦开始进入越冬期。11 月下旬抓紧耧麦，先耧后压，防止冻害。冻害年份地表干土层超过 4 厘米时，在 2 月份返青前抓紧回暖时机喷灌 1～2 小时。

1. 保证冬水冬肥

保证冬水冬肥能改善土壤养分、水分状况，平抑地温变化，为麦苗返青和提高分蘖成穗率创造良好的条件，能主动把握春季管理的主动权。盐碱地冬灌还有压碱改土的作用。冬肥用量不宜过大，要因苗制宜，中产麦田每用量约占追肥量的 20%，未施底磷肥的地块，应氮磷配合。已施足底肥的麦田，不追冬肥。浇冬水要在日平均气温 7～8℃夜冻昼消时结束。晚茬麦，冬前生育期短，叶少，根少，为了利用初冬和早春冻融时期的有效积温，提高播种地温，促根增蘖，在土壤湿度大的情况下，不宜浇冬水。

2. 松土

中等肥力以上的水浇麦田，立冬后，每 667 米^2 总蘖数达到计划穗数的 1.5 倍时，应进行深耘断根，用摘掉左右两齿的耘锄隔行进行，深度 10 厘米。深耘后，应立即耧平踏实，防止压苗和透风失墒，并要及时浇冬水。对群体过大的麦田，深耘断根具有明显控制群体发展的作用。生长过旺群体过大的麦田，也可以越冬前采用镇压措施抑制分蘖生长。在耕作粗放、坷垃较多的麦田，于地面封冻前进行镇压，压碎坷垃，弥补裂缝，可对土壤起到保温保水分的作用。压麦应在中午以后进行，以免早晨霜冻镇压伤苗，盐碱地不宜镇压。

麦田浇过冬水后，易造成地表板结，出现裂缝，土壤水分易失，拉断麦根，冻死麦苗，必须及时进行划锄松土。

3. 防冻

在越冬期施用农家肥盖麦和对壮苗实行镇压，可保温、肥田、防冻。有条件的地方，还可引水冬灌。小麦叶片受冻，只要分蘖节没有冻死，应及早施用速效化肥，促苗转化；如遇干冻，追肥时要结合浇水抗旱。具体的小麦越冬期防冻四法如下。

(1) 盖草　冬前在旱地小麦行间，每 667 米^2 撒施 300～500 千克麦糠、碎麦秸或其他植物性废弃物，既保墒又防冻，腐败后还可以改良土壤，培肥地力，是旱地小麦抗旱、防冻、增产的有效措施。

(2) 盖粪　在小麦进入越冬期后，顺垄撒施一层粪肥，也叫暖沟粪，可以避风保墒，增温防冻，并为麦苗返青生长补充养分。盖粪的厚度以 3～4 厘米为宜，每亩施用粪肥 2500 千克左右；粪肥不足时，晚茬麦田、浅播麦田、沙地麦田要优先盖粪。

(3) 壅土围根　在越冬前、麦苗即将停止生长时，结合划锄，壅土围根，可以有效防止小麦越冬期受冻；冻害严重的年份，效果尤为明显。

(4) 喷施矮壮素　在小麦越冬期发生冻害时，用 0.3%～0.5%矮壮素溶液喷洒麦苗，可抑制植株生长，抵御或减轻冻害发生。

(九) 返青期管理

当早春麦田半数以上的麦苗心叶长出，部分达到 1～2 厘米时，称为“返青”。从返青开始到起身之前，历时约 1 个月，主要是生根、长叶和分蘖，是产生春季分蘖、形成春季新根的关键时期，如果管理不当，容易导致地上生长与地下生长之间的矛盾，以及有效分蘖与无效分蘖之间的矛盾，影响到麦苗的健壮生长。这是促使晚弱苗升级、控制旺苗徒长、调节群体大小和决定成穗率高低的关键时期。为了培育壮苗，应以保墒、增温为中心，再辅以施肥。所以返青期管理的中心任务是，促麦苗早发稳长，巩固冬前分蘖，控制无效分蘖，促冬蘖、增春蘖、促根、控旺，保证足够的有效穗数，达到穗大粒多的目的，促进根系发育，为提高成穗率、增加亩穗数和争取大穗打下基础。

1. 及早浇好保苗水

对于没浇越冬水，受旱严重，分蘖节处于干土层中，次生根长不出来或很短，出现点片黄苗或死苗的麦田，要浇好“保苗水”。一般当日平均气温稳定在3℃、白天浇水后能较快渗下时，就要抓紧浇水保苗，时间越早越好。浇水时应注意，要小水灌溉，避免大水漫灌而使地表积水出现夜间地面结冰现象。

2. 划锄松土

这是促麦苗提早返青的重要措施。因为疏松表土，改善了土壤的通气条件，可提高土温，促进根系发育。由于切断了毛细管，可阻止下层土壤水分上升，起到了保墒作用。此外，划锄松土还能促进土壤微生物的活动，有利于可溶性养分的释放。不论弱苗、壮苗或旺苗返青期间都应抓紧锄地。早春划锄的有利时机为“顶凌期”。即在表皮土化冻2厘米时开始划锄，称为顶凌划锄，此时保墒效果最好，有利于小麦早返青、早发根、促壮苗。划锄时要注意因地因苗制宜。划锄要注意质量。早春第一次划锄要适当浅些，以防伤根和寒流冻害。以后随气温逐渐升高，划锄逐渐加深，以利根系下扎。浇水或雨后，更要及时划锄。要切实做到划细、划匀、划平、划透，不留坷垃，不压麦苗，消除杂草。在冬季土壤冻结期间，下层土壤水分上升并积累于冻土层，春季土壤化冻时，表层有较多的水分，称为土壤返浆。顶凌期划锄，可在较长时期内有效保持返浆时土壤水分。其次，要因苗划锄，力求精细，对群体过大的旺苗，如冬前未行深耕控制，返青期深划锄，可控上促下，获得良好的增产作用。划锄力争拔节前达到2～3遍，尤其浇水或雨后，更要及时划锄。最后，锄压结合，先压后锄，并结合划锄清除越冬杂草。返青期镇压可压碎土块，弥合裂缝，使经过冬季冻融疏松了的土壤表土层沉实，使土壤与根系密接起来，有利于根系的吸收，减少水分蒸发。因此，对整地粗放、坷垃多的麦田，可在早春土壤化冻后进行镇压，以沉实土壤，弥合裂缝，减少水分蒸发和避免冷空气侵入分蘖节附近冻伤麦苗；对没有水浇条件的旱地麦田在土壤化冻后及时镇压，可促使土壤下层水分向上移动，起到提墒、保墒、抗旱作用。另外，镇压要和划锄结合起来，一般是先压后锄，以达到上松下实、提墒保墒增温的作用。根据春季干燥、多风、麦田失墒快的特点，管理上以压麦、松土为主，增温保墒促小麦返青。

3. 追肥

返青肥要因苗追施。对于冬前长势较弱的2～3类苗或地力差、早播徒长脱肥的麦苗，应早施、重施返青肥，可在地表开始化冻时抢墒追施（顶凌施肥）。一般每667米^{2}可追施碳酸氢铵20千克左右，缺磷麦田应混合追施过磷酸钙，每667米^{2}15千克左右。有条件的最好施磷酸二铵，每667米^{2}10～15千克。返青肥对于促进麦苗由弱转壮，增加亩穗数有重要作用。但对于苗数较多的一类苗，或偏旺而未脱肥的麦田，则不施返青肥。应推迟到起身时追施，以控制无效分蘖，达到提高分蘖成穗率，增加亩穗数的目的。

4. 揭被清垄

冬季“盖被”的小麦，必须在返青后适时揭被清垄，以利提高地温，促进根系发育。为了防止倒春寒的危害，清垄应分2次完成。第1次在返青后1周左右；第2次在返青后半个月左右，把土全部清完，但不能使分蘖节外露。对土壤水分高的低洼地，要严格掌握在土壤返浆前清完；较干旱的麦田，可适当推迟，以防冻害。

5. 浇返青水

浇返青水要看地、看苗灵活掌握。正常年份，当5厘米地温稳定通过5℃以上、麦田土壤完全化冻后浇返青水比较适宜。如果冬季较旱，浇返青水时间应适当提前，并缩短灌溉周期。凡冬前未浇冬水或冬灌偏早，返青时比较干旱的麦田，干土层在3厘米以下，则可适当早浇返青水，但水量不宜过大，更不能大水漫灌。因为早浇返青水的麦田，下层土壤没有全部化冻，大水易造成积水沤根，新根发不出来，发育推迟，易形成“小老苗”，重者有死苗的危险。凡冬水浇的适时，麦苗生长健壮的麦田，可适当晚浇返青水；晚播麦若墒情较好，也应晚浇返青水，以免降低地温，影响返青。凡冬水浇的较晚，返青时不缺水的麦田，则可推迟到起身期浇水、追肥。麦田应适时晚浇返青水，一般在3月中旬后，喷灌不超过4小时，浇后适时松土。

浇水时可按照先浇三类麦田，再浇二类麦田，最后浇一类麦田的顺序管理。对于越冬以前浇过越冬水、目前土壤墒情较好的一般麦田，可适当晚浇返青水；晚播麦若墒情较好，也应晚浇返青水，以免降低地温，影响返青。凡冬水浇的较晚，返青时不缺水的壮苗麦田，则可推迟到起身、拔节期浇水。三类麦田返青始期每667米^{2}总茎数小于45万，多属于晚播弱苗。春季肥水管理应以促为主。春季追肥应分2次进行。第1次在返青期5厘米地温稳定于5℃时开始追肥浇水，每667米^{2}施用5～7千克尿素和适量的磷酸二铵，促进春季分蘖，巩固冬前分蘖，以增加亩穗数；第二次在拔节中期施肥浇水，提高穗粒数。旱地麦田，由于没有水浇条件，返青期管理要以保墒增温为主。一般麦田应在早春土壤化冻后，趁墒情较好借墒开沟追肥。追肥量一般应占总施肥量的30%～40%。拔节前后再借雨追施总施肥量20%左右的氮肥。

6. 春耙

因黑小麦植株较高，为防止倒伏，在返青后需要进行耙地、压麦或晚浇返青水，使第一节间短、粗、壮。返青初期，耧麦、压麦，增温保墒。土壤化通后，根据地力、苗情适时追肥浇水。对于肥力足、群体大、生长快的旺苗，于返青后喷壮丰胺或矮壮素，控制旺长，预防倒伏。春耙能松土保墒、提高地温、促根壮蘖、消灭杂草，一般多在4月上旬进行。春耙必须保证质量，否则起不到应有的作用。为确保春耙质量，一般以开春后地表刚开始发白时耙地为宜。耙地的适宜工具是铁制丁字耙，耙深3～4厘米，在铁耙后面再配用柳条编织的柳条耱，可增强碎土、清苗效果，提高耙地质量。

(十) 拔节期的管理

拔节孕穗期是决定小麦成穗率和结实率、争取壮秆大穗的关键时期，这个阶段一般需肥量占小麦总需肥量的一半左右。如果这时小麦肥饱水足，可促进穗大粒多、粒饱，提高粒重。施小麦拔节肥虽然重要，但是要看苗、看种、看地来巧施。

(1) 看小麦颜色　拔节时叶色浓绿、茎秆白嫩细软的小麦不能施拔节肥；叶色比拔节前稍退淡的小麦可适量施拔节肥；叶色发黄、茎秆发红的小麦要多施拔节肥。

（2）看小麦叶片　叶片大的不能施拔节肥，叶片上挺且窄小的要多施拔节肥。

（3）看小麦品种　矮秆、耐肥、抗倒的小麦，可适量施拔节肥；高秆、不耐肥的小麦，要少施拔节肥。

（4）看地力水平　底肥不足、地力差的田地，可适当多施拔节肥；地力肥后劲足的田地，不施或少施拔节肥；拔节前苗已发黄坐蔸或叶尖枯萎的可提早施拔节肥。因此，施肥应遵循以下原则。

（1）起身肥　小麦前期生长量不足，密度低的弱苗必须及时追起身肥，一般于拔节前10～15天每667米^{2}追尿素5～10千克；壮苗、旺苗不施肥。

（2）拔节肥　施用数量与品种的耐肥性及植株的前期生长有关，已达到壮苗标准的每667米^{2}可追尿素3～5千克；旺苗不施，弱苗适当增施。

（3）孕穗肥　没有施拔节肥的，孕穗有缺肥症状时，要施孕穗肥。一般在旗叶露尖时，每667米^{2}追尿素5～10千克。

（十一）灌浆期及后期管理

小麦灌浆期是小麦生长的最后时期，也是决定小麦产量高低的关键时期，因此一定要加强田间管理。主要是保根，护叶，延长叶片功能，防止早衰，提高粒重，并预防旱、涝、风、病、虫、倒伏等灾害。为了使小麦籽粒饱满、增加粒重，达到高产优质，应采取适当管理措施。

1. 合理补施肥料，防止早衰

小麦扬花期，即5月1日左右，追施速效氮肥，对于增加穗粒数，提高千粒重效果明显。方法是结合浇水，667米^{2}追尿素3～5千克。灌浆中期，即5月中旬，叶面施肥可促进受冻害小麦恢复生长，并能延长叶片功能期，提高光合效率，防病抗倒，减轻干热风危害。667米^{2}用0.3%磷酸二氢钾加0.5%～1%尿素混合液，或用天丰素等进行叶面喷施，7天喷1次。

对缺氮严重的地块要及时补施氮肥。追施速效氮肥，对于增加穗粒数，提高千粒重效果明显。方法是结合浇水，每667米^{2}追尿素3～5千克。

2. 适时浇好灌浆水

小麦灌浆期，正是需水的关键时期，此时缺水会造成千粒重下降，导致小麦严重减产。根据土壤墒情，适时浇好灌浆水，浇水时间掌握在小麦开花后 15 天内结束。强筋小麦严禁浇麦黄水；浇灌浆水要密切注意天气预报，风雨来临前严禁浇水，以免发生倒伏。

3. 叶面喷肥

灌浆中期，即 5 月中旬，用氨基酸肥 300 倍加高纯黄腐酸 300 倍叶面喷洒，间隔 7 天复喷 1 次，提高千粒重，优化品质。

4. 抗旱防渍，保根护叶

小麦渍害是由地表水、浅层水和地下水引起的，其中浅层水危害最大。故要做到沟直底平，沟沟相通，做到雨住田干，雨天排明水，晴天排暗水，降低地下水，改善土壤通气条件，为多雨环境下的小麦生长创造良好的土壤环境。

5. 防止倒伏

小麦倒伏多发生在抽穗后，但倒伏的成因是在拔节到孕穗期形成的，在中、高肥力及密度较大的田块，于小麦基部第一节间开始伸长时，每667 米^2 用 15%多效唑可湿性粉剂 8 克，兑水 75 千克喷施，可起到矮化防倒作用，同时促进增产。

6. 防干热风

干热风是小麦后期一种危害较重的气象灾害。其主要是通过干燥、高温、热风三种要素共同作用，致使小麦籽粒瘦秕而减产，一般轻则减产 10%～20%，重则减产 30%以上。干热风危害小麦的症状，初始阶段表现为旗叶凋萎，严重凋萎 1～2 天后逐渐青枯变脆。初始芒尖白而干，继而渐渐张开，即出现炸芒现象。由于水分供求失调，穗部脱水青枯，继而变成无光泽的灰色，籽粒秕瘦且无光泽，千粒重明显下降。可喷施磷酸二氢钾，667 米^2 用 300 克磷酸二氢钾加适量中性洗衣粉兑水 40 千克喷施，以增强植株抗性。

四、收获、晾晒

小麦成熟程度是决定收获期的主要依据。小麦熟期分为乳熟期、蜡熟期和完熟期。乳熟期、蜡熟期又分为初、中、末三个阶段，根据植株和籽粒的色泽、含水量等来确定。乳熟期小麦茎叶由绿逐渐变黄绿，籽粒有乳汁状内含物。乳熟末期籽粒的体积与鲜重都达到最大值，粒色转淡黄、腹沟呈绿色，籽粒含水率为45％～50％，茎秆含水率65％～75％。蜡熟期籽粒的内含物呈蜡状，硬度随熟期进程由软变硬。蜡熟初期叶片黄而未干，籽粒呈浅黄色，腹沟褪绿，粒内无浆，籽粒含水量30％～35％，茎秆含水量40％～60％。蜡熟中期下部叶片干黄，茎秆有弹性，籽粒转黄色，饱满而湿润，种子含水量25％～30％，茎秆含水量35％～55％。蜡熟末期，全株变黄，茎秆仍有弹性，籽粒黄色稍硬，含水量20％～25％，茎秆含水量30％～50％。完熟期叶片枯黄，籽粒变硬，呈品种本色，含水量在20％以下，茎秆含水量20％～30％。

最适宜的收获阶段是蜡熟末期到完熟期。小麦收获适期应根据籽粒的成熟度确定。一般是蜡熟期，即茎叶都已变黄，但尚有弹力，麦粒还能用指甲划破，这是最佳收获期。若由于雨季迫近，或急需抢种下茬作物，或品种易落粒、折秆、折穗、穗发芽等原因，则应适当提前收获。

收获方法分为分别收获法、分段收获法、直接联合收获法。分别收获法是用人力、畜力或机具分别进行割倒、捆禾、集堆、运输、脱粒、清选等各项作业，此法可根据各自生产条件灵活运用，投资也较少，但功效低，进度慢，且一般损失较大。分段收获法是利用在蜡熟中期至末期割倒的小麦茎秆仍能向籽粒输送养分的道理，把收割、脱粒分两个阶段进行，第一阶段用割晒机或经改装的联合收获机将小麦植株割倒铺放成带状，进行晾晒，使其后熟；第二阶段用装有拾禾器的联合收获机进行脱粒、初步清选。分段收获的优点是，能比直接联合收获提早5～7天开始；能提高作业效率与机械利用率，加快收获进度；能提高千粒重、品质和发芽率；可减少落粒、掉穗及破碎率等损失；减少晒场及烘干机作业量；便于提前翻地整地；减少草籽落地。分段收获不但产量较高、质量好，而且成本低。分段收获的技术要求，除应注意适期割倒外，还需掌握割茬高度16～22厘米，放铺宽度1.2～1.5米，麦铺厚度6～15厘米，放铺角度10°～20°，割后晾干2～5天内及时拾禾脱粒等。

第四节　黑小麦主要病虫害防治

一、非生理性病害

（一）小麦全蚀病

（1）危害症状　又称小麦立枯病、黑脚病。只侵染麦根和茎基部1～2节。苗期病株矮小黄叶多，种子根和地中茎变成灰黑色，严重时造成麦苗连片枯死。拔节期病苗返青迟缓、分蘖少，病株根部大部分变黑，在茎基部及叶鞘内侧出现较明显灰黑色菌丝层。抽穗后田间病株成簇或点片状发生早枯白穗，病根变黑，易于拔起。叶鞘内布满黑褐色菌丝层，呈“黑脚”状，上密布黑褐色颗粒状子囊壳（图1-2，见彩图）。

（2）发生规律　病菌主要在土壤中的病残体或混有病残体的未腐熟的粪肥及混有病残体的种子上越冬、越夏。病株多在灌浆期出现白穗，遇干热风，病株加速死亡。病菌发育温限3～35℃，适宜温度19～24℃，致死温度为52～54℃、时间为10分钟。一般土质疏松、肥力低、碱性土壤发病较重。土壤潮湿有利于病害发生和扩展，水浇地较旱地发病重。

（3）无公害综合防治技术　①浸种：用51～55℃温水浸种10分钟。②轮作倒茬：实行稻麦轮作或与棉花、蔬菜等经济作物轮作。③药剂防治：用相当于种子质量0.2%的2%立克秀拌种。或用3%苯醚甲环唑悬浮种衣剂80毫升，兑水100～150毫升，拌10～12.5千克麦种，晾干后即可播种，也可储藏后再播种。小麦播种后20～30天，每667米^{2}使用15%三唑酮可湿性粉剂150～200克，兑水60升，顺垄喷洒，翌年返青期再喷1次，可控制全蚀病为害。

（二）小麦纹枯病

（1）危害症状　主要侵染叶鞘和茎秆。叶鞘上的病斑梭形、纵裂，病斑扩大连片形成烂茎。由于花秆烂茎抽不出穗而形成枯孕穗或抽后形成白穗，结实少，籽粒秕瘦。病苗枯死发生在三至四叶期，初仅第一叶鞘上现中间灰色、四周褐色的病斑，后因抽不出新

(a) 小麦全蚀病病苗　(b) 小麦全蚀病病株　(c) 小麦全蚀病病穗　(d) 小麦全蚀病病田

图 1-2　小麦全蚀病

叶而致病苗枯死；拔节后在基部叶鞘上形成中间灰色、边缘浅褐色的云纹状病斑，病斑融合后，茎基部呈云纹花秆状；病斑侵入茎壁后，造成茎壁失水坏死，最后病株因养分、水分供不应求而枯死，形成枯株白穗（图 1-3，见彩图）。

（2）发生规律　病菌在土壤和病残体上越冬或越夏。播种后开始侵染为害。冬前小麦发芽后，接触土壤的叶鞘被病菌侵染，症状发生在土表处或略高于土面处，严重时病株率可达 50%左右。5 月上、中旬以后，发病高度、病叶鞘位及受害茎数都趋于稳定，但发病重的因输导组织受害迅速失水枯死，田间出现枯孕穗和白穗。发病适温 20℃左右。冬季偏暖，早春气温回升快，阴天多，光照不足的年份发病重，反之则轻。适当晚播则发病轻。重化肥轻有机肥、重氮肥轻磷钾肥则发病重。高砂土地纹枯病重于黏土地，黏土

(a) 小麦纹枯病病株

(b) 小麦纹枯病病叶

(c) 小麦纹枯病病茎

(d) 小麦纹枯病病苗

图 1-3 小麦纹枯病

地重于盐碱地。

（3）无公害综合防治技术 ①适期播种：避免早播，适当降低播种量。及时清除田间杂草。雨后及时排水。施用酵素菌沤制的堆肥或增施有机肥，采用配方施肥技术配合施用氮、磷、钾肥。②药剂拌种：用相当于种子质量0.2%的33%纹霉净可湿性粉剂或用相当于种子质量0.03%～0.04%的15%三唑醇粉剂或相当于种子质量0.03%的15%三唑酮可湿性粉剂或相当于种子质量0.0125%的12.5%烯唑醇可湿性粉剂拌种。播种时土壤相对含水量较低则易发生药害，如每千克种子加1.5毫克赤霉素，就可克服药害。③药剂防治：用5%井冈霉素水剂7.5克兑水100千克，或15%三唑醇粉剂8克兑水60千克，或20%三唑酮乳油8～10克兑水60千克，或12.5%烯唑醇可湿性粉剂12.5克兑水100千克，或50%利克菌200克兑水100千克喷雾，或选用33%纹霉净可湿性粉剂或50%

甲基立枯灵可湿性粉剂400倍液。

(三) 小麦根腐病

(1) 危害症状　小麦幼芽受害后变褐枯死，幼苗受害，重者变褐腐烂，称为苗腐。轻病苗成株可抽穗，但结实率低，有些病株，由于根冠腐烂，茎基部折断倒伏，或不倒伏呈青枯状，又叫“青死病”。拔取病株可见茎节基部变褐，根毛表皮脱落。成株叶上病斑初期为椭圆形褐斑，扩大后呈不规则褐色大斑，中部色浅，气候潮湿时，病部产生黑色霉状物。叶鞘上病斑不规则，常形成大型云纹状浅褐色斑，扩大后整个小穗变褐枯死并生有黑霉。病小穗不能结实，种子瘦小，有的病粒胚不变色，而在胚乳腹脊或腹沟等部位产生边缘褐色、中央灰白色的梭形斑（图1-4，见彩图）。

(a) 小麦根腐病幼苗

(b) 小麦根腐病病株

(c) 小麦根腐病病穗

(d) 小麦根腐病病田

图1-4　小麦根腐病

(2) 发生规律　病菌在病残体、病种胚内、土壤中或附着种子表面越冬。病菌在水滴中或在大气相对湿度98%以上，只要温度适合，直接穿透侵入或由伤口和气孔侵入。在25℃下病害潜育期5天。病菌侵入叶组织后，菌丝体在寄主组织细胞间蔓延，并分泌毒素，破坏寄主组织，使病斑扩大，病斑周围变黄，被害叶片呼吸增强，发病初期叶面水分蒸腾增强，后期病叶丧失活力，造成植株缺水，叶枯死亡。在土壤和种子内外越冬的病菌，当种子发芽时即侵染幼芽和幼苗，引起芽枯和苗腐。春麦区，在病残体上越冬的病菌当气温回升到16℃左右，叶片病斑上产生的分生孢子借风雨传播，进行多次再侵染。小麦抽穗后，从小穗颖壳基部侵入穗内，为害种子，成黑胚粒。在冬麦区，病菌可在病苗体内越冬，返青后带菌幼苗体内的菌丝体继续为害，病部产生的分生孢子进行再侵染。

(3) 无公害综合防治技术　①轮作倒茬：重病区可与玉米、甜菜、油菜、向日葵进行轮作，降低病原菌在土壤中的存活量。麦收后及时伏翻、秋翻可减少病残体上的越冬菌量。前茬为春麦的地块更要尽快伏翻，同时追施农家肥。②晒种：及早准备种子，播前晒种2～3天，防止种子带菌。③拌种：用适乐时或卫福按种子量的2%～3%拌种，闷种12～24小时，如拌种时种子水分偏大，可摊开晾晒后再播种。④加强管理：适期播种，合理施肥，精量播种，提高播种质量。⑤药剂防治：选用12.5%禾果利可湿性粉剂2500～3000倍液喷雾，或5%井冈霉素水剂10克加水40千克喷雾防治，隔7～10天再喷1次。喷药应匀、透，使药液充分浸透根和茎。

(四) 小麦白粉病

(1) 危害症状　主要侵染叶片和叶鞘。初发病时，叶面出现白色霉点，后逐渐扩大为椭圆形白色霉斑，霉斑表面有一层白粉，遇有外力或振动立即飞散。后期病部霉层变为灰白色至浅褐色，病斑上散生有针头大小的小黑粒点（图1-5，见彩图）。

(2) 发生规律　病菌可在病残体上于干燥和低温条件下越夏。越冬病菌先侵染底部叶片并呈水平方向扩展，后向中上部叶片发展。该病发生适温15～20℃，低于10℃发病缓慢。相对湿度大于

(a) 小麦白粉病病田　(b) 小麦白粉病病叶

(c) 小麦白粉病病穗　(d) 小麦白粉病病株

图 1-5　小麦白粉病

70%有可能造成病害流行。少雨地区当年雨多则病重，多雨地区如果雨日、雨量过多，病害反而减缓。施氮过多，造成植株贪青则发病重。管理不当、水肥不足、土地干旱、植株生长衰弱、抗病力低也易发生该病。此外，密度大则发病重。

（3）无公害综合防治技术　①拌种：用相当于种子质量0.03%的25%三唑酮可湿性粉剂拌种，也可用15%三唑酮可湿性粉剂拌种。②药剂防治：当小麦白粉病病情指数达到1或病叶率达10%以上时，开始喷洒20%三唑酮乳油1000倍液或40%福星乳油8000倍液。

（五）小麦锈病

（1）危害症状　小麦锈病分条锈病、叶锈病和秆锈病3种。①小麦条锈病：发病部位主要是叶片，叶鞘、茎秆和穗部也可发病。初期在病部出现褪绿斑点，以后形成鲜黄色的粉疱，长椭圆形，与叶脉平行排列成条状。后期长出黑色、狭长形、埋伏于表皮下的条状疱斑［图 1-6(a)，见彩图］。②小麦叶锈病：发病初期出现褪绿斑，以后出现红褐色粉疱，在叶片上不规则散生。后期在叶背面和茎秆上长出黑色长椭圆形、埋于表皮下的冬孢子堆，其有依麦秆纵向排列的趋向［图 1-6(b)，见彩图］。③小麦秆锈病：为害部位以茎秆和叶鞘为主，也为害叶片和穗部。夏孢子堆较大，狭长形，红褐色，不规则散生，常融合成大斑，孢子堆周围表皮撕裂翻起，夏孢子可穿透叶片。后期病部长出黑色椭圆形至狭长形、散生、突破表皮、呈粉疱状的冬孢子堆［图 1-6(c)，见彩图］。

(a) 小麦条锈病病叶

(b) 小麦叶锈病病叶

(c) 小麦杆锈病病株

(d) 小麦锈病病田

图 1-6　小麦锈病

（2）发生规律　①小麦条锈病：病菌可随发病麦苗越冬。春季在越冬病麦苗上产生夏孢子，可扩散造成再次侵染。造成春季流行的主要条件为3～5月的雨量，特别是3～4月的雨量过大；早春气温回升较早。②小麦叶锈病：病菌可随病麦苗越冬，春季产生夏孢子，随风扩散。叶锈菌侵入的最适温度为15～20℃。③小麦秆锈病：秆锈菌以夏孢子传播，夏孢子萌发侵入温度要求为3～31℃，最适温度18～22℃。气温偏高和雨水多是造成本病流行的因素。

（3）无公害综合防治技术　①适当晚播：小麦不宜过早播种。及时灌水和排水。小麦发生锈病后，适当增加灌水次数，可以减轻损失。合理、均匀施肥，避免过多使用氮肥。②药剂防治：播种时可用15%粉锈宁可湿性粉剂拌种，用量为种子质量的0.1%～0.3%。

（六）小麦散黑穗病

（1）危害症状　主要在穗部发病，病穗比健穗较早抽出。最初病小穗外面包有一层灰色薄膜，成熟后破裂，散出黑粉，黑粉吹散后，只残留裸露的穗轴。病穗上的小穗被毁后，仅上部残留健穗（图1-7，见彩图）。一般主茎、分蘖都出现病穗，但在抗病品种上有的分蘖不发病。

（2）发生规律　散黑穗病是花器侵染病害，1年只侵染1次。带菌种子是病害传播的唯一途径。病菌以菌丝潜伏在种子胚内，外表不显症。当带菌种子萌发时，潜伏的菌丝也开始萌发，随小麦生长发育经生长点向上发展，侵入穗原基。孕穗时，菌丝体迅速发展，使麦穗变为黑粉。厚垣孢子随风落在扬花期的健穗上，落在湿润的柱头上萌发产生先菌丝，完成侵染循环。刚产生的厚垣孢子24小时后即能萌发，萌发温度范围5～35℃，最适温度20～25℃。小麦扬花期空气湿度大，常阴雨天利于孢子萌发侵入，带病种子多，翌年发病重。

（3）无公害综合防治技术　①变温浸种：先将麦种用冷水预浸4～6小时，涝出后用52～55℃温水浸1～2分钟，使种子温度升到50℃，再捞出放入56℃温水中，使水温降至55℃浸5分钟，随即迅速捞出经冷水冷却后晾干播种。②恒温浸种：把麦种置于50～55℃热水中，立刻搅拌，使水温迅速稳定至45℃，浸3小时后捞出，移入冷水中冷却，晾干后播种。③石灰水浸种：用优质生石灰

(a) 小麦散黑穗病病苗　(b) 小麦散黑穗病病穗

(c) 小麦散黑穗病病田　(d) 小麦散黑穗病病株

图 1-7　小麦散黑穗病

0.5 千克，溶于 50 千克水中，滤去渣滓后浸选好的麦种 30 千克，要求水面高出种子 10～15 厘米，种子厚度不超过 66 厘米，浸泡时间，气温 20℃浸 3～5 天，气温 25℃浸 2～3 天，30℃浸 1 天即可，浸种以后不再用清水冲洗，摊开晾干后即可播种。④药剂拌种：用相当于种子质量 63%的 75%萎锈灵可湿性粉剂拌种，或用相当于种子质量 0.08%～0.1%的 20%三唑酮乳油拌种。也可用 40%拌种双可湿性粉剂 0.1 千克拌麦种 50 千克，或用 50%多菌灵可湿性粉剂 0.1 千克兑水 5 千克拌麦种 50 千克，拌后堆闷 6 小时。

（七）小麦腥黑穗病

（1）危害症状　一般病株较矮，分蘖较多，病穗稍短且直，颜色较深，初为灰绿，后为灰黄。颖壳麦芒外张，露出部分病粒，叫菌瘿。病粒较健粒短粗，初为暗绿，后变灰黑，外包一层灰包膜，内部充满黑色粉末，破裂后散出具有鱼腥味的气体，故称腥黑穗病（图 1-8，见彩图）。

(a) 小麦腥黑穗病病苗　(b) 小麦腥黑穗病病株

(c) 小麦腥黑穗病病穗　(d) 小麦腥黑穗病病田

图 1-8　小麦腥黑穗病

（2）发生规律　病菌附在种子外表或混入粪肥、土壤中越冬或越夏。小麦腥黑穗病病菌的厚垣孢子能在水中萌发，有机肥浸出液对其萌发有刺激作用。萌发适温 16～20℃。病菌侵入麦苗温度 5～20℃，最适温度 9～12℃。土壤持水量 40％以下有利于孢子萌发和侵染。一般播种较深，不利于麦苗出土，增加病菌侵染机会，加重病害。

（3）无公害综合防治技术　①拌种：用 2％立克秀拌种剂 10～15 克，加少量水调成糊状液体与 10 千克麦种混匀，晾干后播种。也可用相当于种子质量 0.15％～0.2％的 20％三唑酮（粉锈宁）或相当于种子质量 0.1％～0.15％的 15％三唑醇拌种和闷种。②提倡施用酵素菌沤制的堆肥或施用腐熟的有机肥：春麦不宜播种过早，冬麦不宜播种过迟。播种时不宜过深。播种时施用硫铵等速效化肥做种肥。冬麦提倡在秋季播种时，基施长效碳铵1次，减少发病。

（八）小麦赤霉病

（1）危害症状　又叫红穗头，主要引起苗枯、穗腐、茎基腐、秆腐，其中影响最严重是穗腐。小麦扬花时，初在小穗和颖片上产生水浸状浅褐色斑，渐扩大至整个小穗，小穗枯黄。湿度大时，病斑处产生粉红色胶状霉层。后期其上产生密集的蓝黑色小颗粒，用手触摸，有突起感觉，不能抹去，籽粒干瘪，并伴有白色至粉红色霉。小穗发病后扩展至穗轴，病部枯褐色，使被害部以上小穗形成枯白穗。秆腐多发生在穗下第1～2节，初在叶鞘上出现水渍状褪绿斑，后扩展为红褐色不规则形斑或向茎内扩展。病情严重时，造成病部以上枯黄，有时不能抽穗或抽出枯黄穗。气候潮湿时病部表面可见粉红色霉层（图1-9，见彩图）。

(a) 小麦赤霉病病苗

(b) 小麦赤霉病病株

(c) 小麦赤霉病病穗

(d) 小麦赤霉病病田

图1-9　小麦赤霉病

（2）发生规律 病菌在病残体上越夏。借气流、风雨传播，溅落在花器凋萎的花药上萌发，先营腐生生活，然后侵染小穗，几天后产生大量粉红色霉层。在开花至盛花期侵染率最高。穗腐形成的分生孢子对本田再侵染作用不大，但对邻近晚麦侵染作用较大。赤霉病主要通过风雨传播，雨水作用较大。春季气温7℃以上易发病。在降雨或空气潮湿的情况下，经花丝侵染小穗发病。迟熟、颖壳较厚、不耐肥品种发病较重；田间病残体菌量大发病重；地势低洼、排水不良、黏重土壤，偏施氮肥、密度大，田间郁闭则发病重。

（3）无公害综合防治技术 ①石灰水浸种：用优质生石灰0.5千克，溶于50千克水中，滤去渣滓后浸选好的麦种30千克，要求水面高出种子10～15厘米，种子厚度不超过66厘米，浸泡时间，气温20℃浸3～5天，气温25℃浸2～3天，30℃浸1天即可，浸种以后不再用清水冲洗，摊开晾干后即可播种。②用增产菌拌种：每667米^{2}用固体菌剂100～150克或液体菌剂50毫升兑水喷洒种子拌匀，晾干后播种。③农业防治：收获后要深耕灭茬，减少菌源。适时播种，扬花期避开雨季。采用配方施肥技术，合理施肥，忌偏施氮肥。④药剂防治：在始花期喷洒50％多菌灵可湿性粉剂800倍液或60％多菌灵盐酸盐可湿性粉剂1000倍液、50％甲基硫菌灵可湿性粉剂1000倍液、50％多·霉威可湿性粉剂800～1000倍液、60％甲霉灵可湿性粉剂1000倍液，隔5～7天防治1次即可。

（九）小麦颖枯病

（1）危害症状 穗部染病，先在顶端或上部小穗上发生，颖壳上开始为深褐色斑点，后变为枯白色并扩展到整个颖壳，其上长满菌丝和小黑点；茎节染病，呈褐色病斑，使节部畸变、扭曲，上部茎秆折断而死；叶片染病，初为长梭形淡褐色小斑，后扩大成不规则形大斑，边缘有淡黄晕圈，中央灰白色，其上密生小黑点，剑叶被害扭曲枯死。叶鞘发病后变黄，使叶片早枯（图1-10，见彩图）。

（2）发生规律 病菌在病残体上越冬，次年条件适宜，侵染春

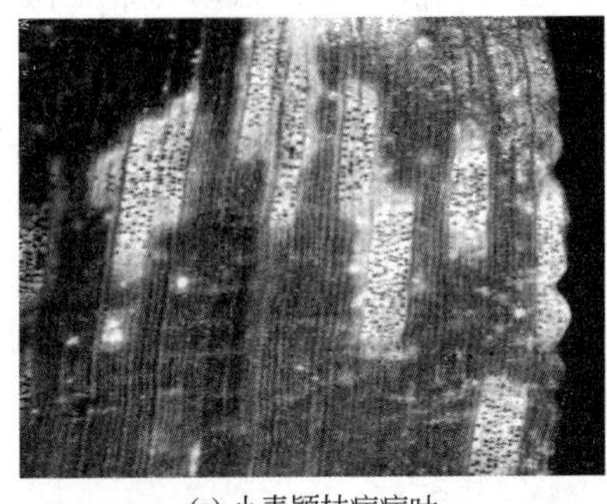
(a) 小麦颖枯病病叶

(b) 小麦颖枯病病穗

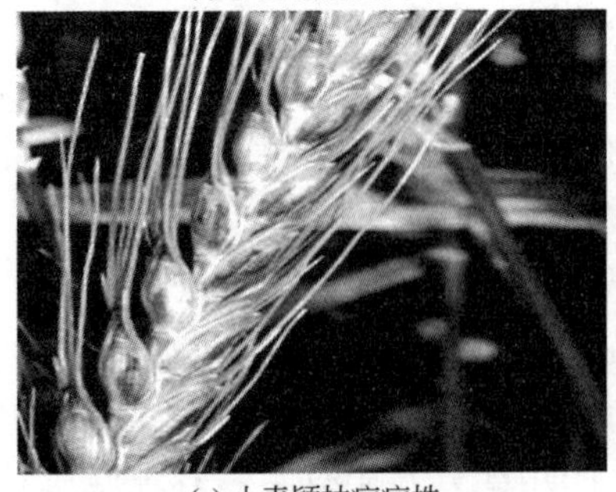
(c) 小麦颖枯病病株

(d) 小麦颖枯病病田

图 1-10 小麦颖枯病

小麦，借风、雨传播。侵染温度 10～25℃，以 22～24℃最适，适温下潜育期为 7～14 天。高温多雨条件有利于颖枯病发生和蔓延。连作田发病重。春麦播种晚，偏施氮肥，生育期延迟可加重病害发生。使用带病种子及未腐熟有机肥则发病重。

（3）无公害综合防治技术 ①清洁田园：清除病残体，麦收后深耕灭茬。消灭自生麦苗，压低越夏、越冬菌源。②实行 2 年以上轮作。③春麦适时早播，施用充分腐熟的有机肥，增施磷、钾肥，采用配方施肥技术，增强植株抗病力。④拌种：种子处理用 50％多福混合粉（多菌灵∶福美双为 1∶1 的 500 倍液）浸种 48 小时，或 50％多菌灵可湿性粉剂、70％甲基硫菌灵可湿性粉剂按种子量的 0.2％拌种。⑤药剂防治：在小麦抽穗期喷洒 70％代森锰锌可湿性粉剂 600 倍液或 75％百菌清可湿性粉剂 800～1000 倍液、

1∶1∶140倍量式波尔多液、25%苯菌灵乳油800～1000倍液、25%丙环唑（敌力脱）乳油2000倍液，隔15～20天1次，连喷1～3次。

（十）小麦病毒病

（1）危害症状　小麦病毒病有黄矮病、丛矮病、红矮病、线条花叶病四种。①黄矮病：从小麦幼苗时就可以为害。幼苗感染黄矮病后，从叶尖开始变黄，逐渐向下发展，冬季容易死苗。不死的苗拔节后，小麦下部的叶片先发病，叶尖变黄。受害的小麦分蘖减少，并严重矮化。黄矮病的病叶，叶片变黄，叶脉仍为绿色，因而出现黄绿相间的条纹［图1-11(a)，见彩图］。②丛矮病：丛矮病使小麦分蘖无限增多。叶片上有明显的黄绿相间的条纹。苗期染病的小麦大部分不能越冬而死亡；冬前染病较晚的，在返青和拔节时显病，叶色浓绿，茎秆粗壮，多不能抽穗；拔节期感病的，在新生叶片上出现条纹；孕穗期染病的没有明显症状［图1-11(b)，见彩图］。③红矮病：感病小麦矮缩和叶片变红。④线条花叶病：生病后小麦茎秆扭曲，所以又叫拐节病。

（2）发生规律　本病由麦二叉蚜、麦长管蚜和黍缢管蚜传播。麦田和附近杂草的多少、虫口密度的大小、带毒蚜迁移早晚和小麦生长阶段的不同都与发病轻重有直接关系。气候条件有利于蚜虫繁殖时，常引起病毒病的严重发生。肥、水等栽培条件较差的田块，病情较重。

（3）无公害综合防治技术　①拌种：每50千克的小麦种子用75%的“3911”100～150克加水3～4升拌种，拌后堆闷12小时，药效期35天左右。或用0.3%或0.5%灭蚜松可湿性粉剂拌种，防效40天左右。②重点治蚜虫、灰飞虱、条沙叶蝉。

二、生理性病害

（一）药害

（1）危害症状　由于农药使用剂量、施药时间、施用方法不当，引起植物新陈代谢发生变化，生长发育受到抑制，外部形态出现畸形。如使用除草剂2,4-D时，特别是2,4-D挥发性强，飘移现象严重，往往使麦株受害。同时小麦在幼穗分化期，对农药敏感性

(a) 小麦黄矮病

(b) 小麦丛矮病

(c) 小麦病毒病病苗

(d) 小麦病毒病病田

图 1-11　小麦病毒病

增加。因此，出现叶片扭曲，穗不能正常抽出，或抽出畸形穗或小穗等现象（图 1-12，见彩图）。

图 1-12　药害

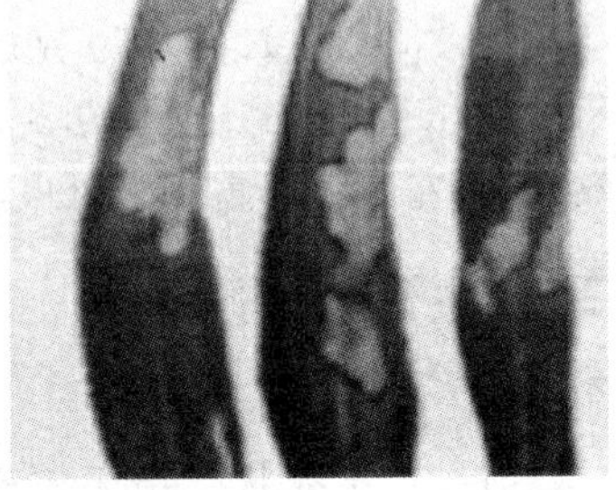

图 1-13　空气污染（SO_2）毒害

（2）发生原因　农药使用剂量、施药时间、施用方法不当。

（3）无公害综合防治技术　①正确识别药性：首先看清楚药剂

的剂型、含量和防治对象，然后严格按操作规程使用。②正确操作：若使用除草剂作土壤处理时，对有机质含量高的黏性土壤用药量可稍多一点，沙壤土药量可少一些。在喷施除草剂时要注意风向，设立隔离带，防止药液随风飘浮伤害邻近作物。③清洗药具：喷洒除草剂的喷雾器应专用，否则施药后立刻把喷雾器冲洗干净，以免残存药物伤害其他作物。

（二）空气污染毒害

（1）危害症状　叶上初现水浸状不规则形斑块，后叶片细胞组织坏死呈现黄白色或白色斑块（图 1-13，见彩图）。

（2）发生原因　由于放出对植物有害的气体，如二氧化硫、氰化氢等毒气而致。一般在砖窑附近植物易于发生二氧化硫毒气伤害，并常随风向成片发生。

（3）无公害综合防治技术　播种小麦时注意选择地块的位置，尽量避开砖窑等易产生有害气体的场所。

（三）小麦干热风

（1）危害症状　小麦受干热风为害，全株失水变干，茎秆青干发白，叶片卷缩凋萎，颜色由青变黄，逐渐变为灰白色，颖壳呈白色或灰绿色，籽粒干秕，千粒重下降（图 1-14，见彩图）。

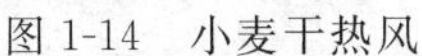

图 1-14　小麦干热风

图 1-15　冻害

（2）发生原因　冬麦区的干热风，起源于大西洋上空的暖高压气团，经过新疆沙漠时，再次降湿增温，变得又干又热，后经河西走廊东移南下，所到之处便引起气候的剧烈变化，从而出现持续气温升高、相对湿度降低的天气，此时正值小麦灌浆阶段，便给小麦造成为害。

（3）无公害综合防治技术　①改善农业生产条件，逐步建立高产稳产麦田。采用适时早播等措施，促使小麦提早成熟，躲过或减轻干热风为害。选用抗旱、抗病、抗干热风等抗逆能力较强的品种。增施有机肥和磷钾肥，适当控制氮肥的施用量。②药剂防治：小麦起身拔节期喷施1～2次10%草木灰浸提液；或在小麦孕穗至灌浆期喷施1～2次磷酸二氢钾溶液，每667米^{2}用磷酸二氢钾150～200克加水50～60千克喷施茎叶；或喷洒抗旱剂，在小麦孕穗期每667米^{2}用抗旱剂1号50克，兑水少许，待充分溶解后再加足水量，喷施茎叶。

（四）冻害

（1）危害症状　小麦遭受冻害以后，主要表现为叶色暗绿，叶片像用开水烫过一样，以后逐渐枯黄。受冻的麦苗生长初期表现为不透明状，以后细胞解体萎缩变形。小麦中后期受冻害，轻者叶尖失绿变黄，重者造成整株死亡（图1-15，见彩图）。

（2）发生原因　由于低温的作用，导致细胞间隙结冰或细胞内结冰，最终造成细胞死亡。一种是由于土壤冰融，使麦苗生长于土中的分蘖节被拉出土面，导致根系受伤。另一种是麦苗在土壤冻层与非冻层交界处被截断，造成死亡。即使有些麦株没有冻死，也有利于病菌的侵入为害。

（3）无公害综合防治技术　①适时播种：因地制宜，做到良种良法配套，适时播种，合理密植，培育壮苗越冬。②合理施肥：增施基肥，采用配方施肥，不要偏施氮肥，以防旺长；适量增施钾肥，以增强抗寒性。③适时浇水：适时开展冬灌有利于小麦生长，若冬灌太晚，会导致人为冻害的发生，要因地制宜，灵活运用。

（五）毒麦

（1）特征　毒麦为一年生或越年生麦田恶性检疫性杂草，又名小尾巴麦、毒麦草、黑麦子。苗期基部微带紫色，叶片线状披针形，狭而薄。无叶耳，叶舌膜质。穗状花序，长10～15厘米，穗轴节间较长5～10厘米，光滑无毛，小穗单生，第二颖片质地较硬，含5～7脉，外稃有5脉，顶端透明膜质，芒自外稃顶端稍向下伸出，长1～2厘米，刚直或稍弯。颖果长圆形，与内稃联合，不易脱离（图1-16，见彩图）。

图1-16 毒麦

（2）发生规律 毒麦主要由混杂于麦种内的种子随调运、播种而传播扩散。以种子繁殖，分蘖力强，抗病性强，适应能力强，繁殖力强。一般出土期比小麦晚7～15天。毒麦籽粒中含有毒麦碱，能使人畜食后中毒。

（3）无公害综合防治技术 ①加强植物检疫：严禁从发生区调出种子。②轮作换茬：建立无毒麦的小麦留种基地，毒麦发生地区，换种无毒麦混杂的麦种；发生毒麦的田块，与水稻轮作2年以上。③选种：用50%硫酸铵或60%硝酸铵，加水至溶液相对密度为1.19，将麦种用筐装好浸入，把漂浮在液面上的毒麦捞出，集中烧毁。④药剂防治：每667米^{2}用40%燕麦畏乳油150～200毫升，兑水25千克或拌细土25千克，于播种前撒于表土后混于土内5～10厘米；或每667米^{2}用6.9%骠马浓乳剂50～60毫升，加水50～60千克茎叶喷雾，并可兼治野燕麦。

三、虫害防治

（一）小麦叶蜂

（1）危害症状　小麦叶蜂又叫小黏虫、齐头虫。小麦叶蜂以幼虫为害麦叶，从叶边缘向内咬食成缺刻，重者可将麦叶全部吃光（图 1-17，见彩图）。

图 1-17　小麦叶蜂

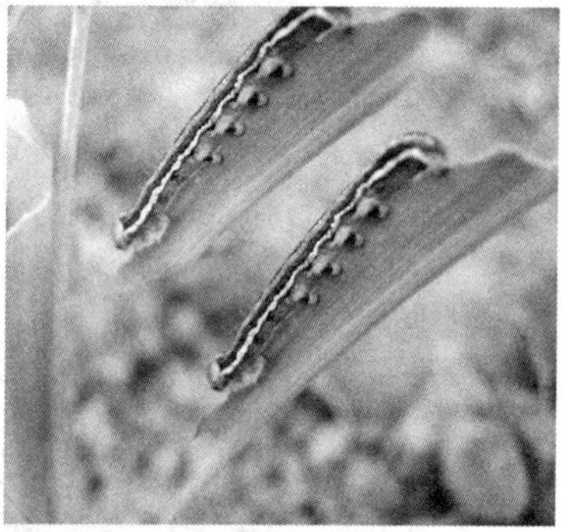

图 1-18　黏虫

（2）发生规律　小麦叶蜂在华北麦田 1 年发生 1 代，以蛹在土中 20～25 厘米深处越冬。第 2 年 3 月下旬开始羽化，在麦田内交尾产卵。成虫用锯状产卵器将卵产在叶片主脉旁边的组织内。1 次 1 粒，成串产下。成虫寿命 3～7 天，卵期 10 天。幼虫共 5 龄，1～2 龄白天为害叶片，3 龄后白天隐蔽，黄昏后上升为害。到 5 月上、中旬老熟幼虫入土作茧休眠至 10 月中旬再蜕 1 次皮化蛹越冬。幼虫有假死性，遇振动即落地。

（3）无公害综合防治技术　①人工杀死蛹：小麦播种前深耕细耙，破坏其化蛹越冬场所，或将休眠蛹翻至土表机械杀死或冻死。有条件的地方进行水旱轮作。②药剂防治：3 龄前进行。用 2.5% 敌百虫粉剂或 50% 辛硫磷乳油 1500 倍液，或 40% 氧化乐果乳油 4000 倍液，每 667 米^2 喷药液 50～60 千克。

（二）黏虫

（1）危害症状　黏虫又叫行军虫，是迁飞性杂食性害虫。主要为害多种禾谷类作物（图 1-18，见彩图）。

（2）发生规律　成虫有远距离迁飞习性，每年随东亚季风南北往返，有规律的远距离迁飞。成虫喜食蜜露，羽化后必须补充营养方可正常产卵繁殖。白天栖息在植株间，傍晚出来活动。成虫喜选择生长茂密的农田，将卵块产在叶尖及枯黄的叶片上，每头雌虫可产卵 1000～3000 粒，卵期 3～6 天，幼虫 6 龄，4～6 龄为暴食期，因此防治应在 3 龄前进行。

（3）无公害综合防治技术　①诱集成虫：诱杀成虫以糖醋液作用较好。也可利用黏虫喜在枯草上产卵的习性，每 667 米^2 插草把 60 把，3～5 天更换 1 次。②药剂防治：防治指标为每平方米有虫 25～30 头。在 3 龄以前消灭幼虫，可用 2.5％敌百虫粉剂或 4％马拉硫磷粉剂，每 667 米^2 用 1.5～2 千克。喷雾用 50％辛硫磷乳油或 80％敌敌畏乳油，稀释 1500～2000 倍，每 667 米^2 喷洒稀释液 75 千克。

（三）麦秆蝇

（1）危害症状　以幼虫钻入心叶和幼叶为害，造成枯心（图 1-19，见彩图）。

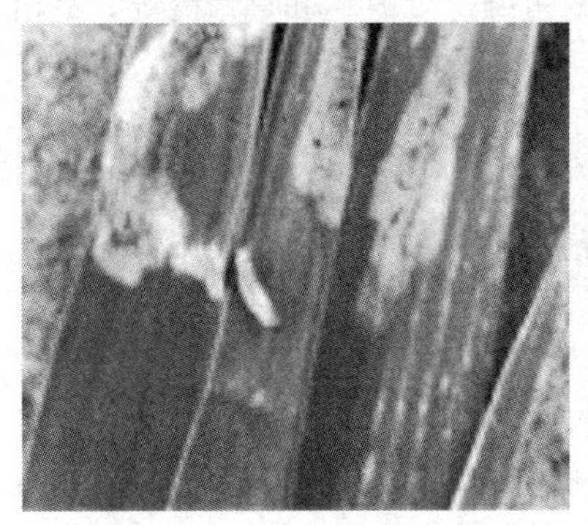

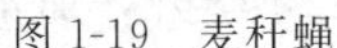

图 1-19　麦秆蝇

图 1-20　小麦蚜虫

（2）发生规律　1 年发生 3～4 代，以幼虫在冬小麦苗株内越冬。4 月中旬开始在麦秆内化蛹，4 月底开始羽化为成虫。第一代成虫在冬麦及春麦上产卵为害，使春麦主茎不能抽出。卵多产于叶片内侧靠近叶鞘处，第二代在禾本科杂草上寄生，第三代幼虫8月底为害早播冬麦，9～10月为害冬麦主茎，造成心叶枯黄或分蘖丛生，并在冬小麦内越冬。

(3) 无公害综合防治技术　①浅耕灭茬：麦收后浅耕灭茬，使落粒入土发芽，诱使成蝇产卵，然后秋翻消灭越冬虫。②药剂防治：用50%甲基1605乳油2000倍液，在小麦幼苗2～3片叶时，成虫处于盛发期，喷第1次药，间隔6～7天再喷1次。

(四) 小麦蚜虫

(1) 危害症状　若虫、成虫常大量群集在叶片、茎秆、穗部吸取汁液，被害处初呈黄色小斑，后为条斑、枯萎，整株变枯至死亡(图1-20，见彩图)。并诱发烟煤病，加重其危害。

(2) 发生规律　冬季以无翅蚜在小麦根茎或地下根部潜伏，开春后，随着气温的升高、小麦生育期的变化，麦蚜一般于4月上、中旬上穗为害，到乳熟期蚜量达到高峰，为害最甚。小麦黄熟后，麦蚜产生有翅蚜迁出麦田。麦蚜常在当年2～4月份温暖、降水较少的情况下大发生。水浇地一般轻于旱地，土壤肥沃麦田一般轻于肥力差的麦田。在小麦抽穗前后，如遇大雨或暴雨，对麦蚜有抑制作用。麦蚜的天敌主要有瓢虫、蚜茧蜂、食蚜虻和草蜻蛉等，是田间抑制麦蚜发生的重要因素之一。

(3) 无公害综合防治技术　①清除田边杂草。②药剂防治：麦二叉蚜，秋苗期时，当蚜株率达5%，百株蚜量达10头以上；春季拔节期蚜株率达30%，百株蚜量达100头以上。麦长管蚜，小麦孕穗期时，当蚜株率达50%，百株蚜量达200头左右；扬花至灌浆期蚜株率达70%，百株蚜量达500头左右。可用50%抗蚜威可湿性粉剂，每667米^{2}5～7克，或40%乐果乳油50毫升，或90%万灵粉剂8～10克，或25%病虫灵乳油50毫升，或50%辛硫磷乳油50毫升，或2.5%敌杀死乳油10～15毫升，加水75千克喷雾。

(五) 麦蛾

(1) 危害症状　麦蛾蛀入植株中，或织网，或形成虫瘿，或将叶卷曲(图1-21，见彩图)。在丝茧内化蛹。

图 1-21 麦蛾

图 1-22 吸浆虫

(2) 发生规律 麦蛾 1 年发生 6～7 代，多数以老熟幼虫在麦粒内越冬，在田间和仓内均能繁殖。成虫羽化后，多产卵于小麦腹沟胚部或腹沟内，卵孵化后，幼虫常由胚部或损伤处蛀入，1 龄幼虫能钻入粮堆内为害。麦蛾成虫飞翔能力强，可在田间产卵繁殖，卵产于近黄熟的稻麦穗上。感染的稻麦粒将麦蛾带进仓内为害。

(3) 无公害综合防治技术 ①日光曝晒：夏季高温季节晴天时，将小麦摊在场上，摊厚 3～5 厘米，每小时翻动 1 次，粮温上升至 45℃时保持 4～6 小时，将小麦含水量降到 12.5%以下时，趁热入仓，并加盖密封。②酒精熏蒸：晒干的粮食每 1000 千克用 0.4 千克酒精或 0.5 千克白酒，装瓶用布包住放于粮囤下部，并密封起来，利用缺氧和酒精熏蒸可杀死全部害虫。③药剂杀虫：a. 磷化铝熏蒸：用 10 厘米^2 大小的布块包 1 片磷化铝，药包上拴一绳子，以便熏蒸完毕后取出。将药包埋入粮堆后绳头露出粮面，迅速密封即可。在 6～8 月份的高温季节，1 片磷化铝可熏蒸小麦 400 千克，施药后密闭 72 小时。若长期存放，可一直保持密闭，使用前 10 天打开。b. 磷化钙熏蒸：同磷化铝用法近似，用磷化钙可处理小麦 250 千克。c. 粮虫净：用 1.2%粮虫净粉剂 1 份拌小麦 1000 份，可保持 1 年无虫害发生。

(六) 吸浆虫

(1) 危害症状 以幼虫潜伏在颖壳内吸食正在灌浆的麦粒汁液，造成秕粒、空壳，大发生年可导致全田毁灭，颗粒无收（图 1-22，见彩图）。

（2）发生规律　1年发生1代，以老熟幼虫在土中结圆茧越夏、越冬，黄河流域3月上、中旬越冬幼虫破茧上升到地表，4月中、下旬大量化蛹，羽化后大量产卵为害。一般情况下，雨水充沛、气温适宜常会引起该虫大发生，成虫盛发期与小麦抽穗扬花期吻合则发生重，土壤团粒构造好、土质疏松、保水力强也利其发生。

（3）无公害综合防治技术　①选用穗形紧密、内外颖缘毛长而密、麦粒皮厚、浆液不易外流的小麦品种。②轮作，避开虫源。③药剂防治：在麦播前每667米^{2}有虫12万头以上则需药剂防治；小麦抽穗时，受害严重田网捕平均每10复网有成虫10～25头即需补治。a. 麦播时对吸浆虫常发地块，每667米^{2}用6%林丹粉1.5～2千克拌细土20～25千克，均匀撒施地表，犁耙均匀，可兼治地下害虫；b. 用5%辛硫磷颗粒剂，每667米^{2}2～2.5千克，或2%西维因粉剂2.5千克，或20%林丹粉每667米^{2}0.5千克，拌细土25千克撒施防治虫卵。c. 用4%敌马粉剂、2%西维因粉剂，667米^{2}用1.5～2.5千克喷粉，或50%辛硫磷乳油或20%速灭杀丁乳油，每667米^{2}用20毫升加水75千克喷雾。

（七）麦蜘蛛

（1）危害症状　小麦蜘蛛主要有两种，即麦长腿蜘蛛和麦圆蜘蛛。在春秋两季吸取麦株汁液，被害麦叶先呈白斑，后变黄，造成植株矮小，穗少粒轻，重则整株干枯死亡（图1-23，见彩图）。

（2）发生规律　麦圆蜘蛛1年发生2～3代，以成若虫和卵在麦株及杂草上越冬，3月中、下旬至4月上旬为害重，越夏卵10月始为害秋苗，喜潮湿，多在早8～9时以前和午后4～5时以后活动。麦长腿蜘蛛1年发生3～4代，以成虫和卵越冬，4～5月进入危害盛期，10月上、中旬越夏卵为害秋苗，喜干旱，白天活动，以下午3～4时最盛，遇雨或露水大时，即潜伏于麦丛或土缝中不动。

（3）无公害综合防治技术　①轮作换茬，合理灌溉，麦收后浅耕灭茬以降低虫源。②药剂防治。a. 拌种：用75%3911乳油100～200毫升，兑水5千克，喷拌50千克麦种。b. 田间施药：用

图 1-23 麦蜘蛛

40%乐果乳剂 2000 倍液，或 40%三氯杀螨醇乳油 1500 倍液，或 50%马拉硫磷乳油 2000 倍液喷雾。

第五节 黑小麦的保健食疗

一、黑小麦的保健作用

由于黑小麦含有较多的微量元素铬和硒，具有特殊的保健作用。

(1) 铬的功能 有机铬是机体糖代谢和脂代谢中具有明显降糖效果的微量元素。它具有激活胰岛素、提高食物中糖的利用效率或转化效率和控制血糖升高的作用，能降低血液中胆固醇和甘油三酯的含量，预防心血管病。有机铬是人体必需的微量元素，能提高人体免疫功能。

(2) 硒的功能 硒具有抗氧化功能，可以清除人体内的自由基，延缓衰老。硒可以结合人体内的有毒重金属如汞、镉、铅等排出体外，在污染日益严重的今天，增加硒的摄入，可以使你远离污染，免受毒害。硒具有防癌抗癌功能，能够有效防止癌细胞的扩散和转移，对于癌症患者以及易感人群都有着很好的保健功效。硒缺乏可能会引起克山病，克山病是一种以心肌坏死为主要病变的心肌病，通过补硒能够有效进行预防和治疗。

（3）锌的功能　锌能协助葡萄糖在细胞上的运转，促进胰岛素结晶化，锌缺乏引起糖尿病。促进生长素的合成与分泌，增进食欲；维持皮上黏膜组织正常，促进伤口愈合。锌对人的智力和生殖器官的发育起着至关重要的作用。

（4）膳食纤维的功能　黑麦中富含可溶性黑麦纤维，可降低血糖，降低胆固醇，阻止脂质过氧化，对高血压病、高脂血症等疾病都有明显的防治作用。

（5）花青苷的功能　花青苷是一种类黄酮物质，具有维持血管正常渗透压，减小血管脆性，防止血管破裂、扩张冠状动脉，改善心肌营养，抵制癌细胞生长及抗癌等作用。

（6）预防糖尿病　有研究表明，黑小麦面包结构紧密并且湿度大，在人体内分解的速度较慢，只需要较少的胰岛素就能保持人体血液平衡，因此常吃黑小麦面包可以达到预防糖尿病的目的。

（7）促进发育　黑小麦中含有大量人体不能自我合成的氨基酸，其中赖氨酸的含量是小麦含量的 1.5 倍，对于儿童生长发育不可缺少的组氨酸含量更是小麦含量的 1.79 倍。多食用黑小麦及其制品，可以促进儿童健康发育。

（8）护齿壮骨　黑小麦中含有的微量元素氟是骨骼和牙齿的重要成分，经常食用黑小麦及其制品可预防龋齿和老年人骨质疏松症等。

二、黑小麦的食疗作用

黑小麦全粉筋度高，弹性好，可用于制作各种面食，如水饺、面条、春饼、面包、糕点、麦片等。对老年人尤为适宜，且无任何副作用，其中多种微量元素甚至超过了牛奶和奶粉。与其他食品相比，黑小麦具有明显控制血糖升高的效果，是糖尿病患者的优秀食品，也是中老年人预防“三高”，瘦身减肥的优秀食品。经调查在北京、上海、广州等一些大城市用黑小麦制作的食品已悄然上市。

黑小麦可简单加工成以下食品。

(1) 煮食黑小麦片　黑小麦经清杂、洗麦后略碾皮，然后加压蒸煮、烘干降水，碾压成片。主要成品有，粗型小麦片，个大且厚，是将整个黑小麦粒碾压成片；速煮黑小麦片，先将黑小麦破成几瓣，随后碾压成片。

(2) 速食黑小麦片　将黑小麦磨成全麦粉，按黑小麦粉100%、瓜豆胶1%、食盐1%、泡打粉0.5%、柠檬酸0.2%的配方，加水搅拌，经胶体磨后，最后用干燥机制片，粉碎即成，是一种快捷的方便食品。

(3) 黑小麦糊　取黑小麦30千克、糖30千克、核桃仁2.5千克、花生仁2.5千克、黑玉米28千克、奶粉7千克。将膨化后的黑小麦、黑玉米和炒熟的核桃仁、花生仁一起粉碎，然后与糖、奶粉混合搅拌、翻动，过80目筛后进一步搅拌均匀。

(4) 黑小麦仁　将黑小麦经碾米机去皮，即成煮食用麦仁。

(5) 黑小麦面包　将黑小麦粉50%、普通小麦粉50%、糖3%、盐0.4%、酵母0.5%、甜味剂0.021%进行调粉，在28～31℃下发酵，然后成型烘烤。

(6) 黑小麦方便面　按黑小麦全麦粉100%、盐1.5%、碳酸钠0.15%加33%的水和面，经熟化、复合、切条折花、蒸面、切断成型，最后油炸、冷却。

(7) 黑小麦免煮挂面　按黑小麦全麦粉90%、豆粉5%、淀粉5%、沙蒿粉0.5%～1%、碱0.1%、盐0.1%、水28%～30%，搅拌和面，然后经2次挤出机，挤压熟化成型，干燥、切断即成。

(8) 黑小麦挂面　用100%黑小麦全麦粉和面，经搅拌、压延干燥而成。这种挂面筋丝大，耐煮不黏，适口性好。

第二章 黑玉米栽培技术

第一节 概　述

黑玉米是玉米家族中的一种特殊类型，其籽粒角质层沉淀有黑色素，外观乌黑发亮。黑玉米不仅色泽独特，而且营养丰富，香黏可口，最宜鲜食。黑玉米籽粒富含水溶性黑色素及各种人体必需的微量元素、植物蛋白质和各种氨基酸，营养含量明显高于其他谷类作物。

(a) 黑玉米苗

(b) 黑玉米大田

(c) 黑玉米果穗

(d) 黑玉米籽粒

图 2-1　黑玉米

黑玉米适宜我国大部分玉米种植区种植。春、夏播均可，种植方式与普通玉米基本相同，栽培方法简单。以 667 米^2 用种子 2.5～3 千克计，可采收鲜嫩棒子 4000～5000 个。主要以鲜嫩穗上市零销为主。黑玉米秆含糖量达 11.95%，比普通玉米秆高 1～3 倍，是牲畜的好饲料（图 2-1，见彩图）。

第二节　生物学特性及对栽培条件的要求

一、形态特征

（一）根

玉米的根属须根系，除胚根外，还从茎节上长出节根。从地下茎节长出的称地下节根，一般 4～7 层；从地上茎节长出的节根又称支持根、气生根，一般 2～3 层。地下节根是根系的主体，入土深度一般 30～50 厘米，也有深达 2 米以上的。地上节根入土角度陡，伸入土中后能支持植株，也具有吸收水分、养分和合成氨基酸等作用。

玉米的根又分为初生根、次生根和支持根。初生根，又称胚根或种子根，是玉米种子发芽时从种胚处长出的一种根，它包括一条主胚根和数条侧胚根，共同组成初生根系，在输导养分和水分方面起着重要作用。次生根，又称节根、永久根、不定根，是构成玉米根系的主要部分，玉米一生中所需要的水分和矿质养料，主要依靠次生根系来供应。

（二）茎

玉米的茎高 1～4.5 米，秆呈圆筒形，髓部充实而疏松，富含水分和营养物质。玉米除上部 4～6 节外，其余叶腋中都能形成腋芽。地上部的腋芽通常只有最上部的 1～2 个能发育成果穗。地下部的腋芽发育成分蘖，一般不结穗，栽培上要求及早除去。

（三）叶

一般全株有叶 15～22 片。叶身宽而长，叶缘常呈波浪形。叶鞘厚而坚硬，紧包茎秆，与叶身连接处有叶舌。也有不具叶舌的变种。叶是光合作用的主要器官。根部吸收的矿质养料和水分，通过茎秆运输到叶片，与叶片从空气中吸收的二氧化碳一起，在日光的作用下，加工成有机养料。所以，绿色叶片是制造有机养料的工厂，在一定程度上，单位面积土地上绿色叶片面积越大，叶片工作时间越长，制造的有机养料也就越多，这就是高产的物质基础。每节着生 1 片叶，一般为 15～24 片叶，通常早熟种为 14～16 片叶，中熟种 17～19 片叶，晚熟种 20 片以上。同一品种的叶片数比较固定。

通常用叶龄来表示玉米生育进程。玉米植株在生育过程中，每展现一片叶片，称为一个叶龄，展现几片叶片就称为第几叶龄。

叶龄可用标志法测定，即从幼苗开始每展现一片或几片叶用红漆标志，以后根据标志来计数展现叶片数。例如，标志第 5 片叶片，那么在标志以上再展现 4 片叶片时，即为第 9 叶龄期。这样不会因下部叶片枯黄脱落而使叶龄的识别发生错误。

玉米叶龄指数施肥法是依据玉米穗分化与外部器官同伸规律的指标化、规范化的施肥方法。玉米栽培理论表明，通过玉米叶脉可识别玉米叶龄，当玉米叶片展现后，粗大的中脉两侧有规律地均匀对称地分布着清晰可见的纤细叶脉。第一叶单侧有 3 条叶脉，第 2 叶为 4 条，第 3 叶为 5 条，以后在第 4、第 5、第 6、第 7、第 8 叶相应的为 6 条、7 条、8 条、9 条、10 条，若以叶脉数为 n，则该叶片的叶龄期为 $n-2$。

$$玉米叶龄指数=主茎展开叶/主茎总叶片\times 100$$

$$叶龄数=主茎总叶数\times 叶龄指数/100$$

生育类型不同的玉米品种，总叶片数存在着一定的差异。晚熟品种一般总叶片数为 20～21 片，中熟品种总叶片数为 17～18 片。根据玉米穗分化与外部器官的同伸规律，一般研究认为玉米一生中有 2 次重要的追肥，分别为拔节肥（雌雄生长锥伸长期）和大喇叭口肥（雌穗小花分化期），其叶龄指数分别为 29 ± 1.9 和 62 ± 1.6，那么以主茎 n 片叶品种的玉米为例，叶龄施肥的原理为，拔节肥最佳施用时期的展开叶片数为 $(29\pm1.9)\times n/100$，大喇叭口肥施用时期的展开叶片数为（62±1.6）×n/100。

（四）花

花为单性，雌雄同株。雄穗着生于植株的顶端，为圆锥花序。雄穗开花以后散出大量花粉，供给雌穗受精。雌穗长在茎秆中部节间的叶腋处，是由茎上叶腋中的腋芽发育而成。雌穗开花时，吐出花丝，接受雄穗的花粉，经过受精，结成籽粒，雌穗便成果穗。

（五）果穗

玉米果穗是叶腋中的雌穗受精后发育而成的。雌穗并不是在抽穗时一下子长出来的，而是在玉米开始拔节，即10～12片叶的时候，就开始分化，这就叫幼穗分化。

腋芽形成后，其顶部呈圆锥形，称生长锥。幼穗分化开始时，生长锥先伸长，以后在上面产生一排排粗短的突起，叫小穗。这些小穗成对着生，叫并列小穗。接着每个小穗再分成两朵花，其中一朵花退化，另一朵花受精后发育成籽粒，也就是说最后一个小穗只形成一个籽粒。而由于小穗是成对着生的，所以果穗上的籽粒排行总是成双的。

籽粒为颖果，色黄、白、紫、红或呈花斑等。生产上栽培的以黄、白色者居多。胚占籽粒重的10%～15%，胚乳占80%～85%，果皮占6%～8%。

二、生育周期

（一）玉米的生育时期

（1）出苗期　即幼苗的第一片叶出土，苗高2～3厘米的时期。此期虽然较短，但外界环境条件对种子的生根、发芽、幼苗出土以及保证全苗有重要作用。

（2）幼苗期　即从出苗到开始拔节这段时间，一般以可见叶5～6片时的表现为准。

（3）拔节期　以玉米雄穗生长锥进入伸长期作为拔节期的主要标志，此期茎基部已有2～3个节间开始伸长，植株开始旺盛生长，叶龄指数为30左右。

（4）小喇叭口期　全田60%以上植株进入雌穗伸长期和雄穗

进入小花分化期；叶龄指数46左右。生产上常用小喇叭口期作为玉米田间管理的依据。小喇叭口期通常与雌穗生长锥伸长期、雄穗小花分化期相吻合，约在拔节后10天。

（5）大喇叭口期　玉米植株外形大致是棒三叶，即果穗叶及其上、下两片叶大部伸出，但未全部展开，心叶丛生，形似大喇叭口。该生育时期的主要标志是雄穗分化进入四分体期，雌穗正处于小花分化期，叶龄指数约为60，距抽雄穗一般10天左右。雄穗主轴中上部小穗长度达0.8厘米左右，棒三叶甩开呈喇叭口。

（6）抽雄期　节根层数、基部节间长度基本固定，雄穗分化已经完成，雄穗主轴露出顶叶3～5厘米。即60％的植株雄穗尖端露出顶叶的日期。

（7）开花期　即雄穗主轴小穗花开花散粉的日期。此时雌穗的分化发育接近完成。

（8）抽丝期　即雌穗花丝从苞叶伸出2厘米左右的时期。在正常情况下，抽丝期与雄穗开花散粉期同时或迟1～2天。大喇叭口期如逢干旱，俗称“卡脖旱”，这两期的间隔天数增加，严重时则会造成花期不同。

（9）籽粒形成期　即全田60％以上植株果穗中部籽粒体积基本建成，胚乳呈清浆状，故又称灌浆期。

（10）乳熟期　即全田60％以上植株果穗中部籽粒干重迅速积累并基本建成，胚乳呈乳状后至糊状。

（11）蜡熟期　即全田60％以上植株果穗中部籽粒干重接近最大值，胚乳呈蜡状，用指甲可以划破。

（12）成熟期　即籽粒变硬，呈现品种固有的形状和颜色，胚位下方尖冠处出现黑色层。

（二）玉米对环境条件的要求

（1）温度　玉米喜温，有效积温1200～1500℃。种子发芽的最适温度为25～30℃。玉米根系发育的最适地温为20～24℃，当地温低至4～5℃时，根系停止生长。拔节期日均18℃以上。从抽雄到开花日均26～27℃。灌浆和成熟时气温需保持在20～24℃；低于16℃或高于25℃，淀粉酶活动受影响，导致籽粒灌浆不良。

（2）光照 玉米为短日照作物，日照时数在 12 小时内，成熟提早。长日照则开花延迟，甚至不能结穗。

（3）水分 土壤水分对其发育影响很大。水分不足，根系发育较弱；水分过多，则土壤空气不足，氧气缺乏，根毛形成少。通气良好的土壤能促进根系发育，深耕能使不定根分布广，干物质重增加。

（4）土肥 合理施肥能使根系良好发育，如施用农家肥、绿肥等有机肥料，或氮、磷、钾肥配合施用，能促进根系良好发育。玉米在沙壤、壤土、黏土上均可生长。玉米适宜的土壤 pH 为 5～8，以 pH 6.5～7.0 最适。玉米耐盐碱能力差，特别是氯离子对玉米为害大。

三、需肥水规律

（一）玉米施肥规律

（1）玉米吸收氮、磷、钾元素的数量和比例 玉米一生对氮、磷、钾的吸收数量和比例，除随产量水平提高而增加外，还因土壤、肥料、气候以及施肥方法不同而有差异。据试验，每生产 100 千克籽粒平均需吸收氮素 2.6 千克、磷 1.21 千克、钾 2.18 千克。吸收氮、磷、钾的比例大致为 1∶0.46∶0.84。

（2）不同生育阶段对氮、磷、钾元素的吸收 玉米在不同的生育阶段，吸收氮、磷、钾的速度和数量，都有显著的差异。一般来说，玉米幼苗时生长较慢，植株小，对氮的吸收量较少，约占总氮量的 2%；拔节至开花期，进入快速生长，此时正值雌雄穗形成发育时期，吸收营养元素的速度快、数量多，是玉米需要营养元素的关键时期，对氮的吸收占总量的 50%左右；籽粒灌浆期，吸收速度和数量逐渐减少，此期对氮的吸收占总量的 45%左右。玉米对磷的吸收规律基本上与氮素相同，拔节孕穗至抽雄达到高峰，授粉以后吸收速度减慢。玉米对钾的吸收，在抽穗授粉期吸收 50%左右，至灌浆高峰时已吸收全部的钾。

（二）玉米需水规律

（1）田间需水量 玉米生长是一个动态过程，在不同生育阶段，植株蒸腾面积及根系量都在发展，环境条件也处在不断变化的过程中，所以其阶段需水量存在较大差异。①出苗至拔节：苗期需水量较少，日耗水 1.3～1.50 米^3，占全生育期总量的 13%。②拔节至抽雄：需水量显著增多，日耗水 4.5～5.0 米^3，占全生育期总量的 32.6%。③抽雄至乳熟：需水量达到高峰，日耗水 5.5～6.1 米^3，占全生育期总量的 35%。④乳熟至成熟：需水量开始下降，日耗水 3.7～4.2 米^3，占全生育期总量的 19.4%。从玉米生育期来看，需水量呈单峰曲线，苗期需水较少，孕穗期，即拔节至抽雄增多，抽雄至乳熟期达到高峰，以后逐渐减少。

（2）玉米各生育阶段对水分状况的反应　玉米对水分状况的反应总的趋势是苗期比较耐旱，从拔节以后对水分亏缺越来越敏感，抽丝期最敏感，此后敏感性下降。①出苗至展开 5 叶期：因植株生长缓慢，个体小，耗水少，一般土壤水分就可维持根系的正常生长。②展开 5 叶至拔节：雄穗正在发育，雌穗开始生长，这一阶段末期开始对水分敏感，但正常情况仍不需要灌水。③拔节至抽雄：这一阶段是茎叶生长最快，营养生长向生殖生长的过渡阶段，也是玉米对水分较敏感时期。大喇叭口期是雌穗小花分化发育的关键时期，进入玉米需水临界期，开始灌水。④抽雄散粉至抽丝是玉米对水分最敏感的时期。如水分供应不足，会抑制花丝伸长，推迟抽丝，使雌穗不能正常受精结实；若此期植株连续萎蔫 8 天，减产可达 40%；抽丝至籽粒形成期，对水分的敏感仅次于抽丝期，这个时期如植株萎蔫 4～8 天，一般籽粒减产可达 30%左右。

第三节　高产高效栽培技术

一、主要品种

（1）黑珍珠　该品种鲜粒紫色，排列整齐，鲜穗熟食皮薄、无渣、甜香兼备，松软可口。该品种抗逆性好，适应性广，产量高，每 667 米^2 干籽产量达 450 千克。株高 2.4 米，穗长 20 厘米，双穗率 95%。鲜穗采收期 80～85 天，籽粒成熟期为 105 天。667 米^2

适宜密度 3500 株。该品种苗期耐肥，播种前需施足基肥，多施磷、钾肥。拔节期、开花期注意壅根培土防倒伏。

（2）黑糯 2 号 株高 1.6 米，穗长 12 厘米，果穗圆锥形，籽粒较小，株形紧凑，成熟晒干后籽粒黑色皱缩。食味好，黏香无渣，属中熟偏早熟型杂交种。667 米^2 适宜密度 4000 株。

（3）大黑 2 号 该品种高产，抗旱，抗倒伏，抗大小斑病及丝黑穗病，籽粒黑色，食口性好，籽粒中氨基酸含量齐全。色泽独特，营养丰富，富含锌、硒、铁等元素，为玉米青食、冷藏、速冷、制粒、罐头、酿造等各种玉米食品以及深加工提供原料。

（4）黑包公 该品种春播时出苗至采收鲜穗需 60 天左右，籽粒成熟需 110 天左右。全生育期需≥10℃积温 2500℃，采收青穗需≥10℃积温 2100℃。全株 16 片叶。株高 240 厘米，穗位 80～85 厘米。果穗圆柱形。长 20～22 厘米，粗 4.8 厘米左右，穗行数 14～16行，鲜穗重 345～375 克。鲜穗籽粒为淡紫黑色，成熟时为黑色，半马齿形，千粒重 315 克。植株长势旺盛，根系发达，不倒伏。耐低温，抗逆性强。籽粒淀粉含量 60.2%，粗蛋白 17.5%，赖氨酸 0.36%。出籽率 87%，平均每公顷产量 4121 千克。鲜食黏香适口，柔软细腻。鲜穗可煮熟食用，如用火烤食用，品味更佳。还可将青穗速冻保鲜或加工制成玉米粒罐头，品味不变，可储藏 1 年以上，经济效益增长 1 倍。栽培上一般行距 65 厘米，株距 35 厘米，每公顷 45000 株。适合黑龙江、吉林、辽宁、内蒙古、北京、天津、河北等地种植。生产上种植时应与普通玉米隔离 400 米以上，以防普通玉米花粉串粉串花而使其失去糯性和颜色。种植地四周有树林、山冈、房屋等高大自然屏障可适当缩小隔离间距。如果空间隔离难度大，也可应用时间隔离，错开时间播种，播期相差应在 30 天以上。

二、栽培季节

北方春播玉米区，以东北三省、内蒙古和宁夏为主，种植面积稳定在 650 多万公顷，占全国总种植面积的 36%左右；总产 2700 多万吨，占全国总产量的 40%左右。

华北平原夏播玉米区，以山东和河南为主，种植面积约600多万公顷，约占全国32%，总产约2200万吨，占全国总产量34%左右。

西南山地玉米区，以四川、云南和贵州为主，种植面积约占全国22%，总产占全国总产量的18%左右。

南方丘陵玉米区，以广东、福建、浙江和江西为主，种植面积为全国的6%，总产不足全国的5%。

西北灌溉玉米区，包括新疆维吾尔自治区和甘肃省一部分地区，种植面积约占全国的3.5%，总产约占全国的3%。

青藏高原玉米区，包括青海省和西藏自治区，此区海拔高，种植面积及总产都不足全国的1%。

三、栽培技术

(一) 播前准备

1. 土地准备

(1) 土地耕翻，施足基肥　冬前土地应进行秋翻、冬灌或春灌。耕翻深度要达到25厘米以上，要求耕深一致，翻垡均匀；秸秆还田和绿肥地要切茬，翻埋良好。结合耕翻，将全部有机肥料、氮肥的40%～50%及磷肥的70%～80%作基肥全层深施。

(2) 防杂草和整地　整地前用50%乙草胺100～150克或90%乙草胺（禾耐斯）80～100克，兑水30～40千克，均匀喷洒土壤表面对杂草进行土壤封闭，随后进行耙磨整地，达到“齐、平、松、碎、净、墒”标准的待播状态。

2. 种子准备

(1) 种子精选　按照精准种子的要求，使用达到国标二级良种标准以上的商品种子。纯度96%以上，净度99%以上，发芽率85%以上，水分含量不高于13%。种子色泽光亮，籽粒饱满，大小一致，无虫蛀、无破损，以满足精准播种的要求。

(2) 种子处理　播种前根据当地病虫害发生规律选择适当的专用种衣剂包衣种子，或根据需要选用相关的杀虫剂、杀菌剂、微肥等对种子进行拌种处理，达到防治病虫害，促进生长的目的。

(二) 播种技术

要求达到行距一致，接行准确，下粒准确均匀、深浅一致，覆土良好、镇压紧实，一播全苗。种子与种肥分别播下，严防种、肥混合。

1. 播种期确定

适宜播种期的确定应参考种子萌发的最低温度、播种时的土壤墒情、保证能够在生长季节正常成熟三个方面。

玉米发芽最低温度为 6～7℃，10～12℃为幼芽缓慢生长的温度。因此，在土壤墒情允许的情况下，田间持水量大于 60%，春玉米适宜播种期一般掌握在 5～10 厘米地温稳定在 10～12℃时播种，出苗较快而整齐，有利于苗期培育壮苗；播种过早，出苗时间延长，出苗不整齐，易烂种。如果考虑土壤墒情及保证无霜期较短的地区玉米能够正常成熟，可在 5～10 厘米地温稳定在 10℃左右时适期早播。地膜覆盖玉米可提前至 5～10 厘米地温 8～10℃时播种。

2. 播种方式

改麦田套种玉米为麦收后夏直播，确保 6 月 15 日前播种。麦收后可及时耕整、灭茬，足墒播种；或者抢茬夏直播，留茬高度不超过 15 厘米。采用等行距或大小行播种，等行距为 60 厘米；大小行时，大行距应为 80 厘米，小行距应为 40 厘米。播种深度为 3～5 厘米。为确保苗齐、苗全，根据墒情，播后浇蒙头水。

(1) 密度的计算　根据已定的行距和株距计算出密度。首先用行距乘株距算出每株所占的营养面积，再用 667 米^2 土地的总面积除以每株所占的营养面积，就是密度。例如，行距 0.8 米，株距 0.25 米，密度是多少？首先计算出每株所占的营养面积，即 0.8 米乘 0.25 米等于 0.2 米^2。再用 667 米^2 土地的面积，即 667 米^2 除以 0.2 米^2 等于 3335 (株/667 米^2)，即密度。

(2) 行距和株距的计算　根据已定的密度和行距，算出株距。首先用每亩面积除以密度，算出每株所占土地面积，再用每株所占土地面积除以行距，就是株距。根据已定的密度和株距，算出行距。

3. 播种量

每667米^{2}下种8000～10000粒。玉米播种量因种子大小、种植密度、种植方式的不同而有所不同。

例如，667米^{2}计划留苗密度为4500株，种子千粒重为280克，种子发芽率为85%，则667米^{2}播种量=4500×280×1.5÷(1000×1000×85%)=2.22千克。

紧凑型留苗4500～4800株/667米^2，株距20厘米，留苗3500～4000株/667米^2，株距25厘米。播种量一般在2.5～3千克/667米^2，应根据品种特性酌情增减。

4. 播种深度

播种深度，一般以4～6厘米为宜。如果土壤质地黏重，墒情较好，可适当浅些；土壤质地疏松，易于干燥的沙壤土地，可适当深些；大粒种子，可适当深些；但一般不要超过8厘米。应当注意，在土壤墒情、肥力较好的土壤播种过浅，会在苗期产生大量的无效分蘖。

(三) 合理施肥

1. 深施基肥

基肥是播种前施用的肥料，也称底肥，通常应该以优质有机肥料为主，化肥为辅。主要是培肥地力，改善土壤物理性状，疏松土壤，有利于微生物的活动，缓慢释放养分，供给玉米苗期和后期生长发育所需。

基肥应以有机肥料为主，包括人畜禽粪、杂草堆肥、有机复合肥、秸秆还田、绿肥和化肥、沤肥等。这些肥料肥效长，有机质含量高，还含有氮、磷、钾和各种微量元素。基肥应以迟效与速效肥料配合，氮肥与磷、钾肥配合。因此施用有机肥作基肥时，最好先与磷肥堆沤，施用前再掺和氮素化肥。这样氮磷混合施用，既可减少磷素的固定，又由于以磷固氮，可减少氮素的挥发损失。一般结合秋耕将所有有机肥、氮肥总量的40%～50%、磷肥总量的70%～80%全层深施。

玉米施用基肥的方法有撒施、条施和穴施三种。在基肥数量较少的情况下，多数采用集中条施或穴施，使肥料靠近玉米根系，易被吸收利用。

玉米基肥的用量一般占总施肥量的60%～70%。夏、秋玉米由于生长前期处于高温条件下，肥料分解快，若基肥施用过多，苗期容易徒长，养分还容易流失，所以应适施基肥。生产上一般每667米^{2}施用优质堆厩肥或土杂肥1000～2000千克，并与15～25千克磷肥堆沤后施用为宜。

2. 种肥

在玉米播种时施用的肥料，称为种肥，以速效性化肥为主。种肥为玉米出苗和幼苗生长供给养分，以达苗齐、苗壮的目的，为增产打下良好的基础。由于化肥，特别是氮素化肥会引起烂种，因此要与种子分开施入，深度8～10厘米。种肥数量为氮肥总量的10%左右及施基肥后剩余的全部磷肥，加入腐熟过的有机肥20～30千克。

玉米种子出苗后，幼苗根较少，吸收能力弱，因此应选用含速效养分多的肥料作种肥，以利玉米根系的吸收，一般以速效性化肥为主，也有施用腐熟优质农家肥料，如人粪尿、家畜粪等作种肥的。种肥的施用量，如使用硫酸铵一般每667米^{2}以2～3千克为宜，施用过多，易妨碍种子发芽出苗。或每667米^{2}施用腐熟的人畜粪尿250～500千克。如用硫酸钾，每667米^{2}可用3～5千克。如用磷肥，每667米^{2}可施用过磷酸钙7.5～15千克。如果是氮、磷、钾化肥混合施用或以复合化肥作种肥时，其用量要比单施减少。种肥的施用方法，一般以集中条施或穴施较好。

施用种肥时应注意，避免种肥与种子接触。种肥要施在种子附近，不要接触到种子，以防烧芽而影响出苗。若施用农家肥，一定要充分腐熟后再施用；尿素等化学肥料含有毒素，往往会妨碍种子发芽，故不宜作种肥。

3. 分次追肥

（1）提苗肥　没有施用种肥的地块，结合第二次中耕追施提苗肥，数量与种肥相当，加入腐熟的有机肥20～30千克。

（2）孕穗肥　玉米拔节至抽雄是施肥的最大效应时期，此期正值雌穗小穗分化盛期，营养生长和生殖生长并进，是决定果穗大小和粒数多少的关键时期，需要较多的养分和水分。孕穗肥宜采用速效氮素化肥，数量占氮肥总量的 40%左右，结合开沟培土施入，灌水后可迅速发挥肥效。

（3）花粒肥　玉米已完全进入生殖生长阶段，籽粒中干物质产量的 90%以上来自叶片的光合作用产物，此时保持叶片青绿，延长叶片功能期，是增加粒重，获得高产的重要措施。由于这个时期玉米高大，可随水滴每 667 米^2 施 5～10 千克专用肥或其他速效氮肥。或在开沟追肥时加入一定数量高效涂层尿素，控制并延缓速效氮肥的释放速度，延长尿素的肥效期。

（4）叶面喷肥　叶面喷肥操作比较简便，营养元素运转快、起效快，是根外追肥的一种补充，特别是对玉米缺素症的防治有良好效果。叶面肥的种类主要有微量元素叶面肥、稀土微肥、有机化合物叶面肥及部分生物调控剂等。一般结合喷药等措施一起使用。

4. 施肥量的确定

一般玉米大田 667 米^2 施肥量在 50～60 千克，氮磷比为 1∶(0.4～0.5)。

5. 灌溉

（1）灌溉方式

① 细流沟灌：操作简便，对土地要求不严，较大田漫灌和畦灌省工、省水。

② 浇灌：要求土地平整，坡降均匀，坡度在 0.1%～0.3%。

③ 滴灌：对土地要求不严，节水效果好，但成本略高。

（2）灌溉时间　以玉米叶片在中午出现萎蔫现象，黄昏前又恢复，即为轻度缺水，可以开始灌溉。

① 土壤含水量指标：从播种到出苗要求土壤田间持水量为 60%～80%；苗期为 55%～60%；拔节期为 70%；抽雄、抽丝期为 80%；乳熟至蜡熟期为 75%，低于上述指标就应灌溉。

② 灌溉次数及灌溉量：根据当地气候特点，中晚熟春玉米每 667 米^2 一般灌水 3～4 米^3。第 1 水后根据玉米生长及气候情况每间隔 10～13 天灌 1 次水，每 667 米^2 总灌量 250～300 米^3。早熟玉米一般灌 3～4 水。中晚熟玉米展开 10～12 叶时，即大喇叭口期，

就应开沟灌第 1 水，667 米^2 灌量 70～90 米^3，要求渗透均匀，不淹不漏。第 1 水后，玉米迅速生长，田间蒸腾作用不断加大，抗旱能力下降，应及时赶浇第 2 水，间隔以不超过 15 天为宜，667 米^2 灌量 60～80 米^3。如第 2 水的时间无保证，宁可推迟第 1 水。第 3 水与第 2 水间隔 12～15 天，正是玉米抽雄前后的需水高峰，应及时补给，667 米^2 灌量 80～110 米^3。第 4 水在玉米抽丝后，籽粒形成灌浆初期，要适时适量满足用水要求，以保证穗大粒多。667 米^2 灌量 60～80 米^3。第 5 水一般群体较大或玉米高产田，耗水量大，于乳熟中后期适量灌水，以延长叶片功能，增加粒重，667 米^2 灌量 60～70 米^3。

（四）玉米的田间管理

主要分苗期、穗期和花粒期三个阶段。

1. 苗期管理（即出苗至拔节）

苗期茎叶生长缓慢，根系发育较快。玉米根系发育与地上部的生长是相互影响的。地上部生长良好，根系也相应比较发达；根系发育健壮，又可保证地上部良好生长。但它们均受外界环境条件的影响。当土壤板结，表层水分过多，透气性差，光照不足时，首先是玉米根系发育不良，影响其吸收土壤中的矿质营养元素，进而影响茎叶的正常生长。苗期要出苗整齐，均匀，无空行，无断条。壮苗是高产的基础，壮苗的标准是，根系发育良好，根层多，根量大，根系粗壮；幼苗敦实，不细长，不徒长，叶色浓绿，叶片厚，幼苗基部宽扁、粗壮。选用的种子必须纯度高，籽粒饱满，大小一致，无病虫害，发芽势强，发芽率在 90％以上。质量低劣和纯度不高的种子，难以保证苗全、苗齐、苗壮，也明显影响产量。

玉米种子发芽的最低温度为 5～10℃，但此时发芽缓慢，易受土壤中腐生菌的侵染而发生霉变，造成田间出苗率低。温度达到 10～12℃时，发芽则比较正常，所以生产上通常把 5～10 厘米表土层温度稳定至 10～12℃作为春玉米适时播种的重要依据。发芽的最适温度为 32～35℃，最高温度为 40～45℃。当种子吸足水分，其生理代谢加强，经过一系列酶的催化过程，使种子内的营养物质转化为可溶性化合物，作为种子萌发出苗的营养基础。适宜的土壤水分含量为田间持水量的 60%。种子在萌发过程中的代谢活动需要大量的氧气，若氧气不足，萌发过程受阻。因此，创造一个通透性良好、含水量适宜的土壤环境是争取全苗的重要措施。所以，苗期是玉米生长分化根、茎、叶的时期，地上部分生长缓慢，以根系建成为中心，管理的主要目标是，保苗全、促苗齐，达到苗匀、苗壮，争取根多、根深。因为没有足够的苗数，难于获得较高的产量。此外，若苗弱小，往往果穗也较小，籽粒不多，产量不高。

(1) 管理措施 ①保全苗：在精准种子基础上，达到苗全、苗齐、苗匀、苗壮。②中耕：中耕是玉米田间管理的一项重要措施，中耕松土的好处是，疏松土壤，流通空气，提高地温。早春温度低，是影响春玉米生长的关键时期。及时中耕松土，可以提高土温，有利于根系下扎，促进幼苗生长健壮；有利于土壤微生物活动，加速土壤有机物质的分解，提高土壤有效养分，改善玉米营养条件。中耕还利于调节土壤水分，防旱保墒，促进玉米生长。玉米中耕松土以后，破除土壤板结，切断了毛细管上下流通的通道，防止松土层以下水分蒸发，达到蓄水保墒作用。当土壤水分过多时，中耕松土又可使土壤水分蒸发，使玉米生长良好；中耕还利于防除杂草，减少防除次数，有利于环境保护。玉米行间较宽，易生杂草，结合中耕松土可清除杂草，利于作物生长。一般雨后不久就要进行中耕。中耕的次数，以保墒、除草为原则，土质黏、干旱、草多应勤中耕。苗期中耕，一般可进行 2～3 次。第 1 次在 3～4 叶时，深度 10～12 厘米，要避免压苗、埋苗。第 2、第 3 次中耕，苗旁宜浅，行间宜深，中耕深度可达 16～18 厘米。玉米培土是栽培技术中的一个环节，也是一项促进苗壮的技术。培土能增加表土受光面积，减轻草害，提高肥效，防风抗倒。培土不宜过早、过高，以免损伤基部叶片。培土的时间，一般在孕穗至抽雄前分 2 次进行，第 1 次培土低些，第 2 次高培土。如果进行 1 次培土的，最好在大喇叭口期进行。③防旱、防板结：播种后遇天气干旱，土壤田间持水量低于 60%，应及时灌水；播种后如遇大雨，易导致土壤板结，造成出苗困难，应及时松土，破除板结，助苗出土。④查苗、补苗：玉米在出苗过程中，常由于发芽率低或种肥施用不当而“烧苗”，或因漏播或地下害虫及鸟害等原因，造成玉米缺苗。所以出苗后，应立即进行查苗补苗。⑤定苗：定苗，可以避免幼苗拥挤，相互遮光，节省土壤养分、水分，以利于培养壮苗。一般4～5叶时定苗，若虫害为害严重，可推迟至5～6叶时定苗。注意留苗要均匀，去弱留强，去小留大，去病留健，定苗结合株间松土，消灭杂草。若遇缺株，两侧可留双苗。定苗时比计划留苗密度多10%。⑥苗期追肥：结合第2次中耕，追施提苗肥。⑦蹲苗促壮：以促进根系发育为主要目的，使根系下扎深扎，增强抗旱抗倒伏能力。其措施主要有中耕松土，控制水分。蹲苗的玉米叶片中叶绿素含量高，保水力强，对玉米植株增强抗旱、耐旱能力，具有一定作用。当苗色深绿、长势旺、地力肥、墒情好时应进行蹲苗；地力瘦、幼苗生长不良，则不宜蹲苗；一般沙性重，保水、保肥性差，盐碱重的地块不宜蹲苗。⑧防治病虫害：玉米苗期主要害虫有地老虎、黏虫、金针虫等，要及时防治。

（2）玉米育苗移栽　玉米育苗移栽的好处有以下几方面。①玉米育苗移栽不受春旱影响，适期早播，可视墒情定植。通过集中育苗集中肥水管理，培育壮苗，为实现玉米的高产稳产打好基础。②有利于早熟高产。由于播种、出苗和幼苗期管理都是在苗床进行，苗床管理面积小、方便，缩短了玉米在大田的生长时间，较好地解决了早熟和高产、当季增产的矛盾。③提高种植密度，增加单位面积产量。移栽玉米，茎基部节间短，株高一般比直播玉米矮20～30厘米，加上定向栽苗，因此每667米^{2}种植密度比直播可增加500～1000株。通过育苗移栽可以有选择性地定植，每667米^{2}可保苗3200～3500株，保苗率高达90%，而直播由于春旱及播种技术影响每667米^{2}只能保苗2100株。单穗产量虽不及直播田，却以密度增产幅度达19%～26%，每667米^{2}增加收入75～100元。④节省用种，降低成本。由于玉米育苗过程中，播种、出苗、幼苗的管理都集中在面积较小的苗床，管理方便，出苗率高，出苗整齐、壮健，因而有效地提高了种子的利用率，降低了成本。玉米育苗移栽有利于实行多熟制。育苗移栽比直播玉米苗期少灌1次水，每667米^{2}节约用水7米^3，节省用电2度，节省用工0.2个，降低成本5元；育苗移栽近似单粒单播，每667米^{2}用种量1千克，与直播用种量3千克相比节约用种2千克，降低用种成本8元，每667米^{2}可降低生产成本13元。⑤采用育苗移栽，可以缓和多熟地区的季节矛盾，利于上下茬作物安排，充分利用空间和时间。

采用玉米育苗移栽，目的是为了提高复种指数，解决季节紧张、早熟与高产的矛盾。育苗移栽应掌握的技术如下。①选好育苗床地块：一般选用土质肥沃疏松、背风向阳、排水方便且靠近移栽大田的旱作地作育苗床。②精细整理苗床：育苗床整地要求达到细、净、匀、平，拾净草根、石块、瓦片等杂物，把土杂肥拌匀、拉平。因为在育苗期间，一般不追肥。所以，苗床整平整齐后，要施足优质腐熟的有机肥，667米^{2}施优质的三元素复合肥1～2千克。③提高播种质量：通常苗床起成宽100～120厘米的畦，按株行距7厘米×7厘米方形播种，播期在4月中、下旬，适时早播。播后盖细土，并压实。④做好苗床管理工作：苗床管理的主要任务是通过控制水分，达到培育壮苗的目的。因此，在播种至出苗时期，要保持苗床湿润，保证出苗整齐。出苗后，如果叶片不萎蔫，要适当控制浇水，使幼苗健壮而不徒长。移栽前，浇1次透水，便于起苗和移栽成活。出苗后2片叶以后视土壤墒情浇1～2次水。⑤移栽定植：当玉米长到3叶1心时，可进行移栽定植。定植前苗床浇适量底水，起苗时尽量少伤根。选择阴天或早晚坐水定植，选择齐、壮苗定植。定植后视天气状况灌1次水。

2. 穗期管理（即拔节至抽雄）

玉米在穗期正常发育则植株敦实、粗壮，根系发达，气生根多、粗壮，基部节间短，叶片宽厚、叶色浓绿，上部叶片生长集中、上冲，迅速形成大喇叭口，雌雄穗发育良好。穗期是营养生长和生殖生长并进，一方面茎叶生长旺盛，生长中心由根系转向茎叶，雄穗、雌穗已先后开始分化，植株进入快速生长期。随着地上部茎节的伸长，根层增加，根系不断向四周和纵深扩展，吸收肥水的能力和需要量增加。这个阶段根、茎、叶的生长与穗分化之间争夺养分、水分的矛盾突出，正是追肥灌水的关键时期。

管理措施如下。

① 去除分蘖：玉米拔节前，由于品种、水分、播种深度等的影响，会长出许多无效分蘖，玉米的无效分蘖通常不结果穗，或者结穗很小，且与主茎争夺养分，对产量的影响很大。因此，应及时拔除分蘖，以利主茎生长，避免消耗水分、养分。

② 开沟培土：开沟培土可以翻压杂草、提高地温，增厚玉米根部土层，有利于气生根生成和伸展，防止玉米倒伏，有利于灌水、排水。

③ 中耕培土：玉米穗期对养分、水分、光照要求强烈。中耕可疏松土壤，改善通气和肥水供应状况，促进根的生长。穗期一般进行 2 次中耕培土。在拔节前后，结合施壮秆肥，进行深中耕小培土，将肥料埋入土中，行间的泥土培到玉米根部，形成一个土垄；在大喇叭口期结合重施穗肥，再进行 1 次中耕，疏松行间土壤，并再 1 次高培土。

④ 适期追肥、灌水：玉米从大喇叭口期到抽雄期，对水分很敏感，此期处于玉米需水肥的临界期，要求土壤水分保持田间持水量的 70%～80%。若此期干旱缺水，会使雄雌穗不能正常发育，或抽雄受阻，吐丝延迟，造成授粉不良。若土壤水分过多，土壤中氧气缺乏，影响根系对养分的吸收，使雌雄穗发育受阻，空秆率增加，易造成倒伏。此期是形成穗大、粒多的关键时期，要重施氮肥。结合开沟，重施氮肥总量的 40%左右，追肥深度 8～10 厘米，防止化肥漏入喇叭口，烧伤叶片。开沟追肥结束后，应根据天气、土壤墒情和玉米长相及时灌头水。第 1 水要灌足灌匀，间隔 12～15 天及时灌第 2 水。

⑤ 防治病虫害：穗期主要的虫害有玉米螟、黏虫和蚜虫等；主要病害有大斑病、小斑病，要经常检查，一旦发现，应及时防治。

3. 花粒期管理（即抽穗开花至成熟）

花粒期的正常长相是单株健壮，群体整齐、健壮，植株青绿、鲜亮，穗大粒多，籽粒饱满，后期叶片保绿好。成熟中后期叶面积系数应维持在3～4。玉米抽穗开花时，根、茎、叶生长基本结束，植株进入以开花授粉、受精结实和籽粒生长为主的生殖生长阶段。这个时期管理的主要目标是防止茎叶早衰，保持秆青叶绿，促进籽粒灌浆，争取粒多粒重。

管理措施如下。①灌水：玉米开花到成熟需水量占全生育期的50%～55%，特别是抽穗开花期对水分反应敏感，土壤水分以保持在田间持水量的75%～80%为宜。这时适时灌水，不但可以促进开花受精，减少秃顶缺粒，又可以促进大量气生根的生成，对提高玉米叶片光合强度，增加粒数、粒重，增强玉米抗倒伏能力，防止后期早衰都有重要作用，因此，要灌好第3～5次水。灌水既要满足生长需要，又要谨防过量。后期不能停水过早，只要植株青绿，就要保持田间湿润。②补施花粒肥：花粒肥能够防止玉米脱肥早衰，保持叶片功能旺盛。如后期脱肥，可采用人工每667米^{2}补施速效氮肥5～10千克。③防止后期早衰：玉米后期早衰与品种、气候、栽培管理、病虫害等密切相关。应根据具体情况，采取合理运用水肥、防治病虫害等措施，尽力防止早衰，延长玉米后期叶片功能期，达到高产稳产的目的。④防止倒伏：倒伏多由密度太大、光照不足、根系发育不良、品种抗倒性差、水肥管理不当、病虫害危害等原因造成。中后期倒伏对产量影响较大，应尽量避免或减轻。防止玉米倒伏的措施主要有采用抗倒品种、合理密植、优化水肥管理、开沟培土、化控处理等。

4. 人工辅助授粉

玉米在开花期遇到干旱、高温、阴雨连绵等不利气候条件，常常会出现雌雄花期不协调、雌穗苞叶过长抽丝困难、花粉量少、花粉生命力弱、花粉被风吹得太远，或被雨黏结成团，丧失生命力；如果高温干旱，花粉受精能力减弱；如果种植太密，叶片遮盖花丝，亦不易充分授粉等，从而影响正常授粉、受精和结实，导致结实不良，产生严重秃尖。若发现田块中雄花散粉率低于40%，就必须进行人工辅助授粉。这虽然是一项补救措施，而且也是一项在正常生长田块下进行的增产措施。实行人工辅助授粉，能使雌穗得以补足所需的花粉，减少果穗秃顶缺粒，提高产量。

（1）授粉时期　人工辅助授粉一般在玉米雌穗吐出花丝后进行。选择晴天、无风或微风的天气，于上午露水干后采粉。过早采粉，则花粉量不多，且露水未干，花粉吸水膨胀破裂，失去生活力，同时花粉吸湿，黏成一团，难以授粉。过晚进行，则气温太高，影响花粉生活力。

（2）制作取粉器和授粉器　可以用报纸或其他纸张折成帽状做成取粉器；授粉器的制作可采用2～3厘米粗、4～5厘米长、一头有节的干竹筒，或饮料瓶均可，剪一小块细纱布，若网眼过大可用两层，再用皮筋将其套在竹筒开口处。

（3）剪花丝　为保证有效授粉，必须在人工辅助授粉前剪去过长花丝，留至2～3厘米即可。剪花丝可提前在头天傍晚和第二天清晨进行。如苞叶过长影响吐丝，还必须剪去过长苞叶，以正常吐丝、受粉。

（4）采集花粉　采粉方法有两种。一种是即采即用，就是利用其自身的雄穗花粉，放于取粉器具内轻抖，花粉即被采取。晴天一般在上午8：30～9：30进行。过早采粉水分大，容易结团，不利授粉；阴雨天，要待雄穗上水珠干透后再行采粉。另一种方法是水培雄穗，就是在傍晚将其主枝已散粉的雄穗抽出，斜放在盛有水的盆内，置于家中，以保持其活力。第二天清晨，移置于阳光下，注意避风。在盆的周边铺上报纸，接收散落的花粉，待其散粉盛期取下雄穗，适力抖动，以收取花粉。

花粉收集起来以后，用家中的小罗筛或纱布过筛，再将花粉盛于干净干燥的授粉筒内，用丝网套住其口待用。注意，授粉筒内花粉不要装得过多，以避免授粉抖动时筒内花粉结团，不利散粉。

（5）授粉　早晨露水干后，就可以开始授粉。8:30～11:30为最佳时间。将授粉筒对着剪去的花丝部位轻轻抖动，一般保持在3厘米左右的距离，不要接触到花丝，避免滤网沾上水花粉结团。这样，重复对每一雌穗授粉，直至整个田块授完为止。对每一雌穗，在吐丝初期、吐丝盛期、吐丝末期各进行1次人工辅助授粉。必须使每穗有3次授粉的机会，才能有效保证受精和结实。2～3天后，授上粉的雌穗花丝萎缩枯死，而没有授上粉的雌穗花丝继续生长，这样就必须再1次进行辅助授粉，以保证整块田授粉完好。

需注意的是，采粉器或授粉器不能用铁皮制品，因为金属导热快，受阳光照射后温度上升快，会降低花粉生活力，影响受精；授粉时如果花丝太长，可用剪刀将花丝剪至3厘米左右，以提高受精率。

5. 去雄

农谚说："玉米去了头，力气大如牛。"玉米去雄一般增产8%～11%。玉米去雄增产的原因，首先，去雄可以节省营养消耗。玉米雄穗形成的花粉量很大，一个中等大小的雄穗有10个左右的分枝，形成1500万～3000万个花粉粒，大量的花粉靠风力传播。但是，花粉的呼吸作用很强，在形成过程中消耗了大量的营养物质，与雌穗争夺养分，对雌穗不利。其次，去雄可以改善光源。玉米雄穗发达，遮光较多，去掉雄穗后，可以减少遮光，改善了群体内的光照条件，有利于叶的光合作用。最后，去雄可以减小害虫危害。有时雄穗上有玉米螟、蚜虫等，将拔掉的雄穗带出田间，可减少危害。

去雄的方法有两种。一是雄穗刚露尖时进行，隔行或隔株拔除雄穗，靠剩下约一半植株的雄穗传粉，这些花粉量完全可以满足雌穗授粉的需要。待剩下的雄穗散完粉后，也剪掉。二是田间所有的雄穗散完粉完成传粉任务后，全部雄穗一次剪掉。去雄时要注意，不能带叶，带叶易致减产，带叶越多，减产越多；去雄要及时，去晚了增产效果不明显；隔行或隔株去雄时，地边和地头的雄穗弃掉。

6. 适时晚收

玉米的成熟期可分为乳熟期、蜡熟期和完熟期三个时期。完熟期籽粒达到生理成熟，体积最大，干重最高。此时适时收获，可以获得最高的经济产量。收获的果穗经晾晒后脱粒清选入库。一般籽粒水分要低于16%才可安全贮藏。贮藏库房应干燥通风，并经常检查，防止虫蛀、鼠害和霉变。

四、提高黑玉米种植效益的技术

可采取玉米和其他作物间套种技术提高产量。

1. 优点

（1）玉米株形高大，叶片较多，而且叶片较大，与其他作物间套种时，它的叶片主要分布在上层，其他作物分布在下层，透过玉米上层到底层的光可被间套种的其他作物利用，增加单位面积产量。

（2）玉米属须根系作物，它的根主要分布在土壤上层20～50厘米，吸收土壤上层养分；豆科作物有主根和侧根，能深入土壤下层，吸收下层养分，两者实行间作，各尽其责，就能充分利用地力。而且玉米消耗氮肥较多，而豆科作物因为有根瘤固定氮素，对氮素的需要量相对较少，而需磷钾肥较多，两者间作能充分利用土壤中的不同养分。且豆科作物根瘤固定的氮素，不但能满足自身的需要，还能增加土壤的氮素营养，加上落叶残根翻入土中，有利于培养地力。

（3）能充分利用生长季节，增加复种指数，提高产量，提高单位面积效益。

2. 间套种方式

玉米与豆类、花生间套种，玉米与薯类间套种，玉米与蔬菜间套种等。

（1）玉米和花生、大豆间作　①玉米间作花生，一般以花生为主，操作时应注意加大玉米行距，降低玉米密度，改善通风透光条件，有利于花生生长。在瘠薄土地上，每隔1行玉米间种6～8行花生，在肥沃土地上，每隔2行玉米间种4～6行花生。玉米密度每667米^{2}1000株左右，花生密度不变。玉米应选择矮秆早熟品种，花生选择直立型品种。玉米要适期早播，争取早熟早收，减少对花生的影响。②玉米间作大豆应注意，若以玉米为主，一般玉米密度不降低，玉米采用宽窄行播种，在宽行中间种大豆；若以大豆为主，则大豆密度不降低，每隔4～6行大豆间作1行玉米。玉米应选用生育期中等、叶片上冲、株形紧凑的杂交种。生育期太长或太短、植株过高或过矮的品种都不适宜间作。大豆应选用耐阴性较强的品种。

（2）玉米和蔬菜间作　如玉米间作萝卜，适宜在向阳、水肥条件好的土壤种植。2.4米为一带，玉米种两行，行距40厘米，占地80厘米，萝卜种4行，行距40厘米，占地160厘米，玉米与萝卜间距40厘米。玉米选用高产、综合性状较好的品种；夏萝卜选用耐热抗病、生育期短的品种，生长期70～90天。6月中、下旬玉米萝卜同期播种，玉米采用点播，穴距15厘米，每亩3700株左右。萝卜采用条播，留苗株距20厘米，每亩4500棵左右。萝卜出土后子叶展开时进行第1次间苗，2～3片真叶时进行第2次间苗，3～4片真叶时进行定苗。

3. 生产上存在的主要问题

（1）机械化程度低　由于间套种作物的播种期和收获期各有不同，给播种、管理、耕作和机械化带来一定困难。因此，在地多人少，劳力不足，同时地力水平不高的情况下，要着重提高地力水平，提高产量。

（2）作物共生期间，作物植株间存在争光、争肥、争水矛盾。所以要选择适宜的作物，合理安排种植方式和播种期，尽可能解决好这些矛盾。

五、加工

（1）黑玉米粥　主要以黑硬粒玉米为主料，配以麦片、奶粉等辅料，采用挤压膨化技术加工而成，其工艺流程为原料→脱皮去胚→挤压膨化→混合配料→粉碎过筛→灭菌→包装→成品。

玉米粥适口性好，粉状无结块，具有黑玉米的天然芳香味，含有丰富的铁、锰、钙、锌等，具有防病、抗衰老、促进儿童生长发育的功效。

（2）黑玉米乳饮料　是用授粉后18～19天的黑玉米鲜穗加工而成。工艺为黑玉米→粉碎→糊化→液化→冷却→糖化→粗滤→糖化酶→精滤→调整→均质→排气→灭菌→装瓶→成品。

此饮料既保留了黑玉米的色、香、味，呈浅灰乌色，又具有浓厚的玉米芳香，酸甜适口，适于四季饮用。

(3) 黑玉米压缩食品　以黑玉米为主要原料，经过调味、膨化、压缩而制成“高密度营养食品”。

(4) 黑玉米须“王茶”　黑玉米须具有降血脂、降血糖、防治动脉硬化和糖尿病的作用。以黑玉米须作原料，与茶叶、银杏叶、柿叶、白当归等科学配方，以发挥醒脑提神、健身、抗疲劳、抗衰老和美容等作用，是开发新型保健茶的途径。

(5) 黑玉米低聚糖　用黑玉米生产低聚糖，可以将黑色素、低聚糖两者有机结合利用，使它们能在肠道中促进乳酸杆菌生长，抑制有害菌的生长。

(6) 鲜嫩黑玉米棒　选摘鲜嫩黑玉米，经过保鲜处理和特殊包装，设置以食用酚类香料调制的局灶性气调环境，可在田间实现黑玉米成品化生产。

(7) 黑玉米粉皮　原料配方是，含水 47% 的黑玉米淀粉 100 千克、明矾 400 克、水 240 千克。其工艺为黑玉米粒→黑玉米淀粉→调浆水→摊浆→加热焖熟→冷却→成品。

第四节　黑玉米病虫害防治

一、非生理性病害防治

(一) 玉米圆斑病

(1) 危害症状　主要为害果穗。穗染病时从果穗尖端向下侵染，果穗籽粒呈煤污状，籽粒有黑色霉层。病粒呈干腐状，用手捻动籽粒即成粉状（图 2-2，见彩图）。

(2) 发生规律　病菌可在果穗上潜伏越冬。翌年染病的种子不能发芽而腐烂在土壤中，引起幼苗发病或枯死。借风雨传播，引起叶斑或穗腐。玉米吐丝至灌浆期，是该病侵入的关键时期。

(3) 无公害综合防治技术　①杜绝病菌来源：严禁从病区调种，在玉米出苗前彻底处理病残体，减少初侵染源。②药剂防治：

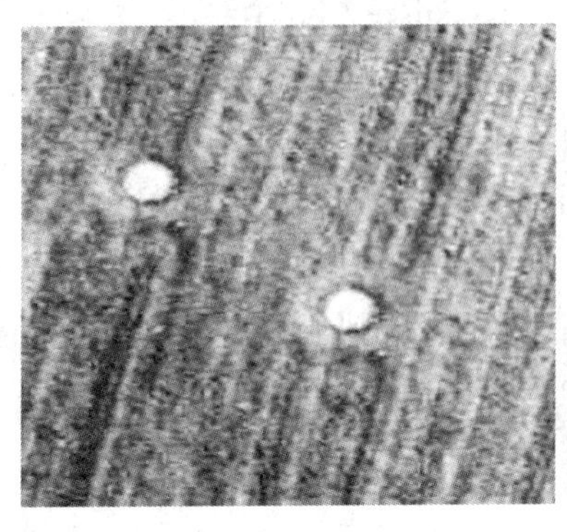

图 2-2 玉米圆斑病

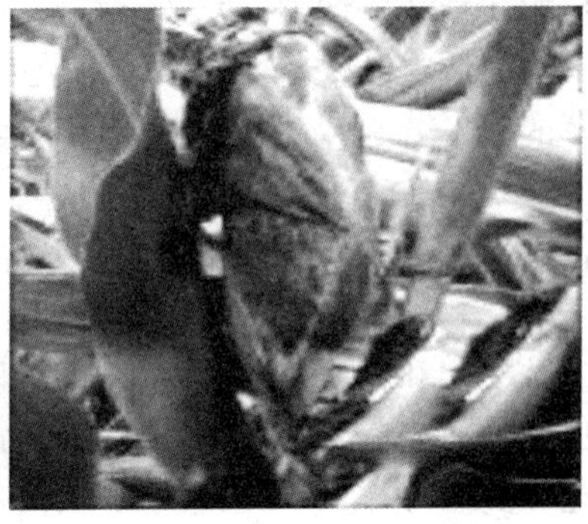

图 2-3 玉米干腐病

在玉米吐丝盛期，即 50%～80%果穗已吐丝时，向果穗上喷洒 25%粉锈宁可湿性粉剂 500～600 倍液或 50%多菌灵，隔 7～10 天 1 次，连防 2 次。

(二) 玉米干腐病

(1) 危害症状　主要危害茎秆和果穗。茎秆、叶鞘染病多在近基部的 4～5 节或近果穗的茎秆产生黑色大型病斑，后为灰白色。叶鞘和茎秆间有白色菌丝，严重时茎秆折断，病部长出很多小黑点（图 2-3，见彩图）。

(2) 发生规律　病菌在病残组织和种子上越冬。遇雨水，病菌吸水膨胀，借气流传播蔓延。玉米生长前期遇有高温干旱，气温 28～30℃，雌穗吐丝后半个月内遇有多雨天气利其发病。

(3) 无公害综合防治技术　①轮作换茬：重病区应实行大面积轮作，不连作。收获后及时清洁田园，以减少菌源。②药剂防治：抽穗期发病初喷洒 50%多菌灵或 50%甲基硫菌灵可湿性粉剂 1000 倍液，重点喷果穗和下部茎叶，隔 7～10 天 1 次，防治 1～2 次。

(三) 玉米丝核菌穗腐病

(1) 危害症状　主要危害玉米果穗。丝核菌侵入玉米果穗后，早期在果穗上长出橙粉红色霉层，后为暗灰色，在外苞叶上生出黑色小菌核（图 2-4，见彩图）。

图 2-4　玉米丝核菌穗腐病

图 2-5　玉米赤霉病

（2）发生规律　玉米丝核菌在籽粒、土壤或植物残体上越冬。温暖、潮湿的天气有利于该菌的侵染和病害扩展。

（3）无公害综合防治技术　①清洁病源：从栽培耕作防治和药剂防治入手，首先要防治玉米纹枯病。②药剂防治：在穗部喷洒5%井冈霉素水剂，每667米^{2}用药50～75毫升，兑水75～100升，或用50%甲基硫菌灵可湿性粉剂600倍液，防治1～2次。

（四）玉米赤霉病

（1）危害症状　主要危害果穗。果穗染病端部变为紫红色，籽粒间生有灰白色菌丝，病粒失去光泽，不饱满，播后易烂种，叶片变黄，易倒折（图2-5，见彩图）。

（2）发生规律　病菌侵染玉米果穗引致穗腐病，侵染玉米茎部引致茎基腐病。干旱、温暖的气候有利于本病扩展和流行。

（3）无公害综合防治技术　玉米拔节或孕穗期增施钾肥或氮、磷、钾肥配合施用，增强植株抗病力；不断扩大抗病品种的种植面积；轮作换茬。

（五）玉米斑枯病

（1）危害症状　主要为害叶片。初生病斑椭圆形，红褐色，后为灰白色、边缘浅褐色的不规则形斑，致叶片局部枯死（图2-6，见彩图）。

（2）发生规律　病菌在病残体或种子上越冬，成为翌年初侵染

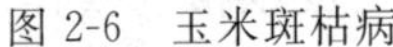

图 2-6　玉米斑枯病

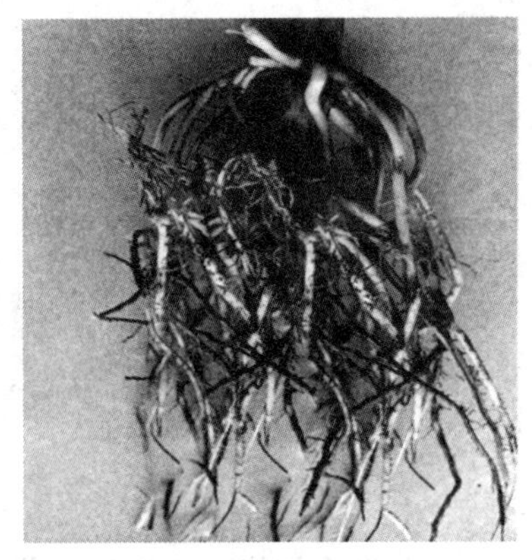

图 2-7　玉米全蚀病

源。借风雨传播或被雨水反溅到植株上，从气孔侵入，后在病部扩大为害。冷凉潮湿的环境利其发病。

（3）无公害综合防治技术　①清除病源：及时收集病残体烧毁。②药剂防治：初发病时喷洒75%百菌清可湿性粉剂1000倍液加70%甲基硫菌灵可湿性粉剂1000倍液，隔10天左右1次，连续防治1～2次。

（六）玉米全蚀病

（1）危害症状　为玉米根部土传病害。苗期染病间苗时可见种子根上出现长椭圆形栗褐色病斑，抽穗灌浆期初叶尖、叶缘变黄，逐渐向叶基和中脉扩展，后叶片自下而上变为黄褐色枯死（图2-7，见彩图）。

（2）发生规律　病菌为土壤寄居菌，只能在病根茬组织内于土壤中越冬。沙壤土发病重于壤土，洼地重于平地，平地重于坡地。施用有机肥多的发病轻。7～9月高温多雨则发病重。品种间感病程度差异明显。

（3）无公害综合防治技术　①清理病源：收获后及时翻耕灭茬，发病地区根茬要及时烧毁，减少菌源。②药剂防治：穴施3%三唑酮或三唑醇复方颗粒剂，每667米^{2}1.5千克。此外，可用含多菌灵、呋喃丹的玉米种衣剂按1∶50包衣。

（七）玉米细菌性茎腐病

（1）危害症状　主要为害中部茎秆和叶鞘。早期叶鞘上初现水渍状腐烂，有臭味。湿度大时，常在发病后3～4天病部以上倒折，溢出黄褐色腐臭菌液。干燥条件下病部也易折断，造成不能抽穗（图2-8，见彩图）。

图2-8　玉米细菌性茎腐病

图2-9　玉米细菌性条纹病

（2）发生规律　病菌在土壤中的病残体上越冬，从植株的气孔或伤口侵入。高温高湿利于发病；地势低洼或排水不良、密度过大、通风不良、施用氮肥过多、伤口多发病重。

（3）无公害综合防治技术　①清除病源：收获后及时清洁田园，将病残株妥善处理，减少菌源。②加强田间管理，采用高畦栽培，严禁大水漫灌，雨后及时排水，防止湿气滞留。③药剂防治：在玉米喇叭口期喷洒25％叶枯灵或20％叶枯净可湿性粉剂加60％瑞毒铜或瑞毒铝铜或58％甲霜灵·锰锌可湿性粉剂600倍液有预防效果。

（八）玉米细菌性条纹病

（1）危害症状　在玉米叶片、叶鞘上生褐色条斑或叶斑，严重时致叶片呈暗褐色干枯。湿度大时，病部溢出很多菌脓，干燥后成褐色皮状物，被雨水冲刷后易脱落（图2-9，见彩图）。

（2）发生规律　病菌在病组织中越冬。翌春经风雨、昆虫或流水传播，从伤口或气孔、皮孔侵入，病菌深入内部组织引起发病。

病菌不抗酸，好气性，生长适温 22～30℃，最高 37～38℃，最低 5～6℃，48℃经 10 分钟致死。高温多雨季节、地势低洼、土壤板结易发病，伤口多、偏施氮肥发病重。

（3）无公害综合防治技术　提倡施用酵素菌沤制的堆肥，多施河泥等充分腐熟的有机肥；加强田间管理，地势低洼多湿的田块雨后及时排水。

（九）玉米细菌性萎蔫病

（1）危害症状　又称玉米细菌性叶枯病。叶片现黄色线状条斑，有波浪形的边缘，与叶脉平行，严重的可延伸到全叶（图 2-10，见彩图）。

图 2-10　玉米细菌性萎蔫病　　图 2-11　玉米条纹矮缩病

（2）发生规律　病菌在玉米跳甲体内越冬，带菌跳甲也可传播此病。施用过多铵态氮肥和磷肥可增加植株感病性，高温有利于该病流行。甜玉米不抗病，马齿型玉米发病较轻。

（3）无公害综合防治技术　①清除杂草：做好田间管理，清除田间地头的杂草，减少成虫的食物源。6 月中、下旬适当摘除玉米底部 3～4 片叶，除掉部分幼虫。②药剂防治：6 月上旬为最佳施药时期，可选用 40％菊马乳油 2000 倍液、24％万灵水剂 1000～1500 倍液、22％虫多杀 2000 倍液喷雾，隔 5～7 天 1 次，连防 2 次。

（十）玉米条纹矮缩病

（1）危害症状　又称玉米条矮病。病株节间缩短，沿叶脉产生褪绿条纹，后条纹上产生坏死褐斑。叶片、茎部、穗轴、髓、雄花序、苞叶及顶端小叶均产生褐色坏死斑（图 2-11，见彩图）。

（2）发生规律　本病病毒由灰飞虱传播。3～4 龄若虫在田埂的杂草和土块下越冬。玉米收割后又转移到田埂杂草上，潜入根际或土块下越冬。带毒若虫是翌年的主要初侵染源。灌溉次数多或多雨，地边杂草繁茂有利于灰飞虱繁殖。玉米第 1 水适时浇灌发病轻，过早或过迟则发病重。田间湿度大易招来灰飞虱栖息。

（3）无公害综合防治技术　①科学浇水：加强田间管理，适时播种。把好玉米第 1 次浇灌时间，争取在玉米出苗后 40～45 天浇头水。②防治药剂：可用 20％吡蚜酮、0.5％藜芦碱可湿性粉剂、90％敌敌畏防治。

（十一）玉米矮花叶病毒病

（1）危害症状　幼苗染病心叶基部细胞间出现椭圆形褪绿小点，断续排列成条点花叶状，并发展成黄绿相间的条纹症状，后期病叶叶尖的叶缘变红紫而干枯（图 2-12，见彩图）。

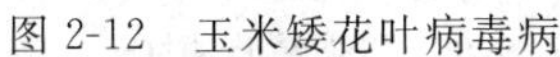

图 2-12　玉米矮花叶病毒病

图 2-13　玉米粗缩病

（2）发生规律　本病病毒主要在雀麦、牛鞭草等寄主上越冬，玉米蚜是主要传毒蚜虫，吸毒后即传毒；病汁液摩擦也可传毒；5～7月凉爽、降雨不多，蚜虫迁飞到玉米田吸食传毒，大量繁殖后辗转为害，易造成该病流行。

(3) 无公害综合防治技术　①适期播种，及时中耕锄草，可减少传毒寄主，减轻发病。②药剂防治：及时喷洒50%氧化乐果乳油800倍液或50%抗蚜威可湿性粉剂3000倍液、10%吡虫啉可湿性粉剂2000倍液。

(十二) 玉米粗缩病

(1) 危害症状　玉米粗缩病病株严重矮化，仅为健株高的1/3～1/2，叶色深绿，宽短质硬，呈对生状，叶背面侧脉上现蜡白色突起物，粗糙（图2-13，见彩图）。

(2) 发生规律　本病主要靠灰飞虱传毒。春季带毒的灰飞虱把病毒传播到返青的小麦上，然后再传到玉米上。玉米5叶期前易感病，10叶期抗性增强。春季在大麦、小麦、杂草上为害，随后部分转移到水稻上繁殖，在玉米上不能繁殖。冬、春气候温暖干燥，夏季少雨有利灰飞虱发生。

(3) 无公害综合防治技术　①清除杂草：玉米播种前或出苗前大面积清除田间、地边杂草减少毒源，提倡化学除草。②药剂防治：玉米播种前后和苗期对玉米田及四周杂草喷40%氧化乐果乳油1500倍液加50%甲胺磷乳油1500倍液。

(十三) 玉米大斑病

(1) 危害症状　主要为害玉米叶片。叶片染病先出现水渍状青灰色斑点，后期病斑常纵裂。严重时病斑融合，叶片变黄枯死。下部叶片先发病（图2-14，见彩图）。

(2) 发生规律　病菌在病残组织内越冬，借气流传播进行再侵染。温度20～25℃、相对湿度90%以上利于病害发展。从拔节到出穗期间，气温适宜，又遇连续阴雨天，病害发展迅速，易大流行。玉米孕穗、出穗期间氮肥不足则发病较重。低洼地、密度过大、连作地易发病。

(3) 无公害综合防治技术　①加强管理：玉米收获后，清洁田园，将秸秆集中处理，经高温发酵用作堆肥。②实行轮作。③药剂防治：发病初期喷洒50%多菌灵可湿性粉剂500倍液或农抗1∶20水剂200倍液，隔10天1次，连续防治2～3次。

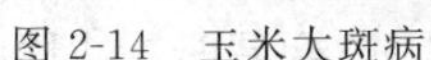

图 2-14　玉米大斑病

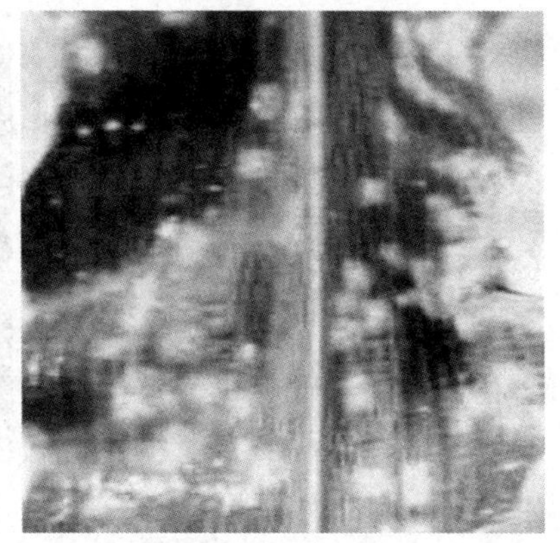

图 2-15　玉米小斑病

（十四）玉米小斑病

（1）危害症状　又称玉米斑点病，主要为害叶片。苗期染病初在叶面上产生小病斑，病斑多时融合在一起，叶片迅速死亡（图 2-15，见彩图）。

（2）发生规律　病菌主要在病残体上越冬，借风雨、气流传播。发病适宜温度 26～29℃。遇充足水分或高温条件，病情迅速扩展。玉米孕穗、抽穗期降水多、湿度高，容易造成小斑病的流行。低洼地、过于密植荫蔽地、连作田发病较重。

（3）无公害综合防治技术　①加强管理：清洁田园，深翻土地，降低田间湿度；增施磷、钾肥，加强田间管理，增强植株抗病力。②药剂防治：发病初期喷洒 75％百菌清可湿性粉剂 800 倍液或 50％多菌灵可湿性粉剂 600 倍液，间隔 7～10 天 1 次，连防 2～3 次。

二、生理性病害防治

（一）玉米空秆

（1）危害症状　先天不育型空秆又称“公玉米”。在生产过程中，常出现空秆，影响产量（图 2-16，见彩图）。

（2）发生规律　①种子质量太差，发芽率低，发芽势低，造成

图 2-16　玉米空秆

图 2-17　玉米倒伏

种子新陈代谢失调，致茎秆中的养分不能输送给果穗，幼穗腋芽因缺乏营养物质而不发育，不抽花丝，不结籽粒。②土壤瘠薄，其养分不能满足玉米生育所需，生殖器官不能形成；管理跟不上，田间缺水少肥，造成植株早衰。③品种选择失误，不能适应或不能完全适应当地的条件，造成空秆。④机械损伤或蚜虫、叶螨、穗虫等为害猖獗。⑤因干旱高温等影响，造成小苗率高，株矮秆细，难以正常结穗，空秆率增高等。

（3）无公害综合防治技术　①合理密植：每 667 米^2 4600～5000 株的密度已基本达到群体饱和，不宜再增加。②采用地膜覆盖新技术。③轮作换茬：合理轮作，重视整地和播种质量。做到适期播种，密度适当，并注意防治地下害虫和蚜虫等。④巧追穗肥：春黑玉米的中晚熟品种，在适期早播条件下，于拔节期 13～14 片叶时已进入雌穗座胎期，因此在抽穗前 5～7 天重施攻穗肥，是实现穗大粒饱、力争双穗灭空秆的根本措施之一。

（二）玉米倒伏

（1）危害症状　玉米在生长发育过程中，突然遇到大风暴雨等的袭击，而出现倒伏（图 2-17，见彩图）。

（2）发生规律　生产上遇有降水多、地软而引起根倒伏。茎倒伏和茎折断的情况不多。倒伏后新根仍在不断增加，根系重新扎深长牢。此外，密度过大或施用氮肥过多，遇暴风雨等外力作用，也可把玉米刮倒。

（3）无公害综合防治技术　①选用矮秆抗倒伏的黑玉米品种。②玉米倒伏后最好在1～2天内组织劳力突击扶起来，如拖延时间，玉米长出新根时再扶必然拉断根系，打乱为增加光合作用而重新调整建立的叶片层次，影响光合作用及输导养分的正常进行。因此，要抓紧时间抢扶，一旦拖延则不必再扶。③可以对倒伏的玉米培土固定，边扶边培土、边追速效性肥料。④科学施肥：可用促丰宝活性液肥600～800倍液或活力素，增产效果明显。

（三）玉米白化苗

（1）危害症状　苗期最明显，叶片全部失绿白化，称为白化苗（图2-18，见彩图）。

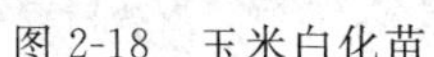
图2-18　玉米白化苗

图2-19　玉米黄绿苗

（2）发生规律　本病由遗传因素引起。

（3）无公害综合防治　对玉米影响不大，但注意选种。

（四）玉米黄绿苗

（1）危害症状　苗期明显，叶片上出现不规则黄绿条斑（图2-19，见彩图）。

（2）发生规律　由遗传因素引起。

（3）无公害综合防治　受遗传基因控制，对玉米经济价值影响不大。但在选育玉米新品种时，必须注意选择。

（五）玉米低温障碍

（1）危害症状　玉米是一种喜温作物，对温度要求较高，气温低常使玉米产生低温冷害。主要有五种症状：①播种至出苗期遇低温，常出现出苗推迟，苗弱、瘦小，种子发芽率、发芽势降低等现象；②四叶期退低温，植株明显矮小，表现为生长延缓，光合作用强度、植株功能叶片的有效叶面积显著降低；③四叶期至吐丝期遇低温，低温持续时间长，株高、茎秆、叶面积及单株干物质重量受到影响；④吐丝至成熟期遇低温造成有效积温不足，吐丝不畅；⑤灌浆期遇低温，使植株干物质积累速率减缓，灌浆速度下降，造成减产（图 2-20，见彩图）。

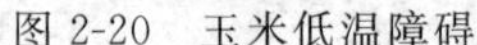

图 2-20　玉米低温障碍

图 2-21　玉米叶鞘紫斑病

（2）发生规律　①播种至出苗期需有效积温 79.4℃，最低限制温度为 9.3℃。播种至出苗的天数随温度增高而缩短。低温下植株功能叶片的生长受到抑制，影响植株总的有效叶面积，致光合生产率下降。②出苗至吐丝期，平均气温低于 23.9℃，植株就会受到影响，低于 23℃就会导致减产。

（3）无公害综合防治技术　①严格确定播种期，适期早播，使各生育阶段温度指标得到满足。如播种至出苗期气温最好为12.8～16.8℃，不要低于 10℃；②苗期施用磷肥能改善玉米生长环境，对减缓低温冷害有一定效果。也可用生物钾肥 500 克兑水 250 毫升拌种，稍加阴干后播种，增强抗逆力；③育苗移栽；④采用覆盖地膜栽培法。

（六）玉米叶鞘紫斑病

（1）危害症状　玉米灌浆中后期，中上部叶鞘或苞叶上产生绿豆大小的黑褐色斑块，有的稍带紫色，后在叶鞘及苞被上产生不规则紫斑（图 2-21，见彩图）。

（2）发生规律　病菌在病残组织上留在土壤中越冬，7～8 月气温高，蚜虫发生猖獗有利于该病的发生和扩展。

（3）无公害综合防治技术　抽雄前防止蚜虫向叶鞘转移是防治鞘紫斑病的关键。

（七）玉米高温干旱

（1）危害症状　玉米幼株的上部叶片卷起，并呈暗色。植株矮化、细弱，叶丛变为黄绿色，严重时叶片边缘或叶尖变黄，随后下部叶片的叶尖端或叶缘干枯（图 2-22，见彩图）。

图 2-22　玉米高温干旱

图 2-23　玉米涝害

（2）发生规律　玉米苗期、生长期较长时间无降雨，造成大气和土壤干旱或灌溉设施跟不上，不能在干旱或土壤缺水时满足玉米生长发育需要而造成旱灾。

（3）无公害综合防治技术　①拌种：生物钾肥，每 667 米^2 用 500 克，兑水 25 毫升，化开后与玉米种子拌匀，稍加阴干后播种，能明显增强抗旱、抗倒伏能力。②根外喷肥：用尿素、磷酸二氢钾水溶液及过磷酸钙、草木灰过滤浸出液于玉米破口期、抽穗期、灌浆期连续进行多次喷雾，增加植株穗部水分，能够降温增湿，同时可给叶片提供必需的水分及养分，提高籽粒饱满度。

（八）玉米涝害

（1）危害症状　地势低洼或大量降雨，致土壤含水量过多。玉米受害后，表现为叶色褪绿，植株基部呈紫红色并出现枯黄叶，造成生长缓慢或停滞，严重的全株枯死（图2-23，见彩图）。

（2）发生规律　一次大量降雨，田间土质不好，农田受淹积水或长期阴雨导致土壤含水量过高，过多的水分排挤掉土壤空隙内的空气，造成土壤缺氧而产生一系列不良后果。

（3）无公害综合防治技术　在多雨易涝地区，做好田间排水系统，选用地势较高、排水性能好的地块种植玉米。在低洼地区提倡修筑台田或采用起垄栽培方法。在易发生涝害的地区，要注意选用耐涝的黑玉米品种。

（九）玉米药害

（1）危害症状　不按照规定浓度使用农药或除草剂，能使玉米形成颜色不正常的叶斑，如白斑或褐斑（图2-24，见彩图）。

图2-24　玉米药害

图2-25　玉米空气污染

（2）发生规律　①农药要害：敌敌畏、敌百虫、辛硫磷、功夫、2,4-D及化肥等施用过量，均有可能产生上述症状。②化肥药害：过多的可溶性氮、钾等肥料接近种子时，会抑制种子发芽或导致幼苗出土后死亡。

（3）无公害综合防治技术　①使用除草剂时严格选择品种和掌

握用量，避免浓度过高，不宜在喇叭口直接喷洒。②发现浓度过高应马上浇水。发生药害后，要加强管理。喷施促丰宝Ⅰ型活性液肥400～500倍液，使其尽快恢复正常。

（十）玉米空气污染

（1）危害症状　随着工业的发展，城乡工业区或附近空气污染经常出现，使玉米生产受到较大损失。在工业生产中排出的有害气体，如二氧化硫、氟化氢、臭氧、过氧乙酰硝酸盐也可对玉米产生毒害（图2-25，见彩图）。

（2）发生规律　明确当地污染源，观察症状出现时间，仔细分析受害症状，有的污染，如臭氧、氰化物毒害玉米后的症状常与缺钾或自然衰老相似，叶上有病原物存在，能影响其敏感性。敏感性受植株组织成熟度的影响，幼叶常免于受害。玉米品种不同对臭氧和其他污染物的敏感程度也不相同。

（3）无公害综合防治技术　清除污染源。

三、虫害防治

（一）玉米螟

（1）危害症状　抽穗后玉米螟蛀入茎秆或穗茎内，咬食玉米花丝、嫩粒或蛀入穗轴中。被害的茎秆组织遭受破坏，被风折断损失更大（图2-26，见彩图）。

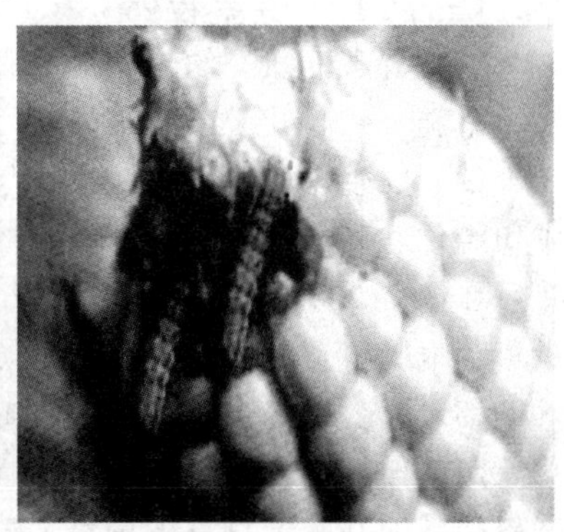

图2-26　玉米螟

图2-27　玉米田棉铃虫

(2) 发生规律　每年发生 2 代，以老熟幼虫在玉米秆、根茬、果穗中越冬，越冬幼虫 5 月上旬开始化蛹，5 月中、下旬为羽化盛期，6 月中旬为产卵盛期，第 1 代成虫 7 月中旬出现，8 月下旬至 8 月上旬为成虫及卵盛期，8 月中旬为幼虫盛期，9 月下旬开始越冬。

(3) 无公害综合防治技术　①清理虫源，收获后及时处理玉米螟过冬寄生的秸秆，一定要在越冬幼虫化蛹羽化前处理完毕。②药剂防治：喷洒 25%灭幼脲 3 号悬浮剂 600 倍液，或 BT 乳剂，每 667 米^2 200 克（>100 亿个孢子/克），也可制成颗粒剂撒施。

(二) 玉米田棉铃虫

(1) 危害症状　受害果穗不结实，减产严重（图 2-27，见彩图）。

(2) 发生规律　华北 1 年发生 4 代，以蛹在土中越冬，翌春气温达 15℃以上时开始羽化。华北 4 月中、下旬开始羽化，5 月上、中旬进入羽化盛期。第 1 代卵见于 4 月下旬至 5 月底，第 1 代成虫见于 6 月初至 7 月初。成虫昼伏夜出。

(3) 无公害综合防治技术　将稻草或麦秸浸湿，做成直径 1.5～2 厘米的草环，在棉铃虫成虫产卵前及幼虫 3 龄前，把做好的草环用久效磷、甲胺磷、万灵等杀虫剂与敌敌畏 1∶1 配成 500 倍液浸透，然后用工具夹药环套在玉米果穗顶端。

(三) 玉米蛀茎夜蛾

(1) 危害症状　幼虫从近土表的茎基部蛀入玉米苗，向上蛀食心叶茎髓，致心叶萎蔫或全株枯死（图 2-28，见彩图）。

(2) 发生规律　1 年发生 1 代，以卵在杂草上越冬，翌年 5 月中旬孵化，6 月上旬为害玉米苗，幼虫无假死性，6 月下旬幼虫老熟后在 2～10 厘米土层中化蛹，7 月下旬羽化为成虫。低洼地或靠近草荒地受害重。

(3) 无公害综合防治技术　①扑杀幼虫，注意及时铲除地边杂草，定苗前捕杀幼虫。②药剂防治：发现玉米苗受害时，用 75%辛硫磷乳油 0.5 千克兑少量水，喷拌 120 千克细土，也可用 2.5%溴氰菊酯配成 45～50 毫克/千克毒沙，每 667 米^2 撒施拌匀的毒土

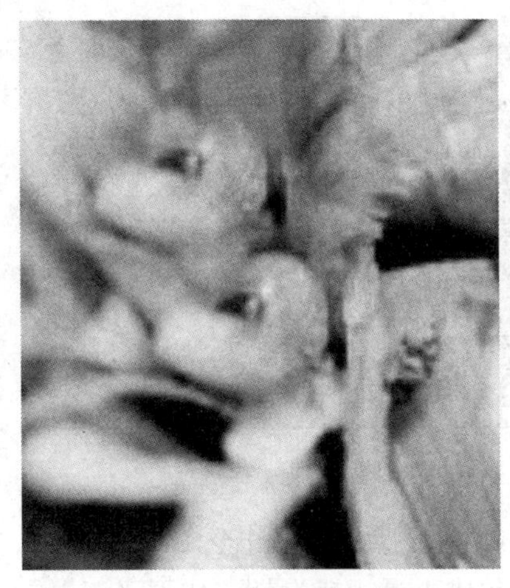

图 2-28　玉米蛀茎夜蛾

图 2-29　玉米蚜虫

或毒沙 20～25 千克，顺垄低撒在幼苗根际处，使其形成 6 厘米宽的药带。

（四）玉米蚜虫

（1）危害症状　刺吸植物组织汁液，导致叶片变黄或发红，影响生长发育，严重时植株枯死（图 2-29，见彩图）。

（2）发生规律　1 年生多代，冬季以成蚜、若蚜在大麦心叶或以孤雌成蚜、若蚜在禾本科植物上越冬。一般 8～9 月份玉米生长中后期，均温低于 28℃，适其繁殖，此间如遇干旱、旬降雨量低于 20 毫米，易造成猖獗为害。

（3）无公害综合防治技术　①早播：采用麦棵套种玉米栽培法比麦后播种的玉米提早 10～15 天成熟，能避开蚜虫繁殖盛期，可减轻为害。②用相当于玉米种子质量 0.1％的 10％吡虫啉可湿性粉剂浸拌种，播后 25 天防治苗期蚜虫、蓟马、飞虱效果优异。

（五）玉米铁甲

（1）危害症状　幼虫潜入叶内取食叶肉，叶片干枯死亡；成虫取食叶肉现白色纵条纹，严重时一张叶片上有虫数十头，造成全叶变白干枯，大发生时颗粒无收（图 2-30，见彩图）。

（2）发生规律　1 年发生 1 代，以成虫在玉米田附近山坡、沟

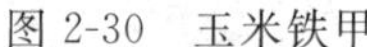
图 2-30　玉米铁甲

图 2-31　玉米蓟马

边杂草、宿根甘蔗及小麦叶片上越冬。翌春气温升至16℃以上时，成虫开始活动，一般4月上、中旬成虫进入盛发期，成群飞至玉米田为害，幼虫孵化后即在叶内咬食叶肉直至化蛹，6月成虫大量羽化，多飞向山边越夏，少数成虫在秋玉米田产卵繁殖。

（3）无公害综合防治技术　①人工捕杀成虫：成虫活动初期尚未产卵前，于上午9时前人工捕杀。②药剂防治：产卵盛期及幼虫初孵化时每667米^{2}喷洒90%晶体敌百虫800倍液。

（六）玉米蓟马

（1）危害症状　主要为害叶背，致叶背面呈现银白色条斑，有小污点，叶正面与银白色相对的部分呈现黄色条斑。受害严重者叶背如涂一层银粉，叶片端半部变黄枯干，甚至毁种（图2-31，见彩图）。

（2）发生规律　在禾本科杂草根基部和枯叶内越冬。春季5月中、下旬从禾本科植物上迁向玉米，在玉米上繁殖2代，6月中旬进入成虫盛发期，7月上旬成虫发生在夏玉米上。成虫有长翅型、半长翅型和短翅型之分，行动迟钝，不活泼，阴雨时很少活动，受惊后亦不愿迁飞。

（3）无公害综合防治技术　①清除虫源：苗期汰除有虫株，带出田外沤肥或深埋，可减少虫源。②药剂防治：喷洒40%七星保乳油600～800倍液或10%吡虫啉可湿性粉剂2500倍液。

（七）玉米叶夜蛾

（1）危害症状　也叫甜菜夜蛾。虫食叶成缺刻或孔洞，严重的把叶片吃光，仅剩下叶柄、叶脉，对产量影响很大（图 2-32，见彩图）。

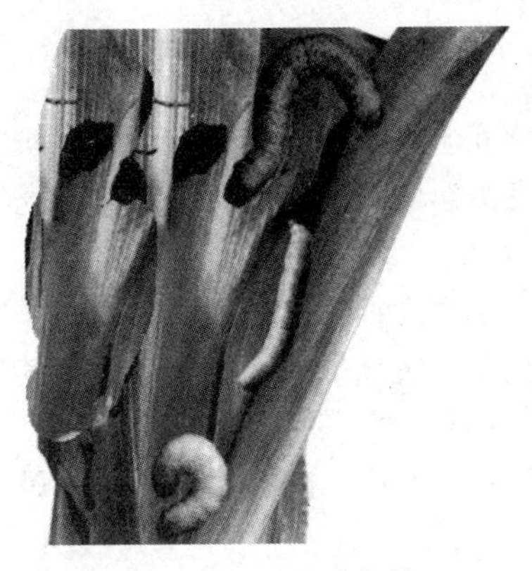

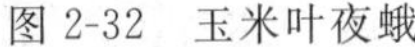

图 2-32　玉米叶夜蛾

图 2-33　玉米异跗萤叶甲

（2）发生规律　3～4 龄后，白天潜伏于植株下部或土缝，傍晚移出取食为害。1 年发生多代，7～8 月发生多，高温、干旱年份更多。

（3）无公害综合防治技术　①物理防治：黑光灯诱杀成虫。②药剂防治：5%抑太保乳油 4000 倍液喷雾。

（八）玉米异跗萤叶甲

（1）危害症状　幼虫从靠近地面的茎部或地下茎基部钻入，造成幼苗枯萎或死亡（图 2-33，见彩图）。

（2）发生规律　1 年发生 1 代，以卵在土中越冬。翌年 6 月中、下旬幼虫开始为害，玉米苗高 10 厘米左右，7 月上、中旬进入为害盛期，幼虫有转株为害习性，每天上午 9:00～17:00 进行转株为害，白天多在植株内为害，7 月中旬后幼虫不再转株，多在一株内为害，一般每株有虫 1～6 条，7 月中、下旬幼虫老熟，在土中 1～2 米处作土茧化蛹。成虫喜在田间野蓟上取食。

（3）无公害综合防治技术　①拌种：播种前用 50%甲胺磷乳油按种子质量的 0.3%～0.5%的有效剂量拌种，晾干后再播种。

②田间出现花叶和枯心苗后或发现幼虫为害时，浇灌50%对硫磷乳油1000～1500倍液。

第五节　黑玉米的保健食疗

一、黑玉米的保健作用

现代医学认为：黑色食品不但营养丰富，而且多具有补肾、防衰老、保健益寿、防病、治病、乌发美容等独特功效。经大量研究表明，黑色食品的保健功效除了与其所含的三大营养素、维生素、微量元素有关外，其所含黑色素类物质也发挥了特殊的积极作用。

黑玉米种皮中富含抗氧化、抗衰老、抗癌的水溶性黑色素，其含量比黑米、黑麦、黑芝麻高2.5倍左右，尤其是含丰富的抗癌元素硒。黑玉米穗形精致高雅美观，籽粒糯性强，蒸食黏香可口，风味独特。

中医学认为，黑玉米性平味甘，入肝、肾、膀胱经，有利尿消肿、平肝利胆、健脾渗湿、调中开胃、益肺宁心、清湿热等功能，立秋时令食用不但能祛秋燥，还有助于延缓衰老。

（1）黑玉米可以预防心脑血管疾病　黑玉米含有丰富的不饱和脂肪酸、维生素、微量元素和氨基酸等营养成分。现代研究证实，玉米中的不饱和脂肪酸，尤其是亚油酸的含量高达60%以上，它和黑玉米胚芽中的维生素E协同作用，可降低血液胆固醇浓度，并防止其沉积于血管壁，因此，黑玉米对冠心病、动脉粥样硬化、高脂血症及高血压病等都有一定的预防和治疗作用。

（2）黑玉米可以明目　黑玉米含有类黄酮，对视网膜黄斑有一定作用，所以多吃黑玉米有明目作用。

（3）黑玉米能防癌　黑玉米中含有的硒和镁有防癌、抗癌作用。当硒与维生素E联合作用时，能防止多种癌瘤，尤其是最常见的乳腺癌和直肠癌。镁一方面能抑制癌细胞的发展，另一方面能加强肠壁蠕动，促使体内废物排出体外，这对防癌也有重要意义。

（4）黑玉米须还有美容、减肥功能　因为玉米胚芽中的维生素E还可促进人体细胞分裂，防止皮肤出现皱纹；黑玉米须有利尿作用，也有利于减肥。膨化后的玉米花体积很大，食后可消除肥胖者的饥饿感，但热量却很低，是减肥食品之一。

（5）健脑　黑玉米中含有的谷氨酸还有一定的健脑功能。

二、黑玉米的食疗作用

食品专家认为，黑色食品不仅给人们质朴、味浓的食欲，而且临床实践证明，经常食用这些食物，可调节人体生理功能，刺激内分泌系统，促进唾液分泌，有促胃肠消化与增强造血的功能，提高血红蛋白含量，并有滋肤美容、乌发作用，对延缓衰老也有一定功效。

黑色食品是天然颜色为紫色或黑色的一类食品的总称。人类饮食在经历四次大的变革之后，开始进入了第五次变革阶段，即保健功能食品时代。黑色食品将成为这个时代的佼佼者。

黑糯玉米由于高产、抗病、适应性强，适宜我国南北方春秋种植。农民采摘鲜穗上市，每棒比其他玉米多卖 0.5 元，效益十分可观。

我国地域辽阔，气候多变，在北方不能周年种植玉米，夏季种植加工，淡季上市销售，实现周年供应市场。尤其真空包装穗可在常温下保存，用微波炉加热 2～3 分钟即可食用，方便快捷。

下面介绍几款玉米食谱及做法。

（1）酱子鹅炖黑玉米

原料：酱子鹅（熟）、黑玉米（七成熟）、盐、姜、葱、调料油、高汤、食用油各适量。

做法：①将黑玉米切成小段，酱子鹅切块；②坐锅点火放油，油七成热时放葱、姜煸炒出香味，倒入酱子鹅块翻炒，加入黑玉米段、盐、调料油、高汤，炖 10 分钟即可。

（2）松仁玉米

原料：玉米棒、松仁、红菜椒、葱末、白糖、盐、食用油各适量。

做法：红菜椒去籽洗净，切成 1 厘米大小的菱形片；玉米棒去皮和须，剥下玉米粒。用大火将平底煎锅烧热，撒入生松仁，调小火焙干。要用锅铲经常翻炒，使松仁滚动，颜色均匀。当焙至松仁全部为金黄色时，盛出摊在大盘中晾凉。煮锅中放水，大火烧沸，将玉米粒放入，调中火煮 5 分钟，然后取出沥干水分。大火烧热炒锅，倒入油，待油温升至六成热时，先放葱末煸香，随后再放入玉米粒和红菜椒片，调入适量盐和白糖翻炒片刻。沿锅边加入约 1 汤匙（15 毫升）清水，再盖上锅盖焖 3 分钟。打开锅盖，加入松仁，大火翻炒均匀即可。

第三章 黑水稻栽培技术

第一节 概 述

黑水稻是我国古老而名贵的稻种（图 3-1，见彩图），用黑谷加工出的黑米，集色、香、味、营养和保健于一身，具有“滋阴补肾，健身暖胃，明目活血”“清肝润肠”“滑湿益精，补肺缓筋”等功效；可入药入膳，对头昏目眩、贫血白发、腰膝酸软、夜盲耳鸣症疗效尤佳。

据史料记载，自汉武帝以来，历代帝王都将黑米列为“贡品”，成为皇室贵族的珍肴美味。1980 年，考古工作者在陕西省洋县范坝村发掘春秋时代平王年间的古墓时，发现墓葬内有黑米，可见早在 2600 多年以前，这一带的先民就已种植黑水稻并食用黑米了。

20 世纪 70 年代以前，黑水稻农家种由于植株较高，大部分株高在 1.5 米以上，抗病性差，产量极低。1977 年，陕西省洋县选育出了每 667 米^2 产量可达 400 千克的矮秆黑水稻“秦稻 1 号”。这一成果引起水稻界的广泛关注，使我国黑水稻育种研究走在了世界前列，为我国大面积栽培、利用黑水稻打下了品种方面的基础。

据分析，黑米蛋白质含量为 9.56%～11.8%，比国际大米质量标准高出 3.81%；16 种氮基酸含量平均高出普通大米 15.8%，每百克含维生素 D_1 0.21 毫克，维生素 B_2 0.16 毫克。此外，有益于人健康的其他营养成分，如铁、钙、锌、铜、硒等多种矿质元素含量亦大大高于普通大米。

在市场上相继开发出了黑米酒、黑米羹、黑米稠酒、黑米营养液、黑米小食品、黑米醪糟罐头、黑米八宝粥、黑米啤酒、黑米健身酒、黑米冲剂、黑米乳酸饮料、黑五谷营养羹等特产食品。

全国许多地方引种黑水稻种植，使黑米的价格年年翻番，不少黑水稻种植户因此而脱贫致富。

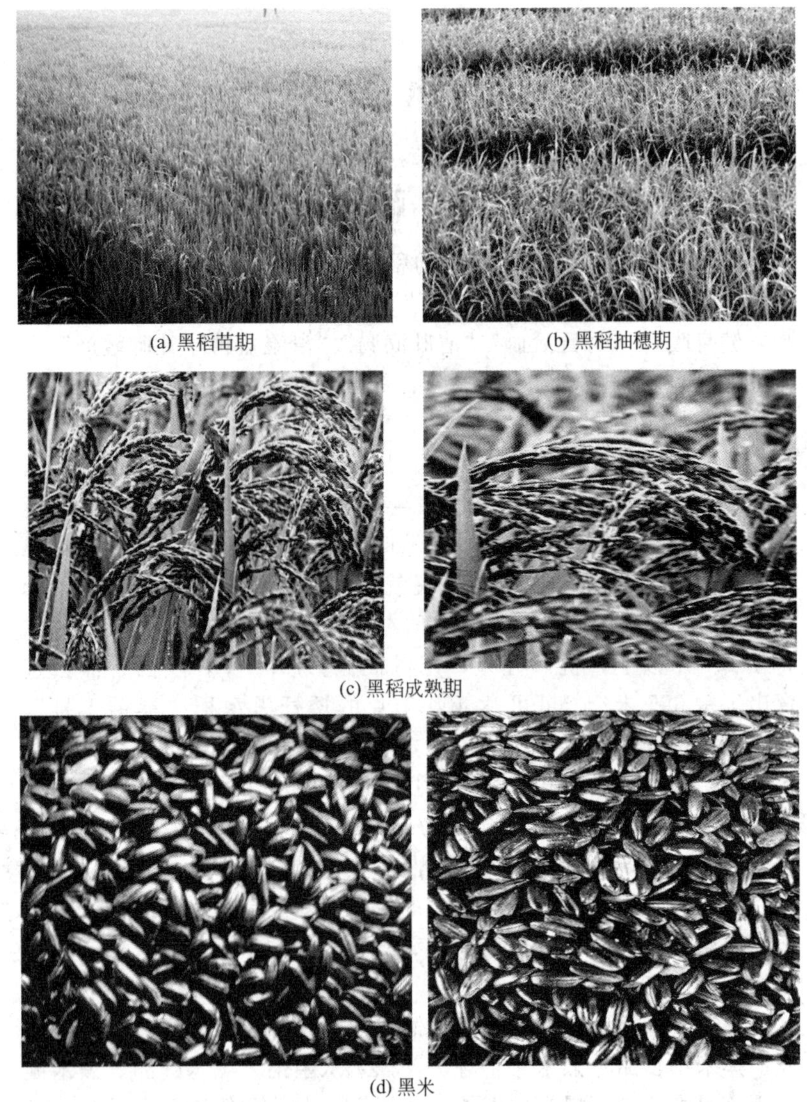

(a) 黑稻苗期

(b) 黑稻抽穗期

(c) 黑稻成熟期

(d) 黑米

图 3-1 黑水稻

第二节 生物学特性及对栽培条件的要求

一、形态特征

（一）特征

1. 根

水稻的根属于须根系，有种根、不定根和支根三种。种根又称初生根，只有1条，由胚根直接发育而成，在幼苗期具吸收作用，以后枯死。从横切面看，种根分为表皮、皮层和中柱。表皮与皮层之间为外皮层，皮层与中柱之间为内皮层。中柱内有木质部的大导管十余个成辐射状排列，韧皮部与后生木质部相间排列。皮层细胞间隙扩大呈空洞，形成裂生通气组织，以进行气体输送。不定根又称永久根，由茎基部的茎节上生出，其上再发生支根。陆稻、旱播稻湿润管理时，嫩根伸长区之上表皮细胞外壁延伸出多量根毛，但在水层中生长的水稻不长根毛或根毛极少。根的顶端有生长点，外有帽状根冠保护。不定根、支根与种根的内部结构基本相似，只是不定根中柱的中央没有粗大的后生导管，支根内部的细胞，特别是皮层细胞数少，中柱结构简单，导管和筛管分子较少或分化不明显。根的伸长是根尖顶端分生组织不断进行细胞分裂的结果，从纵向看，根尖可分为根冠、分生区、伸长区、根毛区和分支区五个部分。

2. 茎

一般呈圆筒形，中空，茎上有节。叶着生在节上，上下两节之间称节间。茎基部有7～13个节间且不伸长，基部节密集，节上生根，称为根节或分蘖节；露出地面为伸长节，一般只有4～6个。茎的上部有4～7个明显、伸长的节间，形成茎秆。稻茎在生育期间地上部分呈绿色，能进行光合作用，成熟时叶绿体退化，变为黄色。不同品种，茎的直立性和高度不同，一般高度为1～1.3米，改良品种多为1米以下。稻茎节间数的计算方法有两种，一是穗颈节（穗的第一苞着生处）至剑叶着生节为第一节，剑叶着生节为第二节，余类推；二是剑叶节至穗颈节为穗颈，剑叶着生节以下为第一节。

3. 叶

稻叶分胚芽鞘、不完全叶和完全叶三种。互生于茎的两侧，为1/2 叶序。主茎叶数与茎节数一致。早熟品种有 9～13 片叶；中熟品种有 14～16 片叶；晚熟品种的叶数在 16 片以上。稻叶可分为叶鞘和叶片两部分，在其交界处有叶枕、叶耳和叶舌。发芽时最先出现的为芽鞘，胚芽鞘呈黄白色，内有两条纵向维管束。其次在茎基上长出一片不完全叶，没有叶片，呈筒状，以下顺次长出有叶鞘和叶片的完全叶。不完全叶的叶片不明显，肉眼只见叶鞘。不完全叶出现后，跟着出现的才是完全叶。计算主茎叶龄通常是从完全叶开始计算。完全叶由叶鞘、维管束、叶片和叶枕等部分构成。从叶的横切面看，稻叶主要由表皮、叶肉和叶脉部分组成。

不同熟期的品种一般都有不同的叶片数，一般来说，生育期在125～130 天的品种，叶片数为 11 个，生育期在 132～137 天的品种，叶片数为 12 个，生育期在 140～145 天的品种，叶片数为 13 个。黑水稻在旱育稀植条件下，90%为 11 个、12 个、13 个叶片品种，并以 11～12 个叶片品种居多。通常所说的叶片数为真叶数。除真叶外，还有 2 个叶，一个为不完全叶，仅有叶鞘，看不到叶片；另一个为芽鞘，一般看不到其存在，仅在出苗时能够看到。

4. 穗

为复总状花序，由穗轴（主梗）、一级枝梗、二级枝梗（间或有三级枝梗）、小穗梗和小穗组成。穗（轴）基部为穗颈节，穗颈节以下为穗颈。穗中轴为主轴，即穗轴，约有 10 个节，节上长出的分枝叫一级枝梗，每个一级枝梗以 2/5 的开度绕穗轴而生。在一级枝梗基部的节上长出二级枝梗。小穗着生在一级和二级枝梗上。穗轴上一般有 8～15 个穗节，穗颈节为最下 1 个穗节。每个穗节上着生 1 个枝梗。每个枝梗上着生若干个小穗梗，小穗梗末端着生 1 个小穗，即颖花。小穗基部有 2 个颖片，退化呈 2 个小突起，称副护颖。每个小穗有 3 朵小花，只有上部 1 朵小花发育正常，故常将小穗与颖花同称。下部 2 朵小花退化，各剩 1 个颖片，称为护颖。

小穗由基部2片退化颖片、小穗轴及3朵小花构成。3朵小花中有2朵退化，仅见2片不孕外稃，剩下1朵为能育小花，由内稃、外稃2个鳞片和6枚雄蕊及1枚雌蕊组成。水稻颖花包括内外颖各1个、雄蕊6枚、浆片2枚和雌蕊1枚。雄蕊有花丝和花药两部分，雄蕊由花粉和花药构成，每一花药有4个花粉束。雌蕊由二裂的帚状柱头、花柱和子房组成。

5. 种子

种子由谷壳和糙米组成，谷壳包括内稃和外稃（或称内颖和外颖），糙米包括果皮、种皮、糊粉层、胚乳和胚。另外，在内稃、外稃下方，还有护颖和副护颖。颖花受精结实成谷粒。谷粒一般内部含1粒糙米，即颖果。复粒品种含2～3粒甚至更多。糙米外部有内外颖包被的谷壳，其边缘互相钩合，钩合的缝线在扁形稻粒的中间而不在两边，此为稻属的分类特征。颖色因品种而异，一般为秆黄色，也有黄、棕、褐、红、紫等色，颖的顶端为颖尖，有秆黄、黄、褐、淡黑褐、紫黑褐等色，为品种重要特征。颖的表面有钩状或针状茸毛。米粒与谷粒形状近似，有椭圆形、阔卵形、短圆形、直背形、新月形等。米色有白、乳白、红、紫等色。米粒构造分果皮、种皮、糊粉层、胚乳和胚等部分。米的色素在种皮内。胚乳在种皮之内，占米粒的最大部分，由含淀粉的细胞组织构成。胚由卵细胞的卵核同精子受精后发育而成，为新的有机体的原始体，由胚轴、盾片、胚芽、胚芽鞘、胚根等组成。

（二）生长要求的环境条件

1. 温度

水稻喜高温。幼苗发芽最低温度10～12℃，最适温度28～32℃。分蘖期日均20℃以上，穗分化适温30℃左右；低温使枝梗和颖花分化延长。抽穗适温25～35℃。开花最适温30℃左右，低于20℃或高于40℃，受精受严重影响。

粳稻发芽最低温度为10℃，最适温度为20～25℃，这种温度下发芽整齐而健壮。最高温度为40℃。因此，水稻催芽要求温度保持在30～35℃，破胸后降至20～25℃，促使根芽齐壮。

（1）有效积温　有效积温是指对作物生长具有效果的温度。如水稻最低发芽温度为 10℃，那么大于 10℃的温度为有效积温，低于 10℃为无效积温。秋天大于 13℃的温度对于水稻来讲为有效积温，低于 13℃为无效积温。

（2）≥10℃的积温 ≥10℃的积温是春季温度上升稳定通过 10℃之后至秋天温度下降稳定通过 10℃时的时间，两个时间之间每天温度的总和就是≥10℃的有效积温。一般来讲，难以测定作物的有效积温需要量，所以用≥10℃的积温来近似表达作物的有效积温。

2. 水分

水稻好湿。稻种萌发，首先需要吸收足够的水分。当种子吸水量达本身重量的 25%时，则开始萌发。吸水的快慢与水温有关，水温高吸水快，水温低吸水慢。相对湿度以 50%～90%为宜。穗分化至灌浆盛期是结实关键期；营养平衡和高光效的群体，对提高结实率和粒重意义重大。每形成 1 千克稻谷需水 500～800 千克。

3. 空气

稻种在无氧水层下亦能发芽，但这种发芽是不正常的，往往芽长得快，而根生长很慢。稻谷正常发芽时从空气中吸取氧气进行呼吸，叫有氧呼吸；缺氧时便从种子有机物中夺取氧气进行呼吸，叫无氧呼吸。所以稻种在正常发芽情况下，先长根、后长芽，相反则有芽无根。

4. 土壤

对土壤要求不严，水稻土最好。

5. 肥料

抽穗结实期需大量水分和矿质营养，同时需增强根系活力和延长茎叶功能期。

6. 日照

要求短日照。

二、生育周期

（一）生育时期

水稻的生育时期可分为幼苗期、苗期、插秧期、返青期、分蘖期、长穗期、抽穗期、乳熟期、黄熟期、成熟期十个时期。具体指标分述以下。

（1）幼苗期　水稻在秧田生长的时期，叫作幼苗期。幼苗期的生长可分为稻种的萌发和秧苗的成长。水稻的生长是从种子萌发开始的。当稻种吸水膨胀，胚根突破种壳露出白点时，叫作“露白”或“破胸”；当胚根伸出达种子长度，或胚芽伸出长达种子长度一半时，便称为发芽。

（2）苗期　苗期以秧田出苗50%为出苗始期，一直到插秧，整个秧田期即为苗期。苗期一般为4月中、下旬至5月中、下旬。

（3）插秧期　水稻插秧期在15天左右，即主要集中在5月15～31日。但适宜插秧期温度一般为13℃以上，过早插秧可能发生冷害，尤其是秧苗素质较弱，插后不缓苗，可能还有烂根现象发生。

（4）返青期　返青期是在插秧以后，一般以新根发生伸长之后，为返青期结束。返青期一般3～7天，壮苗返青期短，弱苗返青期长。插秧后如遇持续低温天气，返青期可能延迟10～15天。

（5）分蘖期　水稻返青之后，随气温逐渐升高，水稻开始分蘖，即为分蘖期。一般把水稻开始分蘖作为水稻分蘖始期，水稻拔节时分蘖基本停止为分蘖终止期。水稻分蘖期可分为有效分蘖期和无效分蘖期，在密植条件下，水稻有效分蘖终止期一般为6月25～30日；在稀植条件下，水稻有效分蘖期一般为6月30日～7月5日。从水稻分蘖始期到水稻有效分蘖终止期为有效分蘖期。水稻分蘖终止期之后为无效分蘖期。

① 水稻节：水稻节是水稻的重要器官之一。在水稻伸长后才能看到水稻节，其实水稻有多少叶片就有多少节，未伸长的节全部密集在根部。水稻节是水稻生长的表象中心，每个节生一片叶、一个蘖芽、一层根。叶必须生长出来，蘖芽在条件不足的情况下退化，根在水稻节间伸长后不再发生。

② $n-3$：$n-3$表示叶蘖同伸规律。n代表叶片序数，如果水稻叶片为下数第5片叶，则$n=5$，那么$5-3=2$，则表示当第5片叶发生时第2叶片所对应的第二节上的蘖开始同时生长。

③ $n+3$：$n+3$ 表示叶同伸规律，如第 3 片叶伸出时，3＋3＝6，即第 3 片叶发生时第 6 片叶正在分化，或第 4 片叶发生时，第 7 片叶正在分化等。

④ 分蘖规律：水稻长到第 4 片叶时，按 $n-3$ 叶蘖同伸规律，第一节上的蘖即可生长，以 12 个叶片品种为例，至第 12 个叶片（也叫剑叶）抽出时第 8 节上的蘖发生抽出，共生成 8 个蘖，这 8 个蘖为第一次分蘖，蘖还可生蘖，其规律和主茎完全一致，即长到 4 个叶片即可生一个蘖，这个蘖为第二次分蘖，第二次分蘖较第一次分蘖多，如果分蘖不受阻，还能发生第三次分蘖，但对于 12 个叶片品种，已没有机会发生第四次分蘖成穗的机会。

⑤ 单株分蘖数：一株水稻能分蘖多少，可用叶蘖同伸规律去推算，叶片数越多，分蘖越多。当水稻主茎抽穗时，分蘖能具备 3 个叶片即可成穗，而只有成穗的蘖才具有意义。寒地水稻近年研究表明，11 片叶品种，在饱和分蘖情况下，单株分蘖成穗数可达 19 个左右，12 片叶品种可达 25～28 个，13 个叶片品种可达 35～39 个。

而事实上，水稻真正能够利用的分蘖数为 3～5 个。其利用方式是，水稻插秧时叶龄 3.1～3.6，壮苗插后 3～5 天返青，即第四叶片供返青用，弱苗插后 7 天返青，则第 4～5 叶供返青用，有效分蘖从第 6 片叶开始，按 $n-3$ 规律，水稻第 3 节上蘖开始发生，至第 8 节结束，可利用的分蘖共 6 个，而实际生产中仅用 3～5 个。

⑥ 分蘖方向：影响水稻分蘖的最大因素是密度。例如，水稻秧田每平方米播量大于 500 克，除周边以外的秧苗，第一、第二节上的蘖芽即已全部退化。水稻分蘖方向对于插秧时确定每穴插植株数非常有意义，如果插单株，其分蘖方向为 360°，插两棵为 180°，三棵为 120°，四棵为 90°，五棵为 90°＋0°。90°＋0°的概念是 5 棵苗中 4 棵的分蘖方向各占 90°，另一棵苗被夹在中间，没有分蘖方向，从这个角度说，每穴插植苗数大于 4 株则没有意义。

⑦ 群体：一株或一穴水稻为个体，一片水稻为群体，群体的表达方式为单位面积有多少个体数，一般用每平方米多少、每亩多少或每公顷多少来表示。对水稻来说，基本苗群体、茎群体、穗群

体这三个群体指标直接影响水稻的产量。

a. 基本苗群体。基本苗群体是一个静态指标，它由插秧者来控制，插秧者根据秧苗素质来确定插秧规格 30 厘米×10 厘米，则每平方米 33 穴，每穴插 3 棵，则每平方米为 100 棵基本苗，或每 667 米^2 有 6 万棵基本苗；规格为 30 厘米×14 厘米，则每平方米 25 穴，每穴插 3 棵，每平方米 75 棵基本苗，每 667 米^2 就是 5 万棵基本苗。

b. 茎群体。茎群体是动态指标，随分蘖增加而增加，至分蘖高峰期达到最大值。当茎群体数值达到与穗群体数值相等，这时为有效分蘖终止期。穗群体与最大茎群体的比值为有效分蘖率。有效分蘖终止期之前发生的分蘖为有效分蘖，该期为有效分蘖期。

c. 穗群体。穗群体是水稻抽穗后，单位面积水稻穗数，一般小于 5 个粒的穗不计。在穗群体不足的情况下，穗群体越大产量越高，达到一定数值后，穗群体不再增加，超过一定数值后成熟度下降，产量降低。中穗型品种，平均每穗实粒数为（80±5)粒，穗群体一般为（450±20)粒/米^2，大穗型品种，每穗实粒数 90～100 粒，穗群体（400±20)粒/米^2，小穗型品种其高产穗群体为 500～550 粒/米^2。

（6）长穗期　指从幼穗分化开始至水稻穗抽出。一般类型品种长穗期在 6 月 25 日～8 月 5 日。

（7）抽穗期　10%水稻抽穗为抽穗始期，50%水稻抽穗为抽穗期，80%水稻抽穗为齐穗期。大多数水稻品种抽穗期为 7 月 25 日～8 月 5 日。

（8）乳熟期　乳熟期为水稻灌浆期，一般是水稻抽穗后 35～40 天，是水稻形成产量的关键时期。

（9）黄熟期　黄熟期以水稻颖壳变黄为标准。

（10）成熟期　成熟期以水稻籽实完全成熟为标准。早稻成熟期一般为 9 月 15～30 日。

（二）秧苗生长特点

1. 地上部的生长

稻种发芽出苗时，最先是包在幼芽外面的芽鞘伸出地面，成为鞘叶。叶呈筒状，不具叶片，也不含叶绿素。芽鞘伸长到一定程度，从中抽出1片叶，含有叶绿素，叶片很小，只见叶鞘，叫不完全叶。当叶片长达1厘米左右，秧田呈现一片绿色，便称为出苗，或叫放青。以后每隔2～3天，便有1片叶长出，而且有叶片和叶鞘，称之为完全叶，到第3片完全叶展开时，称为三叶期。这时种子胚乳中的养分耗尽，幼苗进入独立生活，故称之为“离乳期”。

2. 地下部生长

稻种发芽时，首先由胚根向下延伸长成种子根，垂直扎入土中。种子发芽出苗时，主要靠它吸收水分和养料。接着在胚芽鞘节上开始发根，芽鞘节根一般有5条。首先长出2条，1～2天后又在对称位置上长出2条，随后再长出1条，状如鸡爪，秧苗生长初期立苗主要靠这种根，从放叶至一叶一心期形成。三叶以后，依次从不完全叶及完全叶节上长出根，统一称为“节根”。节根粗壮，具有通气组织，所以三叶后秧田内可以经常保持水层。

3. 幼苗生长期对环境条件要求

（1）温度要求　粳稻出苗最低温度12℃，籼稻出苗最低温度14℃。这种温度条件下，出苗率低，而且速度慢。出苗以后日平均温度20℃左右，对于培育壮秧最有利。温度过高过低都不利。如低温达到5～7℃时，就要防寒，否则受冻害。

（2）空气要求　秧田内有充足的氧气幼苗才能正常生长。秧苗在淹水情况下生长发育不良，根少、苗弱。尤其是在三叶期之前，淹水不利培育壮苗，因此，秧田育苗过程中，小水勤灌，不保水层，有利培育壮苗。湿润育苗、干旱育苗都是为了培育壮苗，应满足秧苗生长对氧气的要求。

（3）水分要求　秧田对水分的需要，随秧苗生长而增多。出苗前只需保持田间最大持水量的40％～50％，就可满足发芽、出苗需要。三叶期以前也不需水层，土壤含水量为70％左右。三叶期以后土壤水分不少于80％，过低就会影响水稻生长。

（4）光照要求　光照是培育壮苗的重要条件之一。因为光照充足，秧苗才能利用空气中的二氧化碳和根部吸收的水分、养料，通过光合作用合成有机物，进行生长发育。

（三）分蘖期的生长发育

1. 分蘖发生规律

水稻主茎基部有若干密集的茎节叫作分蘖节。每个节上长 1 片叶，叶腋里有 1 个分蘖芽，成长为分蘖。着生分蘖的叶位，称为蘖位。凡是从主茎上直接长出的分蘖，称为一次分蘖，由一次分蘖上长出的分蘖，称为二次分蘖，由二次分蘖上长出的分蘖，称为三次分蘖。依此类推。分蘖在主茎的节上，自下而上依次发生。一般分蘖的出现，总是和母茎相差 3 片叶子。

2. 影响分蘖的因素

（1）秧苗营养状况　尤其是氮素营养起主导作用。秧田期由于播种较密，养分、光照不足，基部节上的分蘖芽大都处于休眠状态。拔节以后生长中心转移，上部节上的分蘖芽也都潜伏而不发。所以一般只有中位节上的分蘖节可以发育。

（2）温度　分蘖生长最适温度为 30～32℃，低于 20℃或高于 37℃对分蘖生长不利，16℃以下分蘖停止生长发育。

（3）光照　在自然光照下，返青后 3 天开始分蘖，给自然光照的 50%时，13 天开始分蘖，当光强降至自然光照强度的 5%时，分蘖不发生，主茎也会死亡。

（4）水分　在分蘖发生时需充足的水分。在缺水或水分不足时，植株生理功能减退，分蘖养分供应不足，常会干枯致死。这就是“黄秧搁一搁，到老不发作”的原因。

此外，分蘖还和品种特性有关，不同品种分蘖力有差别。分蘖的发生，经历由慢到快、再由快到慢的过程。当全田有 10%的苗分蘖出现时，称为分蘖始期。分蘖增加最快时，称为分蘖盛期。到全田总茎数和最后穗数相等时，称为有效分蘖终止期，以后称为无效分蘖期。全田分蘖数达最多时，称为最高分蘖期。

（四）叶的生长

水稻叶片的生长，前 3 片叶在分蘖前生出，最后 3 片叶在长穗期长出，其余的叶片都是在分蘖期生长。水稻主茎叶的多少，不同品种叶片数不同。分蘖前 3 片叶的生长，每 3 天左右长出 1 片叶。分蘖期叶片的生长，每 5 天长出 1 片叶。拔节以后叶片的生长，每

7～9 天长出 1 片叶。叶片大小、长短不同，中熟品种以倒 4 叶最长，早熟品种以倒 3 叶最长。叶片寿命长短有差别，早生 1～3 叶，寿命仅有 10～20 天，以后随叶位上升，寿命逐渐增长，剑叶寿命最长，可达 50～60 天。

（五）根的生长

分蘖期也是根生长的主要时期，凡是从茎节上长出的根，称为第一次根，第一次根上长出的分枝根，称为第二次根或第一次分枝，以后还可以长出第三、第四次根。水稻所有的节都有发根能力，随叶片的出生，一节一节地向上发根。一般发根和出叶相差 3 个节位，分枝根的发生，又依次递减一个节位。水稻的根有通气组织，这种通气组织和茎叶中类似组织相通连，成为地上部向根输送氧气的途径，使水稻在淹水缺氧情况下仍能生长。水稻根系发育和土壤中水、肥、气、热等状况关系密切。如水稻根的生长，最适宜的温度为 28～30℃，超过 35℃生长受阻，低于 15℃生长减弱，低于 10℃停止生长。

（六）长穗期的生长发育（拔节至抽穗）

水稻生长发育到分蘖末期，便开始茎秆节间的伸长（拔节）和幼穗分化，直到节间伸长完毕，幼穗长至出穗为止，称为长穗期。水稻这一时期营养生长和生殖生长并进，一方面完成根、茎、叶等营养器官的生长发育，同时幼穗分化发育，形成生殖器官。

（七）水稻的光温反应特性

水稻的感光性、感温性和基本营养性统称为“水稻三性”，决定着水稻品种生育期的长短。

1. 感光性

水稻是短日照作物，对开花起诱导作用的主要是长暗期，必须超过某一临界暗期才能引起生长点的质变，由营养生长转向生殖生长。水稻品种在适宜生长发育的日照长度范围内，短日照可使生育期缩短，暗期加长，完成光周期诱导快，幼穗便提早分化。长日照可使生育期延长，暗期缩短，完成光周期诱导慢，幼穗分化延迟。水稻品种因受日照长短的影响而改变其生育期的特性，称为感光性。一般原产低纬度地区的品种感光性强，而原产高纬度地区的品种对日长的反应迟钝或无感。南方稻区的晚稻品种感光性强，而早稻品种的感光性迟钝或无感；中稻品种的感光特性介于早、晚稻之间。感光性强的品种，在长日照条件下不能抽穗。不同品种感光性不同，早熟种天数少，晚熟种天数多。

2. 感温性

水稻每完成一个阶段的发育，需要一个最低的总热量，进行生长点发生质变所必需的生化反应和植株的生长。水稻品种在适宜的生长发育温度范围内，高温可使其生育期缩短，低温可使其生育期延长，水稻品种因受温度影响而改变其生育期的特性，称为感温性。这种总热量以有效积温、活动积温和总积温来表示。不同类型的水稻品种，对积温都有一定的要求，并且相当稳定。水稻生长上限温度一般为 40℃，而发育上限温度不超过 28℃。不同品种要求积温不同，但生殖生长期要求的积温在品种间并无多大差异，主要是营养生长期要求的积温不同。晚熟品种，完成营养生长要求的积温多。水稻各生育时期要求的积温是稳定的，所以当温度升高时，满足所需积温的时间变短，生育期缩短；当温度降低，满足所需积温的时间变长，生育期延长。大多数晚稻品种在短日照条件下，高温对其生育期缩短幅度较早稻大，表明晚稻较早稻感温性强。除此之外，感温性的强弱与水稻品种系统发育的条件也关系密切，一般北方的早粳稻品种比南方的早籼稻品种的感温性强。

（八）水稻产量的形成

水稻产量是由单位面积上的穗数、每穗结实粒数和千粒重三个因素所构成。

1. 穗数的形成

单位面积上的穗数，是由株数、单株分蘖数、分蘖成穗率三者组成的。株数决定于插秧的密度及移栽成活率。所以，育好秧，育壮秧，才能确保插秧后返青快、分蘖早、分蘖多、成穗多。决定穗数的关键时期是在分蘖期。在壮秧、合理密植的基础上，每亩穗数多少，取决于单株分蘖数和分蘖的成穗率。一般分蘖发生越早，成穗的可能性越大。后期发生的分蘖，不容易成穗。所以积极促进前期分蘖，适当控制后期分蘖，是水稻分蘖期栽培的基本要求。

2. 粒数的形成

决定每穗粒数的关键时期是长穗期。穗的大小，结粒多少，主要取决于幼穗分化过程中形成的小穗数目和小穗结实率。在幼穗形成过程中，如养分跟不上，常会中途停止发育，形成败育小穗，减低结实率，造成穗小粒少。长穗期栽培的基本要求是培育壮秆大穗，防止小穗败育。

3. 粒重的形成

决定粒重及最后产量的关键时期是在结实期。水稻粒重是由谷粒大小及成熟度所构成。籽粒大小受谷壳大小的约束，成熟度取决于结实灌浆物质积累状况。籽粒中物质的积累主要决定于这时期光合产物积累的多少。如水稻出现早衰或贪青徒长，以及不良气候因素的影响，就会灌浆不好，影响成熟度，造成空秕粒，降低粒重，影响产量。因此，促进粒大、粒饱，防止空秕粒，是结实期栽培的基本要求。

以上三个产量因素，在水稻生长发育过程中，有着相互制约的关系。一般每亩穗数超过一定范围，则随着穗数的增多，每穗粒数和粒重便有下降的倾向。

三、需肥水规律

1. 水稻吸收的养分与施用量

（1）水稻吸收的养分　水稻必需的元素有碳、氢、氧、氮、磷、钾、硅、硫、钙、镁和铁、锰、锌、铜、硼、钼、氯。这些元素中，除少部分可由空气中获取外，大多数都靠水稻的根系从土壤中吸取。现在随着土地复种指数不断增大，土地利用率愈来愈高，产量日益增加，土壤中不但大量元素不能充分供应，就连某些微量元素也难以获取，由此可见增施有机肥的重要意义。

（2）水稻对三要素的吸收量　据测定，每生产100千克稻谷，需吸收氮1.50～1.91千克、磷0.82～1.02千克、钾1.83～3.82千克，氮、磷，钾之比约为2∶1∶3。

（3）土壤供肥量　据试验，当年不施肥的稻田，水稻产量为施肥稻田产量的50%～70%，也即土壤供给的营养元素占1/2～2/3，由当季施肥供给的只占 1/3～1/2。土壤中提供养分的数量，主要决定于土壤养分储存量和有效状态。储存量与土壤中有机质含量等有关，有效态受土壤中有机质性质、土壤结构、酸碱度、微生物组成和土温等条件的影响。大田生产可根据上年产量水平的 50%～70%来估算土壤养分供给量。有机迟效肥施用多的稻田，估算可从高，反之则应从低。

（4）肥料利用率　不同种类的肥料，含肥料元素的量和性质不一样，因而肥料利用率也不一样。一般的，化肥比有机肥利用率高，同是有机肥，腐熟肥比未腐熟肥、含碳素少的肥比含碳素多的肥利用率高；以人粪尿最高，绿肥、菜籽饼次之，牛粪土杂肥最低。同是化肥，氮和钾的利用率比磷肥的利用率高，分别为 30%～60%、40%～70%和 10%～25%。施肥方法不同，肥料利用率也不同。单施农家肥比与化肥配合施用肥效低；化学氮肥作球肥深施比粉状施于表层利用率提高 1 倍，磷肥蘸秧根比撒施利用率可提高 3 倍。施肥时间不同，肥料利用率也不一样，氮肥作基肥比作追肥利用率低，而追肥时又以幼穗分化期施用利用率高。秧田施磷利用率达 68%，全田施磷仅达 13%；氨水施于土壤水分少、富含钙质、pH 较高、吸收性能较低的田中，易挥发，利用率亦低。

（5）水稻的施肥量　施肥量＝(计划产量的吸肥量－土壤供肥量)/肥料利用率。

2. 水稻的吸肥时期与施肥时期的确定

水稻对营养元素的吸收随生育进程而不同，一般苗期吸收量不多，随着移栽返青，长叶、分蘖、发根，营养体逐渐增大，吸肥量也相应提高，到抽穗前达最高，以后又逐渐减少。

对氮的吸收，以返青后至分蘖盛期最高，此期吸氮量占总量的 50%～60%，幼穗发育期次之，为 30%～40%，结实成熟期仅占吸氮总量的 10%～20%。一般出现分蘖期和幼穗分化期两个吸肥高峰，约在移栽后 20 天，出现第一个吸氮高峰，每日每 667 米^2 吸氮量为 0.1～0.15 千克，以后有所下降，到 35 天以后又迅速增加，到 60 天时出现第二个吸氮高峰，每日每 667 米^2 吸氮 0.2～

0.25 千克。

对磷的吸收，以幼穗发育期为最高，占总吸收量的50%左右，分蘖期次之。一季中稻在此期吸磷量比早、晚稻多。结实成熟期仍吸收相当数量的磷，约占总量的15%～20%。

对钾的吸收，以抽穗前最多，达90%以上，抽穗后吸收量很少，在分蘖盛期，中稻吸钾比早、晚稻多；拔节到抽穗期中稻吸钾量又比早、晚稻少。

根据上述吸肥特点，结合产量构成三因素形成时期，在进行合理施肥时，必须注意选择适宜的施肥时期。

3. 水稻施肥的方法

水稻施肥的方法有两种。

(1) 平衡施肥法　氮、磷、钾科学合理施肥，使水稻增强抗逆性，减少病虫害的发生，抗倒伏，抗低温，提高产量和品质。水稻施底肥是按氮肥总用量的40%、磷肥100%、钾肥100%，或分2次施入各50%，在翻地前混合施入，或耙地前达到深层施肥；追肥是氮肥60%，分3次施入，分别为6月18～20日、7月1～5日、7月末～8月初（根据气候条件而施）。钾肥分2次施用时最后1次于7月末～8月初与氮肥一起混合施用。

(2) 有机-无机复混肥施用法　当前，在水稻上普遍施用氮肥或少量配合磷钾肥，导致养分不平衡，植株抗逆性不强，土壤肥力逐年下降，造成水稻产量不稳定，品质变劣。有机-无机复混肥具有有机质含量高、养分元素全、肥料利用率高、肥效持久、常年施用于土壤可改善土壤性状、土壤无污染、应用范围广、有助于提高农产品品质、安全增产、增效。施用方法是以一次性底肥为宜，在翻地前或耙地前每667米^2 30～40千克。

4. 水稻三控施肥技术

(1) 原理　水稻三控施肥技术具有三大优势。一是高产稳产，增产增收。一般增产5%～10%，倒伏大幅减轻，抗逆性强，稳产性好。二是省肥省药，安全环保。节省氮肥20%左右，氮肥利用率提高10%，氮肥面源污染减轻，病虫害减少，可少打农药1～3次，有利于稻米食用安全。三是简单实用，适应性广。

（2）技术要点

① 氮肥总量控制：根据目标产量和不施氮空白区产量确定总施氮量。以空白区产量为基础，每增产 100 千克稻谷施氮 5 千克左右。空白区产量可通过试验确定，也可通过调查估计。

② 氮肥的分阶段调控：在总施氮量确定后，按照基肥占 35%～40%、分蘖中期（移栽至穗分化的中间点，一般在移栽后 12～17 天）占 20%左右、幼穗分化始期占 35%～40%、抽穗期占 5%～10%的比例，确定各阶段的施氮量，追肥前再根据叶色作适当调整。该技术的最大特点是“氮肥后移”，大幅降低基肥和分蘖肥所占比例，减少无效分蘖，在保证穗数的前提下主攻大穗，提高结实率。

③ 磷、钾肥的施用：采用恒量监控的方法。在不施肥空白区产量基础上，每增产 100 千克稻谷需增施磷肥（以 P_2O_5 计）2～3 千克，增施钾肥（以 K_2O 计）4～5 千克。在缺乏空白区产量资料的情况下，可按 $N:P_2O_5:K_2O=1:(0.2\sim0.4):(0.8\sim1)$ 的比例确定磷钾肥施用量。磷肥全部作基肥，钾肥在分蘖期和穗分化始期各施一半。

根据水稻需肥规律，施肥技术采用“前促、中控、后保”法，即移栽后 2～3 周内，将 70%～80%的肥料施下，做到基肥足，分蘖肥早，中期搁田控蘖，抑制氮吸收，后期看苗情再补施穗粒肥。

5. 施肥量

施肥量根据产量而定，667 米^2 产 450～500 千克，一般在施优质有机肥 500～1000 千克作基肥的基础上，化肥合理施用量，尿素 20～25 千克，钙、镁、磷肥或过磷酸钙 20～30 千克，氯化钾 12～15 千克。

（1）施肥时期与比例（以每 667 米^2 计）　①基肥：钙、镁、磷肥或过磷酸钙 20～30 千克、尿素 10 千克和氯化钾 6～7.5 千克。②分蘖肥：尿素 5～8 千克、氯化钾 6～7.5 千克，移栽后 7 天左右施用。③穗肥：3～5 千克尿素在始穗时施下。或每 667 米^2 用中低浓度复混肥 50～60 千克作基肥。④分蘖肥：尿素 5～8 千克、氯化钾 6～8 千克、穗肥：尿素 3～5 千克。

（2）施肥方法　基肥施用时，结合耙田进行全层深施；追肥时浅水层撒施。

第三节　高产高效栽培技术

一、主要品种

（1）香血糯 F_1　以中国 91 为母本，香血糯为父本杂交育成。生育期 169 天左右；株形紧凑，叶色深绿，剑叶较长大；株高 98 厘米左右，分蘖力强。穗色抽穗始期为绿色，灌浆后转为紫色，成熟后颖壳为浅褐色；种皮黑色发亮，糙米营养丰富，粗蛋白含量 8.36%，粗脂肪含量 1.68%，维生素 B_1 0.31 毫克/100 克，锌 23.5 毫克/千克，铁 116 毫克/千克，磷含量 0.27%。1998～1999 年在山东省特用水稻区域试验中，平均 667 米^2 产 552.3 千克，比对照京引 119 增产 14.1%；1999 年生产试验，平均 667 米^2 产 578.5 千克，比对照京引 119 增产 11.3%。秸秆和颖壳可用于提取色素，抗倒伏，抗稻瘟病，轻感纹枯病。

（2）紫香糯 2315　在鲁南及苏北地区作麦茬稻栽培，生育期 145～150 天。紫香糯 2315 属偏大穗型品种，在鲁北作一季春稻，4 月下旬播种；在鲁南及苏北地区作麦茬稻于 5 月上旬播种。播种前晒种 2 天，强氯精或生石灰水浸种消毒，防治恶苗病。育秧田施足有机肥。配施磷、钾肥作底肥。秧田落谷量每 667 米^2 为 25～30 千克，秧龄 45 天左右，培育无病虫带蘖壮秧。一般每 667 米^2 栽 1.6 万～1.8 万穴，每穴 3～4 苗，基本苗 5 万～7 万。晚栽可适当增加密度。最高苗量每 667 米^2 控制在 30 万～35 万，有效穗数 20 万～22 万。丰产栽培每 667 米^2 产 500 千克以上，需施氯素 16 千克左右，并注重氮、磷、钾的配合和使用微量元素。一般每 667 米^2 施磷酸二铵 15 千克、氯化钾 10 千克、硫酸锌 1 千克作底肥。前期 20 千克尿素促粪肥；中期 7.5 千克尿素作稳肥；后期看苗补施尿素 2.5 千克作料肥。移栽后浅水促早发，齐苗后适时搁田控制无效分蘖。后期干湿交替，防止断水过早，影响千粒重。紫香糯 2315 防治纹枯病应立足“早”字，在发病初用井冈霉素防治 1 次，隔10天再防1次，虫害主要是稻飞虱和卷叶螟，选用扑虱灵和杀虫双药液喷雾防治。

（3）墨江紫米　俗称“紫珍珠”，又称为“御田胭脂米”。墨江紫米粒大饱满，黏性强，蒸熟后能使断米复续，具有接骨功效。紫米含有丰富的蛋白质、脂肪、赖氨酸、色氨酸、维生素 B_2（核黄素）、叶酸等，以及铁、锌、钙、磷等人体所需微量元素。可煮食，也可加工成副食品。

（4）秦稻1号　陕西选育的地方品种。株高90～95厘米，叶片较宽，易披垂，色浓，叶毛稀长，叶面较宽，株形半直立，穗较长，二次枝梗较少，着粒较稀，开花前颖壳绿色灌浆后逐渐变紫，成熟后颖壳灰褐色或紫黑，糙米紫黑。千粒重21～22克。含粗蛋白质14.18%，粗脂肪2.63%，维生素C 6毫克/100克，必需氨基酸含量合计为4.2%，半必需氨基酸含量合计为1.21%，非必需氨基酸含量合计为5.18%，钙463毫克/千克，铁21.6毫克/千克。全生育期140天左右，分蘖能力较强。抗倒伏。

二、栽培季节

山东省≥10℃积温为4600～5300℃，就热量条件来说，全省各地都可种植水稻，而且可以实行麦稻一年两熟。

三、栽培技术

（一）培育壮秧

1. 壮秧的标准

（1）壮秧标准　秧龄35～45天，叶龄4.5～5.0叶，苗高13～17厘米，根数13～15条，百株地上干重4克以上，20%的秧苗带1～2个分蘖，叶色绿中带黄，根系盘结好，返青快。

（2）旱育中苗标准　秧苗叶龄3.1～3.5叶，秧龄35天，地上部分3、3、1、1、8，即中茎长3毫米，第一叶鞘高3厘米以内，第1叶叶耳与第2叶叶耳间距1厘米左右，第2叶叶耳与第3叶叶耳间距1厘米左右，第3叶叶长8厘米左右，株高13厘米左右；地下部分1、5、8、9，即种子根1条，鞘叶节根5条，不完全叶节根8条，第一叶节根9条突破待发；百株地上部干重3克以上，须根多、根毛多、根尖多。

（3）旱育大苗标准　秧苗叶龄4.1～4.5叶，秧龄35～40天，株高17厘米左右，百株地上干重4克以上，带1～2个分蘖；地上部中茎长3毫米以内，第1叶鞘高3厘米以内，第1叶叶耳与第2叶叶耳、第2叶叶耳与第3叶叶耳、第3叶叶耳与第4叶叶耳间距各1厘米左右，第一叶长2厘米、第二叶长5厘米、第三叶长8厘米、第四叶长11厘米左右；地下部根系23条，种子根1条、鞘叶节根5条、不完全叶节根8条、第一叶节根9条，第二叶节根11条突破叶鞘待发，须根多、根毛多、根尖多。

（4）水稻旱育壮苗外部形态标准　①根旺根白。移栽时秧苗的老根移到本田后多数会慢慢死亡，只有那新发的白色短根才会继续生长，生产上旱育壮苗根系不少于10条，所以，白根多是秧田返青的基础。②扁蒲粗壮。腋芽发育粗壮，有利于早分蘖，粗壮秧苗茎内大维管束数量多，后期穗部一次枝梗多、穗大，同时扁蒲秧体内贮存的养分较多，移栽后这部分养分可以转移到根部，使秧苗发根快，分蘖早、快而壮。③苗挺叶绿。苗身硬朗有劲，壮苗叶态是挺挺弯弯，秧苗保持较多的绿叶，对于积累更多有机物，培育壮秧，促进早发有利。④秧龄适当。秧苗足龄不缺龄，适龄不超龄。看适龄秧既要看秧苗在秧田生长的时间，更要看秧苗的叶龄。⑤均匀整齐。秧苗高矮一致，粗细一致，没有楔子苗、病苗和徒长弱苗等。

2. 育苗前的准备工作

（1）苗床地的选择　选交通便利、无污染、背风向阳、地势高、排灌方便、干燥、排水良好、无杂草、土壤肥沃、土质肥沃、地势平坦、四周有防风设施的环境条件作为育秧苗床基地。育苗面积一般按1∶(0.5～0.7)，即0.5～0.7米^{2}的育苗面积，可以插667米^{2}的大田面积。

（2）育秧材料　塑料棚布、架棚木杆、竹皮子、秧盘（也叫钵盘，每667米^{2}大体用30～35个）、浸种灵等。

（3）苗床土的配制　原则要求床土疏松、肥沃，养分齐全，有机养分含量高，含有的腐殖质最好，有团粒，渗透性良好，保水保肥能力强，微偏酸性，无草籽和石块等。

（4）配制营养土 用1000千克马粪或草炭再加硫铵2.5千克、二铵1.1千克、硫酸钾1千克、硫酸锌0.1千克混制而成。

3. 种子处理

（1）用种量 一般钵盘育苗每盘用种量0.5～0.7千克，一般旱育苗用种量0.6～0.8千克。

（2）晒种 选晴天，在干燥平坦的地面上平铺席子，将种子摊开，厚度3～5厘米，晒2～3天，白天晒晚间装起来。在晒的时候经常翻动。

（3）选种 用盐水选种最好。将盐和水酿制成相对密度为1.13的盐水，即50千克水加12～12.5千克盐，充分溶解。用鲜鸡蛋测试，鸡蛋在盐水液中露出水面5分硬币大小即可。或用千分之一比重计测量盐水相对密度，为了保证盐水相对密度1.13，要经常检查、补充浓盐水。浸种、洗种时严防混杂，去掉秕谷。盐水选后的种子用清水冲洗两遍，以洗净种子表面附着的盐分，要做到每洗3～4次种子更换1次清水，以防止清水中盐分浓度过高，种子表面残留盐分过多影响种子质量。种子标准为种子发芽率90%、发芽势85%、纯度大于98%、净度大于98%、水分小于14.5%。

（4）浸种消毒 在电器增温、地火龙增温、双膜增温等保温增温棚内浸种，浸种时水层要没过种子20厘米以上，温度11～12℃，浸种积温85～100℃，浸种时间7～8天，烘干种子应相对延长浸种时间2～3天，但不宜增加浸种温度，严防温度过高浸种过度，种子内含物外渗，影响浸种质量。集中浸种时，要注意浸种箱内上下层、内外层种子温度保持一致，如果温差较大，每天要及时倒种2次以上。要设专人负责浸种工作。

用恶苗净一袋100克，加水50千克，搅拌后浸种40千克，常温浸种5～7天，浸后不用清水洗，可直接催芽播种。或用种衣剂拌种。盐水选种洗种后淋去表层多余的水分，堆放在大棚或室内10～12小时后用种衣剂拌种。使用方法，种衣剂用量为种子量的2%，即每一瓶（0.5千克）种衣剂兑水0.6～0.8千克拌一袋种子

(标重 25 千克)，混拌均匀后灌袋或堆放在室内或大棚内 36～48 小时，待种衣剂阴干药膜固化后即可进行浸种，浸种时 100 千克包衣种子加水 100～120 千克，浸种时要求袋装浸种，以防种衣剂脱落。种衣剂拌种要确保均匀一致，用量准确。

种子浸好的标志是种子颖壳表面颜色变深，种子呈半透明状态，透过颖壳可以看到腹白和种胚，剥去颖壳米粒易掐断，手捻成粉末，没有生芯。浸好的种子捞出后直接催芽。

(5) 催芽　催芽有集中催芽和催芽泵催芽。集中催芽就是采用大型循环水催芽器催芽技术，催芽时保证种子内外、上下温度均匀一致，破胸温度为 32℃，催芽温度为 25～28℃，时间 18～20 小时，芽长一致，芽种标准为芽长 2 毫米以内，根芽呈双山形。催芽泵催芽就是将浸好的种子使用恒温催芽泵集中催芽，破胸温度 32℃，催芽温度 25～28℃，时间 20～24 小时，催芽标准为芽长不超 2 毫米，根芽呈双山形。在机械催芽过程中，为了保证芽长一致，要经常检查催芽器内上、中、下层的温度变化，并且上下、内外倒种 2～3 次。注意使用护苗种衣剂拌种的种子在浸种槽内捞出后不要冲洗即可催芽，催芽时要使用蒸汽催芽器催芽，不能使用循环水催芽器催芽。

第一批种子 3 月 26～28 日浸种，4 月 4～6 日催芽；第二批种子 4 月 5～7 日浸种，4 月 13～15 日催芽。先把浸好的种子捞出，放入 40～50℃的温水中预热，待种子达到 28℃左右，立即捞出，装到种子袋中，放置到室内垫好的地上。地上垫 30 厘米厚的稻草，铺上席子，将种子袋放在席子上，种子袋上面盖上塑料布或麻袋，袋内插上温度计，随时察看温度，使温度不低于 28℃，也不高于 32℃，同时保持种子湿度，每隔几小时上下翻倒 1 次，使种子温度尽量上下、左右温度、湿度保持一致。需特别注意的是，种子在发芽过程中产生大量的二氧化碳，使温度自然升高，稍不注意就会因高温烤坏种子，一般 2 天时间就能发芽，当破胸露白 80%以上时就开始降温，适当晾一晾。催好芽的种子要在大棚或室内常温条件下晾芽，提高芽种的抗寒性，散去芽种表面多余水分，保证播种均匀一致。注意晾芽时不能在阳光直射条件下进行，温度不能过高，严防种芽过长，不能晾芽过度，严防芽干。

(6) 架棚作苗床 做置床时要求早整地早做床，秋季粗做床使床土平整细碎，床面平整，土质疏松，有利于部分根系通过盘孔，扎入置床吸收养分和水分；春季做床使床面达到平（每 10 米^2 内高低差不超过 0.5 厘米）、直（置床边缘整齐一致，每 10 延长米误差不超过 1 厘米）、实（置床上实下松，松实适度一致）。大棚开闭式育秧，实施肩部通风技术，以燕尾槽开闭式为主，采用拉链式、窗式通风技术，加强防风建设，培育壮苗。多以大棚、中棚为主，小棚育苗很少。一般棚的规格是宽 5～6 米，长 20 米，每棚可育苗 100 米^2。棚以南北向较好，东西向亦可，在棚内作两个大的苗床，中间为步道 30 厘米宽，四周为排水沟，每平方米施腐熟农肥 10～15 千克，浅翻 8～10 厘米，然后耧平，浇透底水。

将过筛的床土 3 份与腐熟有机肥 1 份混拌均匀，然后用壮秧剂调酸、消毒、施肥。按照水稻壮秧剂使用说明将床土与壮秧剂充分混拌均匀后堆放待用，要堆好盖严，防止遭雨和挥发。其混拌方法是首先测算每百平方米置床可摆放的秧盘数量为 600 盘，每盘用混好的床土数量为 3 千克，每百平方米所用床土数量为 1800 千克。先将每百平方米壮秧剂用量与床土用量的 1/4 左右混拌均匀做成小样，再用小样与剩余床土充分混拌均匀。

在播种前 3～5 天进行摆盘，摆盘时将四周折好的平盘用模具整齐摆好，要求秧盘摆放得横平竖直，平盘折起的四周与平盘底部垂直，盘与盘间衔接紧密，边盘用细土挤紧；边摆盘边装土，普通机插盘内装土厚度 2 厘米，高速插秧机盘内装土厚度 2.5 厘米，盘土厚薄一致，误差不超过 1 毫米。摆盘后浇水时要在秧盘上铺一层编织袋或草袋，严防浇水后盘内床土厚度不一致，水分渗干后等待播种。要一次浇透底水，标准是置床 15 厘米土层内无干土。

钵盘育苗摆盘时，在做好的置床上浇足底水，趁湿摆盘，将多张钵盘摞在一起，用木板将钵盘钵体的 2/3 压入泥土中，再将多余钵盘取出，依次摆盘压平。种土混播时，亦可先播种，再将播种的钵盘整齐压摆在置床泥土中。也可以在置床上先铺一层 2 厘米厚经过调酸、消毒、施肥处理后的细土，再将钵体压入土中后装土播种。

摆好盘后，当气温达到秧苗生育低限温度指标，即气温 5℃、置床温度 12℃时即可播种，播种后先用调种器调种，然后用压种磙将种子压入土中，使种子三面着土，覆土厚度 0.5～0.7 厘米，以盖严的炒熟大豆粒为准，厚薄一致。钵盘育苗时，钵体装土 3/4 深度，浇水后播种覆土。播种时要求播量准确，播种均匀，秧盘边缘无聚堆和压摞现象。

4. 播种

(1) 确定播种时期　水稻发芽最低温为 10～12℃，因此当气温稳定通过 5～6℃时即可播种。采用三膜覆盖技术或具备增温措施的大棚于 4 月 8 日开始播种，最佳播期为 4 月 10～18 日。因此，晚熟品种或中晚熟品种平原地区在 4 月上旬播种。早熟品种可在 4 月下旬播种。

(2) 播种量　机插中苗播芽种 4400 粒/盘，每 100 平方厘米播种 275 粒；种子田机插中苗播芽种 4200 粒/盘；八行插秧机机插中苗播芽种 3100 粒/盘，八行插秧机要比常规育苗增加 20%育秧面积；钵育大苗播芽种 3～5 粒/穴。旱育苗每平方米播干籽 150 克、芽籽 200 克，机械播秧盘育苗的每盘 100 克芽籽，钵盘育苗的每盘 50 克芽籽。超稀植栽培每盘播 35～40 克催芽种子。

(3) 播种方法　在浇透水的置床上铺打孔塑料地膜，接着铺 2.5～3 厘米厚的营养土，每平方米浇 1500 倍敌克松 5～6 千克。手工播种，播种要均匀，播后轻轻压一下，使种子和床土紧贴在一起，再均匀覆土 1 厘米，然后用苗床除草剂封闭。播后在上边再平铺地膜，以保持水分和温度，以利于整齐出苗。

(4) 秧盘育苗播种　秧盘育苗每盘装营养土 3 千克，浇水 0.75～1 千克，播种后每盘覆土 1 千克，置床要平，摆盘时要盘盘挨紧，然后用苗床除草剂封闭，上面平铺地膜。

(5) 钵盘育苗播种　钵盘有两种规格，一是每盘有 561 个孔的钵盘，另一种是每盘有 434 个孔的钵盘，后一种能育大苗，因此用 434 个孔的钵盘。播种方法是先将营养床土装入钵盘，浇透底水，用小型播种器播种，每孔播 2～3 粒（也可用定量精量播种器），播后覆土刮平。

育秧大棚内应摆放2支温度计以测量床温变化情况，温度计分别摆放在距棚头20米距中间步道30厘米处，用8#铁线做成支架，播种后放于床面上，秧苗出土后温度计始终放置于秧苗下1厘米处。

5. 秧田管理

（1）种子根发育期　从播种到第一叶露尖，需7～9天时间，主要以培育种子根为主，要求根系长得粗、长且须根多、根毛多。遵循育苗先育根，育根先育种子根的原则。其管理重点是控温，要求棚内温度不超过32℃，超32℃时开始通风。一般不浇水，如湿度过大或局部过湿时撤膜散墒，晚上再覆地膜，露种处要适当覆土。当秧田出苗80%时，在早晨8时前或晚上5时后揭去地膜，严防中午高温时揭膜，阳光灼伤秧苗。

（2）第一完全叶伸长期　从出苗到第一完全叶展开共需5～7天时间，其管理重点是地上部控制第一叶鞘高度不超过3厘米，地下部促发与第一叶同伸的鞘叶节5条根系。棚温控制在22～25℃，最高不超过28℃，及时通风炼苗，水分管理除苗床过干处补水外，一般少浇或不浇水，使苗床保持旱育状态。

（3）离乳期　从第二叶露尖到第三叶展开，需10～14天时间，管理重点是地下部促发不完全叶节8条根系健壮生长，地上部控制好第一叶与第二叶、第二叶与第三叶的叶耳间距各1厘米，防止茎叶徒长。重点是控制温度和水分，棚温控制在20～22℃，最高不超过25℃。此期要大通风炼苗，棚内湿度大时下雨天也要通风炼苗。水分管理做到三看浇水，一看土面是否发白和根系生长情况，二看早晚叶尖是否吐水，三看午间新叶是否卷曲，如床土发白、根系发育良好、早晚新叶叶尖不吐水或午间新叶卷曲，则在早晨8点左右浇水，一次浇透。

为了保证秧苗健壮生长，在秧苗生长期间分别在秧苗1.5叶期、2.5叶期各追肥1次，每次追纯氮1克/盘，即硫酸铵5克/盘，将硫酸铵与适量过筛细土混拌均匀后撒施在秧田上，施肥后要立即喷一遍清水洗苗，以防化肥烧苗，追肥前不能浇水，以免床土含水太多，肥水渗不进去，追肥一定要撒施均匀。同时，在秧苗2.5叶期茎叶追施0.015%天然芸薹素1～2克/棚、酿造米醋100～150毫升/棚，兑水15～20升/棚喷雾。同时，要防止早穗：在秧苗的2.5叶期，棚温不超过25℃，即“双二五”标准，也是水稻早熟品种防止早穗的主要措施。

（4）移栽前准备期　从3.1叶至3.5叶，时间2～3天，管理重点是控水蹲苗壮根，使秧苗处于饥渴状态，以利于移栽后发根好、返青快。同时，做好插前“三带”工作，即移栽前一天带磷（每平方米苗床施磷酸二铵125～150克，少量喷水使肥料粘在苗床上）、带药（40%乐果15毫升/米^{2}或70%艾美乐6～8克/100米^{2}或25%阿克泰6～8克/米^2，兑少量水喷洒以防治潜叶蝇）、带生物肥（每667米^{2}用天然芸薹素1克）。

（二）移栽插秧

1. 整地

本田实行单排单灌，灌水渠为地上渠，排水渠为地下渠，条田宽50米，格田面积5～10亩。实现田、池、路、渠、林综合配套。加速老稻田改造，裁弯取直、去高添洼、消肥补瘦，增大晒水池面积，扩大格田面积。

稻田耕作采用翻地、旋耕和深松相结合的耕作体制，以翻地为主，旋耕为辅。质量标准，翻地深度18～20厘米，旋耕深度20～25厘米，做到扣垡严密、深浅一致、不重不露、不留生格。结合翻地耕作，实行秸秆还田，采用秸秆粉碎还田或高茬收割还田，秸秆还田量以秸秆总量的60%左右为宜。秸秆还田做到抛撒均匀，严防堆积。为加速秸秆腐烂速度，减少秸秆腐烂过程中对氮素的固定，秸秆还田的地块翻地时每667米^{2}增施尿素2千克，或在春整地时增施碳酸氢铵每667米^2 8～10千克，有条件时增施石灰20千克。

泡田标准：本田实行花达水泡田、花达水整地，即泡田水深为垡片高的2/3。为了提高水田整地质量，在水田放水泡田之前先进行旱整地（旋耕或平地），放水泡田3～5天垡片泡透后即可进行水整地，水整地要求达到早、平、净、大、齐、深、匀。早：适时抢早，保证有足够的沉淀时间。平：格田内高低差不大于3厘米，做到灌水棵棵到，放水处处干。净：捞净格田植株残渣，集中销毁。大：扩大格田面积，格田面积5～10亩。齐：格田四周平整一致，池埂横平竖直。深：水整地深浅一致，搅浆整地深度12～15厘米。匀：全田整地均匀一致，尤其是格田四周四角。整地结束后，常规整地沉淀7～10天，搅浆整地沉淀15～20天以上，保持水层5～7厘米，不能落干。

水整地沉淀后，田面指划成沟慢慢恢复是最佳沉淀状态，此期正是插秧适期。指划不成沟，说明沉淀不好；指划成沟，但不恢复，说明沉淀过度，两者都保证不了插秧质量。八行插秧机一定要在最佳沉淀状态下插秧，严防边行推苗，影响插秧质量。

基肥每667米^{2}施优质腐熟的农家肥5000～7500米^3，施用均匀。土地要平整，耙碎耙细，每个格田内高低差不超过2厘米。有条件的可进行秋翻。秋翻比春翻好，早翻比晚翻好，因为秋翻冬冻春化，因冻融作用使土块细碎，且能冻死病菌和害虫，减少危害。翻地深度要求15～18厘米，要求扣垡严，不漏耕，实行旱耙水找平。

2. 插秧适期

插秧质量要求垄正行直，浅播，不缺穴。插秧时期的确定，应考虑以下几方面。①安全出穗期：水稻安全出穗期间温度25～30℃较为适宜，保证出穗有适合的有效积温以保证其安全成熟。一般8月上旬出穗为宜。②插秧时的温度：一般情况下水稻生长最低温度14℃，泥温13.7℃，叶片生长温度13℃。③要保证足够的营养生长期，使中期的生殖期和后期有一定的灌浆结实期。根据主栽品种生育期及所需的积温量安排插秧期。当地气温稳定通过12.5℃，泥温稳定通过15℃时为插秧始期。

3. 密度

机械插秧规格为30厘米×10厘米、23.8厘米×12厘米，30～35穴/米^2，4～5株/穴，基本苗数130～150株/米^2。

种子田机械插秧密度30厘米×(10～12)厘米，25～27穴/米^2，4～5株/穴，基本苗数100～120株/米^2。

八行插秧机往复结合线应加大到35～40厘米。

机械插秧标准为早、密、浅、正、直、满、扶，插后同步补苗。保证做到适时抢早，合理密植，保证田间基本苗数，插秧深度2厘米以内，插深小于1厘米，穗虽多而穗小，不抗倒伏，插深大于2厘米，穗少而不能高产，秧苗栽得正，插行要直，格田四周插满插严，插后立即放水扶苗，插秧同步补苗。摆栽标准为适、平、扶，即保证做到适时摆栽、钵面与泥面平、摆后及时放水扶苗，防止晒干。

（三）肥水管理

1. 水稻施肥技术标准

以水稻肥效反应线来表示。水稻肥效反应线是指水稻在 N 叶期施肥，肥效反应在 $N+1$ 叶较少，$N+2$ 叶较多的现象。按照水稻生育叶龄进程，根据肥效反应线的原理进行科学合理施肥，使肥效发挥最大作用，确保水稻生长发育。

施肥总的原则是因地因苗施肥，土地肥沃、地力条件好、苗长得壮的少施，尤其是氮肥，以不施氮肥为好。地力瘠薄、肥力较差的多施，苗长势差的地块应早施、重施肥料。如计划667米^{2}单产在550～600千克时，应每667米^{2}施用化肥25～30千克，其中，旱改水5年以内的稻田施氮、磷、钾肥总量为25千克，6～10年稻田施肥量为27～28千克，11年以上的稻田施肥量为30千克。每667米^{2}施肥25千克时，用尿素9千克、磷酸二铵6千克、硫酸钾10千克，另施硅肥20～30千克。

基肥要在最后一遍水整地前全田施入或在搅浆整地的同时用施肥器施入，随整地耙入土中8～10厘米。注意磷肥不能表施，以免引起表层磷肥富集诱发水绵发生。

蘖肥在水稻返青后，约4叶期立即施入，分2次施用，第1次将80%全田施入，余20%在6叶期因苗施入。苗子长得瘦弱的早施，苗子长得壮的晚施或不施。

调节肥要占氮肥总量的10%，水稻倒4叶前后，11叶品种8叶前后，水稻抽穗前30天左右，功能叶明显褪淡2/3时施入。如不使用调节肥，则将10%调节肥用于蘖肥，即蘖肥由30%调整为40%。

穗肥要在水稻倒二叶露尖到长出一半时，10叶品种在9叶、11叶品种在10叶、12叶品种在11叶露尖到长出一半时施用，占氮肥总量的30%，占钾肥总量的60%。施肥时观察田间是否出现拔节黄，底叶有无枯萎出现，如未出现拔节黄褪淡时则晚施；底叶有枯萎、干尖现象先放水壮根，后复水施肥。

穗肥中氮肥的施用在群体中要适宜，叶色正常时，群体在有效分蘖临界期，即$N-n+1$（N为主茎总叶数，n为伸长节间数），也就是11叶品种8叶期按时够茎数，$N-n+1$叶龄期后叶色按时褪淡落黄，达到预期要求，则可按照原定的穗肥总量施肥，常规田在倒2叶露尖到长出一半时施保花肥，高产攻关田则在倒4叶、倒2叶期分施促花肥和保花肥；群体适宜或较小，叶色褪淡落黄出现较早时，在$N-n+1$叶龄期落黄或该期不够茎数，穗肥应提早施用，在倒5叶期施用调节肥，倒2叶期、倒4叶期施用穗肥，以保花肥为主；群体适宜、叶色过深时，$N-n+1$叶龄期以后叶色不褪淡，穗肥一定要等到群体叶色落黄时才能在倒2叶期施用保花肥；群体过大，叶色正常时，$N-n+1$叶龄期茎数过多，只要在$N-n+2$叶龄期能够正常落黄的，常规生产田应按原计划在倒2叶期施用保花肥，高产攻关田则在倒4叶、倒2叶期施用促花肥和保花肥。

常规生产田叶面追肥代替粒肥，高产攻关田依据田间叶龄诊断，在抽穗后如田间出现落黄现象时，可以亩施总氮量的10%，约合尿素1千克做穗肥，在水稻抽穗后8天以内施完。

水稻全生育期结合防病叶面追肥2～3次。水稻营养生长期（7月10日前）叶面肥以酿造米醋、氨基酸类微肥为主，水稻生殖生长期（7月10日后）应以酿造米醋、磷酸二氢钾等促早熟微肥为主，严禁使用含氮量大的微肥。

进行秸秆还田的地块，在现有氮肥施肥水平的基础上不能降低氮肥用量，因为在秸秆腐烂过程中需要消耗一定数量的氮素，所以，秸秆还田的地块每667米^{2}增施碳酸氢铵8～10千克、石灰20千克，加速秸秆腐烂。八行机插由于水稻插秧规格变小，田间基本苗数增加，前期控制个体、群体使其生长过旺，以减少无效分蘖，防止封行过早，生产上注意增施磷钾肥、硅肥，以提高水稻抗逆性，尤其是抗病、抗倒伏性能。水稻生育后期视田间水稻长势长相，按照水稻叶龄进程做到三看施穗肥。切忌中后期氮肥用量过大，田间水稻长势过旺，加重水稻病害、倒伏现象的发生。

2. 水稻灌溉技术

井灌区灌溉定额 400 米^3/亩，自流灌区灌溉定额 500 米^3/亩。做到早春截留桃花水、充分利用天降水、科学利用循环水、合理开发地下水，提高水资源的利用率。

(1) 井水综合增温　利用散水槽、长渠道、隔墙式晒水池、叠水板、渠道覆膜、回水灌溉等综合增温措施，保证 6 月份（水稻分蘖期）井水入田水温 15℃以上，7 月份（水稻长穗期）入田水温 17℃以上，减数分裂期入田水温 18℃以上，8 月份（水稻结实期）入田水温 20℃以上。

(2) 灌溉技术　①返青期灌溉：水稻插秧水深 1 厘米左右后及时放水扶苗，水深为苗高的 2/3，为 5～7 厘米，以不淹没秧苗心叶为准，以水护苗，以水增温，促进水稻早返青。②分蘖期灌溉：水稻返青后，进行浅水灌溉，保持水层 3～5 厘米，以浅水增温促蘖，使其早生快发。水稻至有效分蘖临界叶位，即 $N-n+1$ 叶龄期，10 叶品种 7 叶、11 叶品种 8 叶、12 叶品种 9 叶，田间茎数达到计划茎数 80％时，在 $N-n$ 叶期，撤水晾田 3～5 天，标准是地表呈湿润状态或地表发白呈火柴杆微裂，以控制 $N-n+2$ 叶龄期（11 叶品种 9 叶期）的无效分蘖发生。③长穗期灌溉：水稻晾田后进入间歇灌溉，灌 3～5 厘米水层后停灌，让其自然渗干，直到地表无水，脚窝尚有浅水时，再灌 3～5 厘米水层，如此反复。如无低温冷害至出穗前 3～4 天再晾田 1～2 天，目的是不断向土壤中通气，增加土壤中的氧气含量，提高水稻根系活力，做到以水换气、以气养根、以根保叶、以叶保产。④结实期灌溉：水稻进入抽穗期后保持水层 3～5 厘米，齐穗后由浅水层转入间歇灌溉。⑤停灌期：水稻抽穗后 30 天以上，进入蜡熟末期再停灌，到黄熟期再排干。要严防深水淹灌，对于部分低洼地要强行排水，增加晾田的次数，增强根系活力，提高其抗倒伏性、抗病性。八行机插的稻田晾田时间应比常规晾田时间提早3～5天，并增加晾田次数。

3. 关键技术要点

(1) 晾田控蘖 水稻在N叶抽出时晾田，对$N-2$叶的分蘖芽的生长影响最大，其次为$N-1$叶分蘖芽，对$N-3$叶的分蘖芽无显著影响。因此，要控制有效分蘖叶龄期，即$N-n+1$、后一叶、$N-n+2$产生的无效分蘖，最适的晾田期为$N-n$叶龄期。如11叶品种有效分蘖临界叶龄期为8叶期，晾田控制无效分蘖的最适时期为7叶期，预计有效分蘖临界叶位田间茎数达到计划茎数80%时，及时晾田，对控制9叶龄期无效分蘖效果最好，而8叶期的分蘖可以正常生长，成为有效分蘖。

(2) 田间出现气泡时灌溉 进入7～8月份以后气温逐步升高，有些田块，特别是秸秆还田地块出现冒泡现象时，要及时撤水晾田，进行气体交换，排出田间硫化氢、氨气、甲烷等有毒气体，增加土壤氧气含量，促进根系发育，做到通氧壮根，养根保叶，确保后四片绿叶面积，特别是高效叶面积，提高光合生产能力。

(3) 预防水稻障碍型冷害 当水稻剑叶叶耳间距处于下叶叶耳±5厘米范围内，以及10叶品种9叶、11叶品种10叶、12叶品种11叶，是水稻减数分裂小孢子四分体时期，对17℃以下低温特别敏感，为了防御水稻障碍型冷害的发生，根据天气预报，如有17℃以下低温时，应灌温度18℃以上的水17～20厘米，预防水稻障碍型冷害的发生。在低温来临前，即抽穗前15日逐步加深水层，当低温来临时再加深水层到17～20厘米。值得注意的是如果灌溉水温达不到18℃时，则不要灌冷水，以免造成人为冷害。垫好出水口：水稻插秧后及时垫好出水口，出水口高度5厘米，以防止插秧后降雨格田内积水过深淹没水稻秧苗心叶造成药害。更换进水口：水稻生育期进行田间灌溉时，要经常更换进水口，做到每7～10天更换一次进水口，以免长期使用一个进水口，进水口处水温长期较低，水稻贪青晚熟，降低水稻产量和品质。

(四) 收获贮藏

水稻抽穗后40天以上，活动积温850℃以上，多数穗颖壳变黄，小穗轴及护颖变黄，水稻黄化完熟率95%以上为收获适期。

（1）机械割晒　横插竖割，割茬12～15厘米，直接捆捆后码人字码或铺晒3～5天，稻谷水分降至16%左右时及时拾禾或人工捆捆码垛，严防干后遇雨，干湿交替，增加水稻惊纹粒，降低稻谷品质。

（2）人工收获　人工收割水稻要捆小捆，直径20厘米左右，码人字码，翻晒干燥，稻谷水分降至16%时及时上小垛码在池埂上，防止因雨雪使稻谷反复干湿交替，增加惊纹粒，降低稻谷品质。

（3）机械直收　枯霜后稻谷水分降至16%左右时进行直收，严防稻谷捂堆现象发生，及时倒堆，降低水分，严防温度过高产生着色米而影响稻谷品质。水稻直收综合损失率3%以内，谷外糙米不超过2%。

四、加工

（一）黑米粉丝加工方法

（1）工艺　黑米清洗、浸泡→粉碎→添加辅料及拌和→造粒→蒸料→挤丝→熟化→分丝、干燥→分拣、切割、计量、包装。

（2）主要设备　粉碎机、粉丝机、蒸料器、挤丝机。

（3）操作要点　选用无虫蚀、无霉变的黑米为原料，经拣选、淘洗干净后浸泡，夏季泡3～4小时，冬季泡5～6小时，泡到手捻米即烂时取出沥水。黑米粉碎时应保持含水量在20%～25%，而且必须进料均匀。其粉末粒度全部通过60目筛。粉碎后的黑米粉，再加入适量的辅料及10%清水拌匀后，放入粉丝机进行造粒。出丝规格为直径1毫米、长2～3米，保温熟化2小时，熟化后的粉丝放在竹竿上进行分丝，而后晒干或烘干，使其含水量在13.5%～14%，再将粉丝分拣切割后包装。

（二）黑米速熟挂面加工技术

（1）原料与配方　特一粉93%；黑米粉5%～6%；粉末油脂2%～5%；食盐2%～3%；纯碱0.15%；羧甲基纤维素钠（CMC-Na）0.1%；水25%～28%。

（2）工艺流程　粉末油脂、黑米粉→配料→和面→熟化→压片→切条→剪齐→烘干→切断→计量→包装→成品。

（3）操作要点 ①粉末油脂的制备：用水解大豆蛋白质将大豆油水包油型乳化覆盖后，喷雾干燥而成，油分约占70%。②黑米粉的制备：黑米经拣选、淘洗干净后进行浸泡，夏天泡3～4小时，冬季泡5～6小时，泡到手捻米烂即可，然后取出沥干，磨制成粉，要求越细越好。③和面：将特一粉、黑米粉、粉末油脂、羧甲基纤维素钠准确称量后投入和面机中，水、食盐和纯碱也一并加入，开动和面机，转速控制在70转/分钟，和面时间以14～18分钟为宜。④熟化：将上述面团送入熟化机中充分舒展面筋，要求熟化机转速5～10转/分钟，熟化时间30分钟。⑤压片：熟化后面团经辊轧压成面带，调节辊距，厚度逐渐缩小，面筋组织逐渐分布均匀，强度逐步提高。面带经切条机连续切成适当粗细的面条，面条形状可随切条辊刀的形式而变化。⑥干燥：面条干燥要求在烤房中进行，烘房温度为50～55℃，湿度55%～65%，需12～13小时。⑦切断、计量、包装。

（三）黑米粥加工技术

（1）配方 黑粳米∶白糖∶黑芝麻∶核桃仁∶花生仁∶瓜子仁为24∶8∶4∶2∶1∶1。

（2）主要设备 粉碎机、自熟挤压膨化机、混合机、搅拌机、塑料封口机。

（3）工艺 ①选料：选择无虫、无霉变、新鲜、清洁的黑粳米及各种辅料，白糖不能结块。在光照良好的环境下精心除去沙石等杂质。②粉碎：将精选过的粳米、白糖放入粉碎机料斗内粉碎，出料经80目筛网筛选，筛上物再投入料斗内粉碎。③膨化：将处理过的原料送入膨化机，在150℃以上温度瞬间膨化，并切成1厘米长的圆柱形。把膨化切条后的料送入粉碎机中进行粉碎。④制辅料：将辅料放进烘箱，升温至150℃，烘烤约30分钟，至烘熟产生香味为止，取出粉碎备用。将已膨化和粉碎处理过的主料与配料按比例投入搅拌机搅拌混合均匀。⑤计量包装：采用自动计量包装机用塑料薄膜袋热合封口包装，每小袋装45克，每10小袋组成1大袋，外用纸盒包装。

第四节 黑水稻病虫害防治

一、非生理性病害防治

（一）水稻恶苗病

（1）危害症状 又称徒长病。病谷播种后不发芽。病苗细高，叶片叶鞘细长，叶色淡黄，根系发育不良，部分病苗在移栽前死亡。在枯死苗上有淡红或白色霉粉状物（图 3-2，见彩图）。

图 3-2 水稻恶苗病病株

图 3-3 水稻稻苗疫病病株

（2）发生规律 带菌种子和病稻草是该病发生的初侵染源。土温 30～50℃时易发病，伤口有利于病菌侵入；旱育秧、增施氮肥和施用未腐熟有机肥易发病；一般籼稻较粳稻发病重，糯稻发病轻，晚播发病重于早稻。

（3）无公害综合防治技术 ①加强栽培管理，催芽不宜过长，拔秧时要尽可能避免损根。②清除病残体，及时拔除病株并销毁。③种子处理：用 1%石灰水澄清液浸种，15～20℃时浸 3 天，25℃浸 2 天，水层要高出种子 10～15 厘米，避免直射光。

（二）水稻稻苗疫病

（1）危害症状 主要为害秧苗叶片。叶上初生黄白色小圆斑，后扩展成灰绿色水渍状不规则条斑，使叶片纵卷或折倒。湿度大时病斑上可见白色稀疏霉层（图 3-3，见彩图）。

（2）发生规律　病菌在土壤中越冬，翌年在水存在条件下萌发，产生游动孢子并侵入为害。相对湿度 60%～90%时只产生淡褐色小斑。发病适宜温度 16～21℃，气温超过 25℃病害受抑。播种过密，秧苗弱易发病。偏施氮肥发病重。

（3）无公害综合防治技术　①加强肥水管理，要浅水勤灌，防止串灌。②药剂防治：秧苗 3 叶期喷洒 72%霜霉威水剂 800 倍液或 64%杀毒矾可湿性粉剂 600 倍液。

（三）水稻烂秧病

（1）危害症状　烂秧是秧田中发生的烂种、烂芽和死苗的总称。烂种指播种后不能萌发的种子或播后腐烂不发芽；烂芽指萌动发芽至转青期间芽、根死亡的现象；死苗指第一叶展开后的幼苗死亡，多发生于 2～3 叶期（图 3-4，见彩图）。

图 3-4　水稻烂秧病病田

图 3-5　水稻霜霉病病田

（2）发生规律　真菌在多种寄主的残体上或土壤中越冬，借气流传播。多由种子储藏期受潮、浸种不透、换水不勤、催芽温度过高或秧田水深缺氧或暴热、高温烫芽、在三叶期左右缺水而造成的，如遇低温袭击，或冷后暴晴则加快秧苗死亡

（3）无公害综合防治技术　①精选种子：选成熟度好、纯度高且干净的种子，浸种前晒种。②浸种要浸透，以胚部膨大突起，谷壳呈半透明状，透过谷壳隐约可见月夏白和胚为准，但浸种时间不

能过长。③药剂防治：15%立枯灵液剂，每盘用0.9克兑水1升喷洒，水稻秧苗一叶一心期可喷500倍液。

(四) 水稻霜霉病

(1) 危害症状　又称黄化萎缩病。发病初叶片上产生黄白小斑点，后形成表面不规则条纹，斑驳花叶，心叶淡黄、卷曲，不易抽出，下部老叶渐枯死，根系发育不良，植株矮缩（图3-5，见彩图）。

(2) 发生规律　病菌随病残体在土壤中越冬。借水流传播，卵孢子在10～26℃都可萌发。秧苗期是水稻主要感病期，大田病株多从秧田传入。秧田水淹、暴雨或连阴雨发病严重，低温有利于发病。

(3) 无公害综合防治技术　①清除病源，拔除杂草、病苗。②药剂防治：发病初期喷洒25%甲霜灵可湿性粉剂800～1000倍液或90%霜疫净可湿性粉剂400倍液。

(五) 水稻白绢病

(1) 危害症状　主要为害晚稻秧苗或成株的茎基部，病部呈褐色，表面产生白色绢丝状菌丝体，后期形成很多黄褐色小菌核，病株叶片变黄，整株枯萎（图3-6，见彩图）。

图3-6　水稻白绢病根茎部受害

图3-7　水稻稻瘟病受害大田

(2) 发生规律　病菌可在土壤中越冬，直接由土壤中侵染地下根、茎基部或与地面接触的植株叶部，引起苗枯。

（3）无公害综合防治技术　①精选种子：选成熟度好、纯度高且干净的种子，浸种前晒种。②浸种时要浸透，以胚部膨大突起，谷壳呈半透明状，透过谷壳隐约可见月夏白和胚为准，但浸种时间不能过长。③药剂防治：15%立枯灵液剂，每盘用0.9克兑水1升喷洒，水稻秧苗一叶一心期可喷500倍液。

（六）水稻稻瘟病

（1）危害症状　又称稻热病、火烧瘟、叩头瘟，主要为害叶片、茎秆。病苗基部灰黑，上部变褐，卷缩而死，湿度较大时病部产生大量灰黑色霉层。枝梗或穗轴受害造成小穗不实。谷粒瘟产生褐色椭圆形或不规则斑，可使稻谷变黑（图3-7，见彩图）。

（2）发生规律　病菌在稻草和稻谷上越冬，借风雨传播到稻株上，萌发侵入寄主向邻近细胞扩展发病，形成中心病株。适温高湿，雨、雾、露存在条件下有利于发病。菌丝生长温限8～37℃，最适温度26～28℃。相对湿度90%以上。阴雨连绵，日照不足或时晴时雨，或早晚有云雾或结露条件，偏施过施氮肥有利发病。放水早或长期深灌根系发育差，抗病力弱则发病重。

（3）无公害综合防治技术　①消灭菌源：处理病稻草，消灭菌源。采用配方施肥技术，后期做到干湿交替，促进稻叶老熟，增强抗病力。②种子处理：用56℃温汤浸种5分钟。也可用1%石灰水浸种，10～15℃浸6天，20～25℃浸1～2天，石灰水层高出稻种15厘米，静置，捞出后用清水冲洗3～4次。③药剂防治：发病初期喷洒20%三环唑可湿性粉剂1000倍液或用40%稻瘟灵乳油1000倍液喷雾，连防2～3次。

（七）水稻胡麻斑病

（1）危害症状　又称水稻胡麻叶枯病。种子芽期受害，芽鞘变褐，芽未抽出，子叶枯死。病重谷粒质脆易碎。气候湿润时，上述病部长出黑色绒状霉层（图3-8，见彩图）。

（2）发生规律　病菌在病残体或附在种子上越冬，借风雨传播进行再侵染。高温高湿、有雾露存在时发病重。酸性土壤、沙质土、缺磷少钾时发病。旱秧田发病重。菌丝生长温限5～35℃，24～30℃最适。萌发温限2～40℃，24～30℃最适。孢子萌发需有

图 3-8　水稻胡麻斑病苗期受害

图 3-9　水稻叶鞘腐败病抽穗期受害

水滴存在，相对湿度大于 92%。饱和湿度下 25～28℃，4 小时就可侵入寄主。

（3）无公害综合防治技术　①深耕灭茬，压低菌源。增施腐熟堆肥做基肥，及时追肥，增施磷钾肥，适当施用石灰。要浅灌勤灌，避免长期水淹造成通气不良。②药剂防治：初期喷洒 20%三环唑（克瘟唑）可湿性粉剂 1000 倍液或用 40%稻瘟灵乳油 1000 倍液喷雾，连防 2～3 次。

（八）水稻叶鞘腐败病

（1）危害症状　幼苗染病：叶鞘上生褐色病斑，边缘不明显。孕穗期染病：剑叶叶鞘受害严重，叶生褐色不规则病斑，中间色浅，边缘黑褐色较清晰，后向整个叶鞘上扩展，致叶鞘和幼穗腐烂。湿度大时病斑内外现白色至粉红色霉状物（图 3-9，见彩图）。

（2）发生规律　种子带菌率 60%，病菌可侵至颖壳、米粒，病菌在种子上可存活到翌年 8～9 月；借气流传播，进行再侵染。高温时病菌侵染率低，但病菌在体内扩展快，发病重。生产上氮磷钾比例失调，尤其是氮肥过量或缺磷及田间缺肥时发病重。早稻及易倒伏品种发病也重。

（3）无公害综合防治技术　①合理施肥，避免偏施、过施氮肥，做到分期施肥，防止后期脱肥、早衰。沙性土要适当增施钾肥。②药剂处理：喷洒 50%苯菌灵可湿性粉剂 1500 倍液，隔 15

天1次，防治1～2次。

（九）水稻紫鞘病

（1）危害症状 水稻抽穗后，剑叶叶鞘上产生密集的针尖大小的紫色小点，后全叶鞘变为紫褐色，叶鞘外壁尤其明显，发病重的剑叶提早7～10天枯死（图3-10，见彩图）。

图3-10 水稻紫鞘病叶片受害

图3-11 水稻叶黑肿病病田

（2）发生规律 病菌可侵至颖壳、米粒，病菌在种子上可存活到翌年8～9月，借气流传播。高温时病菌侵染率低，但病菌在体内扩展快，发病重。生产上氮、磷、钾比例失调，尤其是氮肥过量或缺磷及田间缺肥时发病重。

（3）无公害综合防治技术 ①合理施肥，避免偏施、过施氮肥，做到分期施肥，防止后期脱肥、早衰。沙性土要适当增施钾肥。②药剂处理：6%水稻已抽穗时，喷洒50%苯菌灵可湿性粉剂1500倍液，此外，每667米^{2}可选用50%多菌灵60克，加5%井冈霉素80毫升，兑水65～70升混合喷洒，防效达80%以上。

（十）水稻叶黑肿病

（1）危害症状 稻叶染病，病斑初为散生或群生的小褐色斑点，沿叶脉呈断续的线状，后稍隆起后变成黑色，病斑四周变为黄色，重病叶病斑满布，叶片提早枯黄，叶尖破裂成丝状（图3-11，见彩图）。

（2）发生规律 病菌在病残体或病草上越冬，借风雨传播侵入叶片。土壤瘠薄的缺肥田，尤其是缺磷、缺钾田块发病重。田边、路旁或营养不良的植株基部叶片易发病，早熟品种较晚熟品种发病重。

（3）无公害综合防治技术　病稻草要及早作堆肥处理，待充分腐熟后再施入田间，合理施肥，防止后期早衰。

（十一）水稻菌核秆腐病

（1）危害症状　侵害稻株下部叶鞘和茎秆，初在近水面叶鞘生褐色小斑，后扩展为黑色纵向坏死线及黑色大斑，上生稀薄浅灰色霉层，病鞘内常有菌丝块。一般不致水稻倒伏，后期在病斑表面和内部形成灰褐色小粒状菌核（图 3-12，见彩图）。

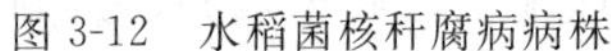

图 3-12　水稻菌核秆腐病病株

图 3-13　水稻纹枯病病株

（2）发生规律　主要以菌核在稻桩和稻草或散落于土壤中越冬。当整地灌水时菌核浮于水面，黏附于秧田或叶鞘基部，遇适宜条件菌核萌发后产生菌丝侵入叶鞘，后在茎秆及叶鞘内形成菌核。施氮肥过多、过迟，水稻贪青则病重。单季晚稻较早稻病重。高秆品种较矮秆品种抗病，抗病性糯稻大于籼稻，籼稻大于粳稻。抽穗后易发病，虫害重伤口多则发病重。

（3）无公害综合防治技术　①减少菌源：病稻草要高温沤制，收割时要齐泥割稻。插秧前打涝菌核。浅水勤灌，适时晒田，后期灌跑马水，防止断水过早。多施有机肥，增施磷、钾肥，忌偏施氮肥。②药剂防治：在水稻拔节期和孕穗期喷洒 40％克瘟散或 40％

富士1号乳油1000倍液。

(十二) 水稻纹枯病

(1) 危害症状 又称云纹病。苗期至穗期都可发病。叶片染病，病斑呈云纹状，边缘褪黄，发病快时病斑呈污绿色，叶片很快腐烂，茎秆受害，后期呈黄褐色，易折。高温条件下病斑上产生一层白色粉霉层（图3-13，见彩图）。

(2) 发生规律 病菌主要以菌核在土壤中越冬，也能以菌丝体在病残体上或在田间杂草等其他寄主上越冬。高温高湿易发病。气温18～34℃都可发生，以22～28℃为最适温度。发病相对湿度70%～96%，90%以上最适。生长前期雨日多、湿度大、气温偏低，病情扩展缓慢，中后期湿度大、气温高，病情迅速扩展，长期深灌，偏施、迟施氮肥，水稻郁闭、徒长可促进纹枯病的发生和蔓延。

(3) 无公害综合防治技术 ①打捞菌核，减少菌源。施足基肥，追肥早施，不可偏施氮肥，增施磷、钾肥，使水稻前期不披叶，中期不徒长，后期不贪青。灌水做到分蘖浅水、够苗露田、晒田促根、肥田重晒、瘦田轻晒、长穗湿润、不早断水、防止早衰。②药剂防治：分蘖后期病穴率达15%即施药防治。广灭灵水剂500～1000倍液或5%井冈霉素100毫升兑水50升喷雾或兑水400升泼浇。

(十三) 水稻叶尖枯病

(1) 危害症状 又称水稻叶尖白枯病。主要为害叶片，病害开始发生在叶尖或叶缘，然后向下扩展，形成条斑。病斑初墨绿色，渐变灰褐色，最后枯白（图3-14，见彩图）。

(2) 发生规律 病菌在病叶和病颖壳内越冬。借风雨传播至水稻叶片上，经叶片、叶缘或叶部中央伤口侵入。暴风雨后，稻叶造成大量伤口，病害易大发生。施氮过多、过迟发病重，增施硅肥发病轻。水稻分蘖后期不及时晒田，积水多，发病重。田间密度大，发病重。发病适温25～28℃，菌丝生长温限10～35℃，最适温度22～25℃。

(3) 无公害综合防治技术 ①加强种子检疫，施足有机肥，增

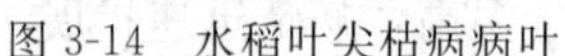
图 3-14　水稻叶尖枯病病叶

图 3-15　水稻窄条斑病病叶

施磷、钾肥和硅肥。分蘖期要适时、适度晒田，生长后期干干湿湿。栽培不可过密，降低田间湿度。②药剂防治：在水稻孕穗至抽穗扬花期，发现中心病株后选用 40% 多菌灵胶悬剂每 667 米^2 40 毫升或 40% 禾枯灵可湿性粉剂每 667 米^2 60～75 克，兑水 60 升喷雾。

（十四）水稻窄条斑病

（1）危害症状　又名稻条叶枯病、褐条斑病、窄斑病。叶片染病，初为褐色小点，后向两边扩展，呈两边红褐色、中央灰褐色的短细线条状斑，抗病品种的病斑线条短、病斑窄、色深（图 3-15，见彩图）。

（2）发生规律　病种子或带菌病残体为主要初侵染源，随风雨传播至稻田。病菌在 6～33℃都可发育，25～28℃最适。缺磷，长势不良，发病重；长期深灌发病重；阴雨高温气候有利病害发生。单季晚稻一般受害较重。

（3）无公害综合防治技术　在病害发生时，采用种子消毒剂 500 倍液消毒种子，在秧苗 3～4 叶期和秧苗 2 叶期采用灭菌丹 600 倍液喷施 2 次。

（十五）水稻谷枯病

（1）危害症状　在水稻抽穗后 2～3 周为害幼颖较重，初在颖壳顶端或侧面出现小斑，后病斑融合为不规则大斑，扩展到谷粒大部或全部，后变为枯白色，其上生有许多小黑点（图 3-16，见彩图）。

图 3-16　水稻谷枯病稻谷

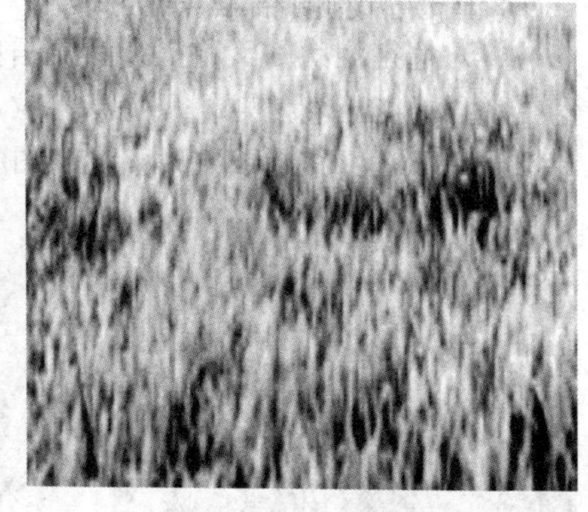

图 3-17　水稻一炷香病大田

（2）发生规律　病菌在稻谷上越冬，借风雨传播，水稻抽穗后，侵害花器和幼颖。花期遇暴风雨，稻穗相互摩擦，造成伤口有利病菌侵入。生产上氮肥施用过量或迟施氮肥或冷水灌田，利于病害发生。

（3）无公害综合防治技术　①选用无病种子，合理施肥，采用配方施肥技术，改造冷水田。②药剂防治：发病初期喷洒 20%三环唑可湿性粉剂 1000 倍液或用 40%稻瘟灵乳油 1000 倍液喷雾，连防 2～3 次。

（十六）水稻一炷香病

（1）危害症状　主要为害穗部。水稻抽穗前，病菌在颖壳内长成米粒状子实体，将花蕊包埋在内，外壳渐变黑，同时还有菌丝将小穗缠绕，使小穗不能散开，抽出的病穗为直立圆柱状，故称“一炷香”。病穗初淡蓝色，后变白色，上生黑色粒状物（图 3-17，见彩图）。

（2）发生规律　病菌混入种子中越冬，种子带菌是发病的主要原因。土壤无传病作用。该病是系统侵染性病害，带菌种子播种后，病菌从幼芽侵入，造成当年发病。

(3) 无公害综合防治技术 ①加强检疫，防止带菌种子进入无病区。②种子处理：采用盐水选种或泥水选种，或用 52～54℃温汤浸种 10 分钟杀死种子上的病菌。

(十七) 水稻稻粒黑粉病

(1) 危害症状 又称黑穗病、稻墨黑穗病、乌米谷等。主要发生在水稻扬花至乳熟期，只为害谷粒，每穗受害 1 粒或数粒乃至数十粒，一般在水稻近成熟时显症（图 3-18，见彩图）。

图 3-18 水稻稻粒黑粉病

图 3-19 水稻稻曲病

(2) 发生规律 病菌在种子内和土壤中越冬。通过家禽、畜等消化道病菌仍可萌发。借气流传播到抽穗扬花的稻穗，侵入花器或幼嫩的种子，在谷粒内繁殖产生厚垣孢子。水稻孕穗至抽穗开花期及杂交稻制种田父母本花期相遇差的，发病率高，发病重。此外，雨水多或湿度大、施用氮肥过多也会加重该病发生。

(3) 无公害综合防治技术 ①实行检疫，采用 2 年以上轮作，病区家禽、家畜粪便沤制腐熟后再施用，防止土壤、粪肥传播。加强栽培管理，避免偏施、过施氮肥，做到花期相遇。孕穗后期喷洒赤霉素等均可减轻发病。②药剂防治：可用 40％灭病威胶悬剂 200 毫升，兑水 50 升进行喷雾。

(十八) 水稻稻曲病

(1) 危害症状 又称伪黑穗病、绿黑穗病、谷花病。只发生于穗部，为害部分谷粒。受害谷粒内形成菌丝块并渐膨大，内外颖裂开，露出淡黄色块状物后包于内外颖两侧，呈黑绿色后破裂，散生墨绿色粉，风吹雨打易脱落（图 3-19，见彩图）。

（2）发生规律　病菌以落入土中菌核或附于种子上的厚垣孢子越冬。气温 24～32℃病菌发育良好，26～28℃为最适温度，低于 12℃或高于 36℃不能生长。抽穗扬花期遇雨及低温则发病重。抽穗早的品种发病较轻。施氮肥过量或穗肥过重加重病害发生，连作地块发病重。

（3）无公害综合防治技术　①避免病田留种，深耕翻埋菌核。改进施肥技术，基肥要足，慎用穗肥，采用配方施肥。浅水勤灌，后期见干见湿。②药剂防治：用 2％福尔马林或 0.5％硫酸铜浸种 3～5 小时，然后闷种 12 小时，用清水冲洗催芽。抽穗前用 18％多菌酮粉剂或于水稻孕穗末期用 14％络氨铜水剂、稻丰灵或 5％井冈霉素水剂喷洒。

（十九）水稻白叶枯病

（1）危害症状　又称白叶瘟、地火烧。常分为 3 种类型：①叶枯型。主要为害叶片，先出现暗绿色水浸状线状斑，很快沿线状斑形成黄白色病斑，然后沿叶缘两侧或中肋扩展，变成黄褐色，最后呈枯白色，病斑边缘界限明显。②急性凋萎型：主茎或 2 个以上分蘖同时发病，心叶失水青枯，凋萎死亡，其余叶片也先后青枯卷曲，然后全株枯死，也有仅心叶枯死的。③褐斑或褐变型：病斑外围出现褐色坏死反应带，病情扩展停滞（图 3-20，见彩图）。

（2）发生规律　带菌种子、带病稻草和残留田间的病株稻桩是主要初侵染源。由叶片水孔、伤口侵入，形成中心病株，借风雨、露水、灌水、昆虫、人为等因素传播。病菌借灌溉水、风雨传播距离较远，低洼积水、雨涝以及漫灌可引起连片发病。晨露未干病田操作造成带菌扩散。高温高湿、多露、台风、暴雨是病害流行条件，稻区长期积水、氮肥过多、生长过旺、土壤酸性都有利于病害发生。

（3）无公害综合防治技术　①提倡施用酵素菌沤制的堆肥，加强水浆管理，浅水勤灌，雨后及时排水，分蘖期排水晒田，秧田严防水淹。不让病菌与种、芽、苗接触，清除田边再生稻株或杂草。

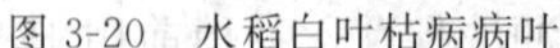

图 3-20 水稻白叶枯病病叶

图 3-21 水稻细菌性条斑病大田

②药剂防治：发现中心病株后，开始喷洒 20%叶枯宁（叶青双）可湿性粉剂，每 667 米^2 用药 100 克，兑水 50 升喷雾。

（二十）水稻细菌性条斑病

（1）危害症状 又称细条病、条斑病。主要为害叶片，病斑初为暗绿色水浸状小斑，病斑两端呈浸润型绿色。病斑上常溢出大量串珠状黄色菌脓，干后呈胶状小粒。病情严重时叶片卷曲，田间呈现一片黄白色（图 3-21，见彩图）。

（2）发生规律 病菌主要由稻种、稻草和自生稻带菌传染，主要从伤口侵入，菌脓可借风、雨、露等传播后进行再侵染。高温高湿有利于病害发生。台风暴雨造成伤口，病害容易流行。偏施氮肥，灌水过深加重发病。

（3）无公害综合防治技术 ①加强检疫，避免偏施、迟施氮肥，配施磷、钾肥，采用配方施肥技术。忌灌串水和深水。②药剂防治：发现中心病株后，开始喷洒 20%叶枯宁（叶青双）可湿性粉剂，每 667 米^2 用药 100 克，兑水 50 升喷雾。

（二十一）水稻细菌性谷枯病

（1）危害症状 水稻齐穗后乳熟期的绿色穗直立，病谷粒初现苍白色似缺水状凋萎，渐变为灰白色至浅黄褐色，内外颖的先端或基部变成紫褐色，护颖也呈紫褐色（图 3-22，见彩图）。

（2）发生规律 播种带病谷粒、高温多日照、降雨量少易发

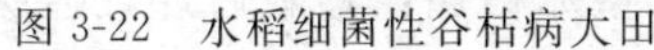

图 3-22　水稻细菌性谷枯病大田

图 3-23　水稻齿矮病大田

病，品种不同抗病性差异明显。

（3）无公害综合防治技术　①加强检疫，防止病区扩大。选用抗病品种。②在抽穗 5%时喷洒 2%春雷霉素溶液 250 倍液或 60%百菌通可湿性粉剂 500 倍液。

（二十二）水稻齿矮病

（1）危害症状　又称裂叶矮缩病。病株矮化，叶尖旋转，叶缘有锯齿状缺刻。心叶的叶尖常旋转十多圈，心叶下叶缘破裂成缺口状，多为锯齿状。于拔节孕穗期发病，在高节位上产生 1 至数个分枝，称"节枝现象"，分枝上抽出小穗，多不结实。有时叶鞘叶脉肿大，病株开花延迟，剑叶缩短，穗小不实（图 3-23，见彩图）。

（2）发生规律　该病传毒媒介主要是褐飞虱，能终身传毒，但不能经卵传至下一代，有间隙传毒现象，水稻感染病毒后经 13～15 天潜育才显症，潜育期长短与气温相关。发病程度与带毒数量有关。

（3）无公害综合防治技术　①加强农业防治，尽量减少单、双季稻混栽面积。深翻地，减少越冬寄主和越冬虫源。合理布局，连片种植，尽可能种植熟期相近的品种，减少介体迁移传病。早播要种植抗病品种。收获时要背向割稻。②治虫防病：把介体昆虫消灭在传毒之前，早稻在冬代叶蝉迁飞前移栽。在越冬代叶蝉迁移期和稻田一代若虫盛孵期进行防治。双季稻区在早稻大量收割期至叶蝉迁飞高峰前后防治。

二、生理性病害防治

（一）水稻赤枯病

（1）危害症状　又称铁锈病，俗称熬苗，有三种类型。①缺钾型赤枯病：在分蘖前发病，病株矮小，生长缓慢，分蘖减少，叶片狭长而软弱披垂，整株仅有少数新叶为绿色，似火烧状。根系黄褐色，根短而少。②缺磷型赤枯病：栽秧后发病，能自行恢复，孕穗期又复发。初在下部叶叶尖产生褐色小斑，黄褐干枯，中肋黄化。根系黄褐，混有黑根、烂根。③中毒型赤枯病：移栽后返青迟缓，株形矮小，分蘖很少。根系变黑或深褐色，新根极少，节上生出须根。严重时整株死亡（图 3-24，见彩图）。

图 3-24　水稻赤枯病病田

图 3-25　水稻倒伏

（2）发生规律　缺钾型和缺磷型赤枯病是生理性疾病。稻株缺钾，当钾、氮比降到 0.5 以下时，叶片出现赤褐色斑点。土壤中缺氧，使苗根扎不稳，随着泥土沉实，稻苗发根分蘖困难，加剧中毒程度。

（3）无公害综合防治技术　①改良土壤，加深耕作层，增施有机肥，早施钾肥。②改造低洼浸水田，做好排水沟。施用的有机肥一定要腐熟，均匀施用。及时耘田，增加土壤通透性。③于水稻孕穗期至灌浆期叶面喷施多功能高效液肥万家宝 500～600 倍液，隔 15 天 1 次。

（二）水稻倒伏

（1）危害症状　在水稻栽培过程中，经常发生不同程度的倒伏，一是基部倒伏，二是折秆倒伏（图 3-25，见彩图）。

（2）发生规律　水稻节间是椭圆形的，表现出一定的扁平度，低位节间的扁平率高于高位节间，经测定倒伏茎比不倒伏茎表现较高的扁平率，与节间的抗倒伏性有关。倒伏茎的低位节间长和总茎长明显大于不倒伏茎。

（3）无公害综合防治技术　①合理施用氮、磷、钾肥，防止偏施、过施氮肥。②合理密植。③对有倒伏趋势的直播水稻在拔节初期喷洒 5%烯效唑乳油。

（三）水稻低温冷害

（1）危害症状　秧苗期受低温为害后，全株叶色转黄，有的叶片呈现褐色，叶片现白色或黄色至黄白色横条斑，俗称“节节黄”或“节节白”（图 3-26，见彩图）。成熟期冷害：谷粒伸长变慢，遭受霜冻时，成熟进程停止，千粒重下降，造成水稻大面积减产。

图 3-26　水稻苗期低温冷害

图 3-27　水稻高温热害

（2）发生规律　水稻发生障碍型冷害的危险温度是 15～17℃。在水稻生育过程中，遇到适温以下的低温条件，光合作用、呼吸作用受到抑制，物质代谢、能量代谢异常。

（3）无公害综合防治技术　适期早播、早插；计划栽培确保安全齐穗，掌握生育指标，决定安全齐穗期；合理施肥；以水增温；大力推广水稻地膜覆盖。

（四）水稻高温热害

（1）危害症状　早稻的开花灌浆期正值盛夏高温季节，经常出现水稻高温热害，造成水稻结实率下降及稻米品质变劣，影响早稻生产（图 3-27，见彩图）。

（2）发生规律　水稻开花期，高温妨碍花粉成熟、花药的开裂、花粉在柱头上发芽及花粉管的伸长，尤其是开花当天遇有高温胁迫，易诱发小花不育，造成受精障碍，严重影响结实率及产量。

（3）无公害综合防治技术　适期播种，使水稻开花期避开高温胁迫，减少损失。提倡施用多得稀土纯营养剂，每 667 米^2 用 50 克，兑水 30 升，于灌浆至孕穗期喷施，隔 10～15 天 1 次，连续喷 2～3 次。

（五）水稻青枯病

（1）危害症状　叶片内卷萎蔫，呈失水状，青灰色，茎秆干瘪收缩，谷壳青灰色，成为秕谷（图 3-28，见彩图）。

图 3-28　水稻青枯病病田

（2）发生规律　多发于晚稻灌浆期，断水过早，遇干热风，失水严重导致大面积青枯。土层浅，肥力不足，或施氮肥过迟也易发生青枯。

（3）无公害综合防治技术　①合理施肥，基肥要施足，追肥要早施，避免施氮过多、过迟，防止贪青或早衰。②于水稻孕穗期喷洒万家宝液肥500倍液，15天后再喷一次。

三、虫害防治

（一）水稻三化螟

（1）危害症状　只为害水稻或野生稻，是单食性害虫。幼虫钻入稻茎蛀食为害。水稻分蘖时出现枯心苗，孕穗期、抽穗期形成“枯孕穗”或“白穗”（图3-29，见彩图）。

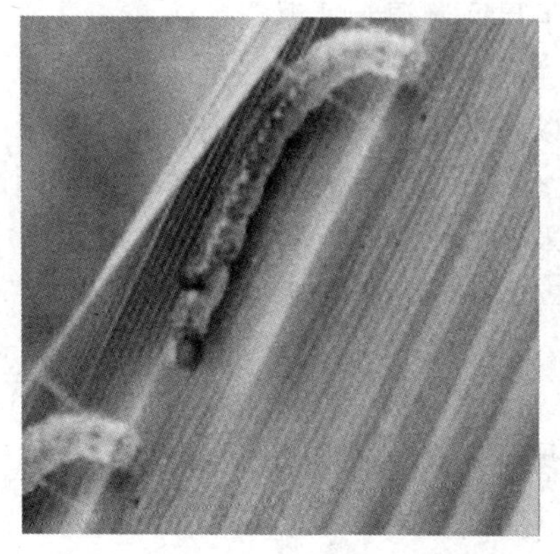

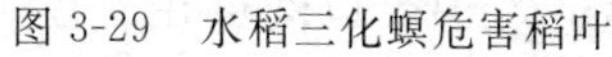

图3-29　水稻三化螟危害稻叶

图3-30　水稻二化螟危害稻叶

（2）发生规律　1年发生2～3代。以老熟幼虫在稻茬内越冬。翌春气温高于16℃，化蛹羽化飞往稻田产卵。成虫白天潜伏在稻株下部，黄昏后飞出活动，有趋光性。幼虫达到2龄，稻穗已抽出，开始转移到穗颈处咬孔向下蛀入，再经3～5天把茎节蛀穿或把稻穗咬断，形成白穗。

（3）无公害综合防治技术　①及时春耕沤田，处理好稻茬，减少越冬虫口基数。对冬作田、绿肥田灌跑马水，不仅利于作物生长，还能杀死大部分越冬螟虫。②防治白穗：在卵的盛孵期和破口吐穗期，采用早破口早用药、晚破口迟用药的原则，在破口露穗达5%～10%时，施第1次药，每667米^{2}用25%杀虫双水剂150～200毫升喷雾。

（二）水稻二化螟

（1）危害症状　水稻分蘖期受害出现枯心苗和枯鞘；二化螟为害造成的枯心苗，幼虫先群集在叶鞘内侧蛀食为害，叶鞘外面出现水渍状黄斑，后叶鞘枯黄，叶片也渐死亡（图3-30，见彩图）。

（2）发生规律　1年发生3～4代，在稻桩、稻草中或其他寄主的茎秆内、杂草丛、土缝等处越冬。气温高于11℃时开始化蛹。低于4龄期幼虫多在翌年土温高于7℃时钻进稻桩；初孵幼虫先钻入叶鞘处群集为害，造成枯鞘，2～3龄后钻入茎秆，3龄后转株为害。该虫生活力强，食性杂，耐干旱、潮湿和低温。

（3）无公害综合防治技术　①灌水杀蛹：即在二化螟初蛹期采用烤田、搁田或灌浅水等措施，以降低化蛹的部位，进入化蛹高峰期时，突然灌深水10厘米以上，经3～4天，大部分老熟幼虫和蛹会被灌死。②药剂防治：每667米^{2}选用5%锐劲特胶悬剂30毫升或20%三唑磷乳油100毫升，兑水50～75千克喷雾或兑水200～250千克泼浇。

（三）水稻大螟

（1）危害症状　幼虫蛀入稻茎为害，造成枯梢、枯心苗、白穗及虫伤株，有大量虫粪排出茎外（图3-31，见彩图）。

（2）发生规律　1年发生2～3代。在温带以幼虫在茭白、水稻等作物茎秆或根茬内越冬，翌春在气温高于10℃时老熟幼虫开始化蛹，蛀入处可见红褐色锈斑块。3龄前常十几头群集在一起，把叶鞘内层吃光，后钻进心部造成枯心。3龄后分散，为害田边2～3墩稻苗，蛀孔距水面10～30厘米，老熟时化蛹在叶鞘处。

（3）无公害综合防治技术　①早春齐泥割除茭白残株，铲除田边杂草，消灭越冬螟虫。②药剂防治：生产上当枯鞘率达5%或始见枯心苗为害状时，及时喷洒18%杀虫双水剂，每667米^{2}施药250毫升，兑水50～75千克。

图 3-31　水稻大螟危害稻叶

图 3-32　水稻稻纵卷叶螟危害稻叶

（四）水稻稻纵卷叶螟

（1）危害症状　以幼虫缀丝纵卷水稻叶片成虫苞，幼虫匿居其中取食叶肉，仅留表皮，形成白色条斑（图 3-32，见彩图）。

（2）发生规律　1 年发生 1～2 代，以蛹和幼虫越冬，有远距离迁飞习性。每年春季，成虫随季风由南向北而来，随气流下沉和随雨水拖带降落下来，成为非越冬地区的初始虫源。成虫有趋光性和趋向嫩绿稻田产卵的习性，喜欢吸食蚜虫分泌的蜜露和花蜜。气温 22～28℃、相对湿度高于 80％利于成虫卵巢发育、交配、产卵。雨日多、湿度大利其发生，田间灌水过深，施氮肥偏晚或过多，引起水稻徒长则为害重。

（3）无公害综合防治技术　①合理施肥，加强田间管理，促进水稻生长健壮，以减轻受害。在稻纵卷叶螟产卵始盛期至高峰期，分期分批放赤眼蜂，每 667 米^2 每次放 3 万～4 万头，隔 3 天 1 次，连续放蜂 3 次。②喷洒杀螟杆菌：每 667 米^2 用每克菌粉含活孢子量 100 亿的菌粉 150～200 克，兑水 60～75 千克，配成 300～400 倍液喷雾。

（五）水稻显纹纵卷叶螟

（1）危害症状　幼虫吐丝把稻叶从边缘向中央卷起，隐藏其内取食叶肉，残留白色网脉，造成植株枯死（图 3-33，见彩图）。

图 3-33 水稻显纹纵卷叶螟危害叶片

图 3-34 水稻中华稻蝗危害植株

（2）发生规律 1 年发生 4～5 代。以 3～4 龄幼虫在发生地的小麦田、谷子田或绿肥田、休闲田的稻桩叶鞘外侧和秆内、再生稻苗及沟边、塘边游草的卷苞内越冬。成虫昼伏夜出，有强趋光性。喜把卵产在稻叶背面。

（3）无公害综合防治技术 ①合理施肥，科学管水，适当调节搁田时间，降低幼虫孵化期田间湿度，或在化蛹高峰期灌深水 2～3 天，杀死虫蛹。②药剂防治：用 40%毒死蜱乳油 75～100 毫升喷雾。

(六) 水稻中华稻蝗

（1）危害症状 成虫、若虫食叶成缺刻，严重时全叶被吃光，仅残留叶脉（图 3-34，见彩图）。

（2）发生规律 1 年发生 1～2 代。以卵块在田埂、荒滩、堤坝等土中 1.5～4 厘米深处或杂草根际、稻茬株间越冬。夜晚闷热时有扑灯习性。初孵若虫先取食杂草，3 龄后扩散为害茭白、水稻或豆类等。

（3）无公害综合防治技术 ①铲埂、翻埂杀灭蝗卵。②保护青蛙、蟾除，可有效抑制该虫发生。③当其进入 3～4 龄后，百株有虫 10 头以上时，应及时喷洒 50%辛硫磷乳油或 50%马拉硫磷乳油 2000～3000 倍液。

第五节 黑水稻的保健食疗

一、黑水稻的保健作用

(1) 清除自由基，延缓衰老　黑米清除活性氧自由基的试验结果表明，其对活性氧自由基的清除率为80.01%～98.49%，提示黑米具有延缓衰老的功能。

(2) 改善营养性贫血　由于黑色稻米中铁含量较高，所以具有明显的改善营养性贫血的功能，用黑米熬粥供妊娠贫血者服用，1个疗程后，63%的患者血红蛋白和铁含量提高11%～56%。

(3) 增强机体免疫力　经实验证明黑米能增加机体免疫相关器官与成分的效率与含量。

(4) 抗动脉粥样硬化　黑米、红米等经过动物试验证实具有降血脂、抗动脉粥样硬化功能。

(5) 镇静和改善睡眠　黑米提取物能明显加强小鼠经戊巴比妥钠处理的催眠作用，具有镇静作用，对失眠病人和睡眠较差的老年人有催眠效果等。

二、黑水稻的食疗作用

黑米具有滋阴补肾、益气强身、健脾开胃、补肝明目、健身暖胃、明目活血、清肝润肠、滑湿益精、补肺缓筋、养精固涩之功效，是抗衰美容、防病强身的滋补佳品。可入药入膳，对头昏目眩、贫血白发、腰膝酸软、夜盲耳鸣症疗效尤佳。

由于黑米所含营养成分多聚集在黑色皮层，故不宜精加工，以食用糙米或标准三等米为宜。

(1) 乌发黑米粥　先取黑芝麻适量，淘洗干净，晒干后炒熟研碎，每次取25克，同黑米50克煮粥，粥成后加白糖适量，调和食之。

(2) 补虚黑米粥　羊骨一副捶碎，陈皮10克去白，高良姜10克，草果2粒，生姜5克，盐少许。将这些用料与水慢火熬成汁，滤出渣，然后加黑米 100 克熬粥。

（3）催乳黑米粥　花生仁 45 克，不去红衣，捣碎后入锅，加适量水煮沸，下黑米 100 克熬成粥，冰糖适量捣碎，和入粥内，稍闷即可食之。

（4）三黑粥　黑米 50 克，黑大豆 20 克，黑芝麻 15 克，核桃仁 15 克。以上材料共同熬粥，加红糖调味食之。常食能乌发润肤，补脑益智，且能补血。适合须发早白、头昏目眩及贫血等患者食用。

（5）黑米银耳大枣粥　黑米 100 克，银耳 10 克，大枣 10 枚。以上材料一同熬粥，熟后加冰糖调味食之。本方能滋阴润肺、滋补脾胃，四季皆可服食。

（6）黑米莲子粥　黑米 100 克，莲子 20 克。以上材料共同煮粥，熟后加冰糖调味食之。此方能滋阴养心、补肾健脾，适合孕妇、老人、病后体虚者食用，健康人食之亦可增强防抗病能力。

第四章 黑大豆栽培技术

第一节 概 述

黑大豆为黑色的大豆，又名乌豆、黑豆，是大豆的一种（图4-1，见彩图）。黑豆籽粒椭圆形或类球形，稍扁，表面黑色或灰黑色，光滑或有皱纹，具光泽，一侧有淡黄白色长椭圆形种脐，质坚硬，种皮薄而脆，子叶2枚，肥厚。黑豆的子叶，绝大多数为黄色，占96%以上，极少数为绿色，即所谓的黑皮青仁。这种黑豆营养价值与药用价值都很高，又被称为药黑豆，是出口的好品种。

黑豆中的微量元素如锌、铜、镁、钼、硒、氟等的含量都很高，对延缓人体衰老、降低血液黏稠度等有作用。黑豆中粗纤维含量高达4%，常食黑豆，可以促进消化，防止便秘。

同时，黑豆又是生产芽菜的优良作物。近年来各地兴起芽菜生产，多选用黑豆、豌豆、香椿、苜蓿等种子，其中小粒黑豆颇受欢迎，成本低而产量高。

黑豆在农业生产上具有特殊用途。在轮作养地中具有不可替代的作用。黑豆根系生长着许多瘤，根瘤内的根瘤菌能固定空气中的游离氮素。据估计，每667米^{2}黑豆每年可固定空气中4.3～7.7千克氮素，相当于25～27千克标准氮肥，是各类作物尤其是谷类作物的最优前茬。黑豆是重要的救灾作物。因为黑豆抗逆性强，具有耐旱、耐瘠薄、耐碱、耐盐等特点，受干旱、雨涝等恶劣环境影响小，适应能力强。而种植其他作物如小麦、玉米等，对肥水条件要求严格，遇到灾年甚至颗粒无收。

(a) 幼苗期黑豆　(b) 分枝期黑豆

(c) 开花期黑豆　(d) 结荚期黑豆

(e) 黑豆籽粒　(f) 成熟期黑豆

图 4-1　黑豆

第二节 生物学特性及对栽培条件的要求

一、形态特征

(一) 根

黑豆根系发达，属直根系，由主根、侧根和根毛三部分组成。主根是由种子的胚根发育而成，是根系形成的主体，向下垂直生长，深达30～50厘米，有的可以达1米以上。主根产生的分枝为侧根，侧根又形成三、四级侧根，水平生长可扩展到40～60厘米。当一株侧根在生长发育过程中，与相邻植株的侧根相遇后，即改变方向，弯曲向下生长。根部密生根毛，通过根毛吸收土壤中的水分和养分。根通过维管束将根毛吸收的水分和养分运送到植株的各个部位。根系生长最适宜的土壤温度为20～25℃，过高或过低都不利于根系发育。氮肥对根系发育有抑制作用，磷肥有促进作用。

黑豆根系生长规律是，苗期根系生长比地上部分快5～7倍，分枝到开花期根系生长最旺盛，结荚期达到高峰，以后逐渐衰弱，种子形成时根系停止生长。

(1) 根瘤的形成　黑豆的根在生长过程中分泌一种物质，诱集根瘤菌于根毛附近。根瘤菌从根毛尖端侵入根部，根细胞受刺激后细胞分类加速，膨大为圆形根瘤。黑豆苗期第二片单叶出现时，根瘤开始形成，初为绿色，逐渐变为粉红色，最后为褐色。

(2) 根瘤的固氮作用　根瘤内的根瘤菌体具有固氮酶，能吸收空气中的游离氮素，经过一系列变化，最后形成谷氨酸，增加了黑豆植株的氮素营养。根瘤长成之前，根瘤菌与黑豆是寄生关系，不具备固氮能力，靠吸收根部营养而生活。而当根瘤菌开始固氮并把合成的氮素营养物质供给黑豆时，根瘤菌与黑豆就变成了共生关系。根瘤形成半个月后开始固氮。最初固氮能力很小，开花期迅速增加，鼓粒期达到最旺盛阶段，约占总固氮量的80%，成熟期固氮能力迅速降低。根瘤菌产生的含氮化合物自身消耗掉1/4，其余通过根部维管束供给黑豆生长发育需要。

（3）环境因素对根瘤固氮的影响　根瘤的形成和根瘤菌固氮能力受光照、温度、水分，以及氮素、氧气和二氧化碳浓度等的影响较大。光照不足，光合产物减少，影响根瘤形成，降低固氮能力；二氧化碳浓度增高，光合产物增加，相对提高固氮能力；根瘤菌是好气细菌，土壤中氧气浓度高，能显著提高固氮能力；根瘤发育的适宜温度是20～25℃，过高或过低对根瘤形成和固氮作用都是不利的；湿度达土壤最大持水量的60%～80%，对固氮有利，水分过多则土壤中的氧气不足；早期施用化学氮肥，能明显抑制结瘤和固氮作用；磷是固氮菌生活的重要营养物质，增施磷肥，固氮能力提高30%以上；钙对根瘤菌的繁殖和结瘤有促进作用；硼能促进根瘤发育；钼是固氮酶的重要成分，在缺钼土壤内只能结瘤，不能固氮；土壤pH 4.8～8.8可保持根瘤菌的正常活力。

（二）茎

黑豆的茎包括主茎和分枝。主茎明显，坚韧，多为圆柱形。主茎长一般50～100厘米，主茎节少者10～25节，分枝8～10个。

黑豆的幼茎有绿色与紫色之分。绿色的开白花，紫色的开紫花。成熟时茎色不一，有淡褐色、褐色、紫色和绿色。茎上生着许多茸毛，有棕色和灰色两种。这些特征都是鉴别品种的重要标志。

黑豆主茎上各节都有叶芽和花芽。叶芽形成分枝，花芽形成花簇。一般主茎基部各节多形成分枝，中上部各节形成花簇。根据主茎和分枝生长状况，把黑豆植株形态分为4种类型，即直立型、半直立型、半蔓生型和蔓生型。

（1）直立型　植株生长健壮，主茎粗壮坚硬，直立不倒，植株较矮，节数少，节间短，结荚密，有限结荚习性居多。

（2）半直立型　主茎较粗壮，直立。但上部较细软，呈波状弯曲，多属无限结荚习性。水肥过多时容易倒伏。

（3）半蔓生型　植株生长较弱，主茎及分枝细长、柔软，比较高大。节间长，荚小且分散，出现轻度爬蔓或缠绕。

（4）蔓生型　主茎不发达，分枝细长，呈强度爬蔓或缠绕状，或匍匐地面，如遇高秆作物，可攀缘生长。小粒，晚熟，生育期长，无限结荚习性。

（三）叶

黑豆是双子叶植物，有子叶、单叶、复叶之分。幼苗出土后首先展开的是1对肥厚的子叶，受光照后产生叶绿素变为绿色，可进行光合作用。随着幼苗的生长，子叶中储存的养分耗尽后，自然枯黄脱落。幼茎上最早是2片对立的单叶，这是胚芽的原始叶，卵圆形，寿命较长。以后再长出的叶子都是3出复叶，每个叶子由3片小叶组成。子叶、单叶都是对生的，主茎和分枝上的复叶为互生。复叶由托叶、叶柄和叶片组成。1对托叶在叶柄与茎连接处的两侧对生，很小，有保护腋芽的作用。

叶有圆形、椭圆形、卵圆形、披针形之分。圆形和椭圆形的叶片一般较大，受光面积也大，但也容易造成冠层封顶，株间郁闭，影响光合作用。披针形叶透光性良好。一般无限结荚习性的品种，植株中部叶片较大，上部叶片较小，有利于株间透光。有限结荚习性的品种，上部叶片较大，下部叶片较小，层次比较清楚。

（四）花

黑豆为总状花序，着生在叶腋间或茎顶端。1个花序上许多花朵簇生在一起，也叫花簇。每朵花都由苞片、花萼、花冠、雄蕊和雌蕊五部分组成。花序基部外层有2个苞片，起包护花芽的作用。苞片之上是花萼，由萼管和5个萼片组成，5个花瓣形状不同，分别是1枚旗瓣、2枚翼瓣、3枚龙骨瓣。龙骨瓣内包有10枚雄蕊和1枚雌蕊，雌蕊居中，雄蕊在外围呈圆筒形，有利于花授粉。

黑豆开花前25～30天开始花芽分化。早熟品种、无限结荚品种花芽分化始期较早，经历时间也短；晚熟品种、有限结荚品种花芽分化期较晚，经历时间也长。花芽分化过程分为6个时期，即花芽分化期，花萼分化期，花瓣分化期，雄蕊分化期，雌蕊分化期，胚珠、花药、柱头形成时期。据观察，不同类型黑豆开花对环境的要求有明显差异。黑豆开花需要较低的温度、较弱的光照和较高的湿度。气温在23～30.9℃时开花最多，占总数的77.7%；温度在19℃以下和34℃以上时很少开花。无限结荚品种开花所需的温度范围较宽，30℃以上仍有22.7%的花朵开放，说明无限结荚品种有较强的适应能力。相对湿度为48%～79.9%时开花比较集中，占总数的70.6%；湿度高于88%和低于20%时未见开花。光照强度为0.4万～12.9万勒克斯时开花最多，占总数的93.5%。无限结荚品种开花对光照的需求范围较宽。

黑豆从出苗到开花，一般需要50～60天，从花蕾膨胀到花朵开放需3～4天，每朵花开放时间约2小时。开花期长的品种，适应于旱少雨的生态环境，在较长的开花期内，只要遇雨，就能获得一定产量。相反，如果开花期短，一旦花期无雨，产量就会受到严重影响。

黑豆多在上午开花，因受品种特征和环境因素影响而不同。据研究，东北上午6～11时开花最多，华北上午6时半到7时开花最多，华中上午8时开花最多。

同一株黑豆的开花顺序，先从主茎下部没有分枝的叶腋节位开花，接着是主茎中部无分枝的节位开花，然后是主茎上部及顶端花序开花。顶端花序开完之后，转下部分枝花序开花。无限结荚品种与有限结荚品种基本一样，都是先主茎，后分枝；各节位开花顺序由下而上，先内层后外层，循环有序。

黑豆雌雄同花，花很小，花朵未开放之前即完成授粉过程，是典型的自花授粉作物，天然杂交率很低，只有0.5%～1%。有的植株花瓣包裹不紧，雌蕊外露，雄蕊花药无内含物，自身不能授粉，称为不育株，异交率为10%～15%。

黑豆花很小，聚生在花轴上称为花序。不同品种的花簇依花轴长短分为3种类型。

（1）长花序型　有限结荚品种大多花序较长，一般为10～15厘米。每个花序上着生20～30朵花不等。

（2）中长花序型　花轴3～5厘米，着生8～10朵花。亚有限结荚品种属于这种类型。

（3）短花序型　花轴较短，长0.5～3厘米，着生3～5朵花。无限结荚品种多属这种类型。

（五）荚

黑豆的果实就是荚，是胚珠受精后由子房发育而成。成熟的荚长2～6厘米，一般4厘米左右，有直形、弯镰形。荚色有褐色、绿色和黑色，荚的表面有灰色或棕色茸毛。每荚内有2～3粒种子。主茎最下部豆荚距地面的高度叫做结荚高度，机器化收获要求结荚有一定高度，以15厘米以上为宜。豆荚成熟后有裂荚现象。成熟至收获期间，高温干燥或收获过晚，容易裂荚落粒，影响产量。

根据花荚的分布和着生状态，分为有限结荚习性、亚有限结荚习性和无限结荚习性。

(1) 有限结荚习性　植株开花后不久，主茎和分枝顶端着生1个大花簇，自封顶，不再向上生长。豆荚多分布在植株中部上部。株形低矮粗壮，分枝较多，开花期集中，结荚密，花序较长。这类品种花期较短，环境条件适宜时，花多荚多产量高。如遇到不良环境，难以自我调节，必定减产，所以稳产性较差。

(2) 亚有限结荚习性　介于有限结荚习性和无限结荚习性之间，而偏于无限结荚习性。主要特征是主茎和侧枝都比较发达，分枝与主茎的高度几乎相同，顶端也着生1簇花荚。在水肥充足或者种植密度较稀的情况下，表现出有限结荚的特征，在一般条件下，又表现出近似无限结荚的习性。

(3) 无限结荚习性　主茎分枝顶端无明显花簇，开花结束后如遇到适宜条件，又可产生新的花簇。植株高大，节间长，茎秆细弱，容易徒长倒伏。这种类型的品种营养生长和开花期长，对恶劣环境的适应能力强。

(六) 种子

黑豆种子由胚珠发育而成。种子包括种皮、子叶和胚三部分，是典型的双子叶无胚乳种子。种皮起保护作用，皮色分黑、乌黑两种。子叶有黄色、青色（即绿色）之分，青色子叶品种较少。种皮外侧凹陷处有明显的脐，种脐有褐色和黑色两种，是鉴别品种的重要标志性状之一。种脐下方有1个小孔，叫做种孔，种子发芽时，胚根由此伸出。

种皮由4层不同细胞组成，最外层是栅状细胞，第二层为圆柱形细胞，第三层为海绵组织，第四层为富含蛋白质的细胞。最外层的栅状细胞排列整齐，其上有1层角质，野生大豆种皮上还有泥膜。有些黑豆品种的种子，种皮内有1层坚硬的不透水层，农民称为“铁豆”（硬实豆），不易发芽，但有利于保持种子生命力。在一般温度、湿度条件下，黑豆发芽力保持年限比黄豆要长1～2年。黑豆种皮的栅状细胞内含有较多的黑色花青素，所以种皮呈黑色。

黑豆种子的胚由胚芽、胚根、胚轴和2片子叶构成。胚根发育成主根，胚芽发育成茎和叶。

黑豆种子形状有圆形、椭圆形、扁圆形、片椭圆形、长椭圆形和肾形，以椭圆形为最多。籽粒大小通常以百粒重表示，一般分为6级。极大粒，百粒重30克以上；特大粒，百粒重24.1克以上；大粒，百粒重18.1～24克；中粒，百粒重12.1～18克；小粒，百粒重6.1～12克；极小粒，百粒重6克以下。

二、对环境条件的要求

（一）对温度的要求

大豆是喜温作物，在温暖的环境下生长良好。发芽最低温度在6～8℃，以10～12℃发芽正常；生育期间以15～25℃为最适温度；大豆进入花芽分化以后，如温度低于15℃则发育受阻，影响受精结实；后期温度降低到10～12℃时灌浆受影响。全生育期要求1700～2900℃的有效积温。大豆幼苗对低温有一定的抵抗能力。一般在温度不低于－4℃时，大豆幼苗只受轻害，低于－5℃时幼苗全部受冻害。幼苗的抗寒力与生长状况有关，在真叶出现前抗寒力较强，真叶出现后抗寒力显著减弱。

（二）对光照和光周期的要求

大豆是喜光作物，对光照条件反应较敏感。由于大豆花荚分布在植株上下部，因此上下部各位置叶片都要求得到充足的阳光，以利于叶片进行光合作用，以便将有机养分输送到各部位花荚。所以栽培过程中要保证大豆群体生长植株透光良好，每层叶片都能得到较好的光照条件，进行光合作用，才能有效提高产量。大豆是短日照作物，就是说在一昼夜的光照与黑暗的交替中，大豆要求较长的黑暗和较短的光照时间。具备这种条件就能提早开花，否则生育期变长。这种对长黑暗、短日照条件的要求，只在大豆生长发育的一定时期有此反映，即当大豆的第一个复叶出现时，就开始出现光周期特性反应。这种反应达到满足的标志，是花萼原基开始出现。从此之后即使放在长光照条件下也能开花结实，对光周期反应结束。大豆光周期反应的这一特性，在大豆引种时应特别注意。品种所处的纬度不同，对日照反应也不同。高纬度地区品种生长在日照较长的环境下，对日照反应不很敏感，属中晚熟品种。因此由北向南引种会加速成熟；半蔓型品种会变得直立，植株变矮，结实减少。相反由南向北引种，会延长生育期，植株变得高大，所以南北不宜大幅度调种。

（三）对水分的要求

大豆需水较多，每形成 1 克干物质，需耗水 600～1000 克。大豆对水分的要求在不同生育期是不同的。种子萌发时要求土壤含有较多的水分，满足种子吸水膨胀萌芽之需，这时吸收的水分，相当于种子风干重的 120％～140％。适宜的土壤湿度为田间最大持水量的 50％～60％，低于 45％，种子虽然能发芽，但出苗困难。种子大小不同，需水多少也不同。一般大粒种子需水较多，适宜在雨量充沛、土壤湿润的地区栽培；小粒种子需水较少，多在干旱地区种植。大豆幼苗时期地上部生长缓慢，根系生长较快，如果土壤水分偏多根系入土则浅，根量也少，不利形成强大根系。这时给土壤增加温度，通气性好，利于根系生长。从初花到盛花期，大豆植株生长最快，需水量增大，要求土壤保持足够的湿润，但又不要雨水过多，气候不湿不燥，阳光充足。初花期受旱，营养体生长受影响，开花结荚数减少，落花落荚数增多。从结荚到鼓粒仍需较多的水分，否则会造成幼荚脱落和秕粒、秕荚。大豆从初花期到鼓粒初期长达 50 多天的时间内，一直保持较高的吸水能力。农谚有“大豆干花湿荚，亩收石八；干荚湿花，有秆无瓜”。说明水分在大豆花荚、鼓粒期是十分重要的环境因素。大豆成熟前要求水分稍少，而气温高，阳光充足则能促进大豆籽粒充实饱满。

（四）对土壤及养分的要求

大豆对土壤适应能力较强，几乎在所有的土壤中均可以生长，对土壤的酸碱度适应范围（pH 值）在 6～7.5 之间，以排水良好、富含有机质、土层深厚、保水性强的壤土最适宜。大豆在田间生长条件下，每生产 50 千克籽粒，需吸收氮素 3.6 千克、磷 0.6～0.75 千克、氧化钾 1.25 千克。大豆在不同阶段吸肥速度和数量与干物质积累相适应。初花期至鼓粒期的 50 多天中，大豆一直保持较高的吸肥能力。从分枝期到鼓粒期吸收的氮素占全生育期吸氮总量的 95.1%，每日吸氮量以盛花到结荚期为最高。这个时期吸收的磷也是最多，达全生育期吸收磷总量的 1/3，其次是苗期和分枝期，占吸收磷总量的 1/4。因此，在大豆栽培中除了播种前在土壤中增施磷肥外，生育期间叶面喷磷肥，增产效果很明显。对氮肥的供给则应以有机肥作底肥，并在始花期、大豆吸氮高峰开始时期追施氮肥，增产效果显著。

三、生长发育时期的特点

（一）种子萌发特点

大豆种子富含蛋白质、脂肪，在种子发芽时需吸收比本身重 1～1.5 倍的水分，才能使蛋白质、脂肪分解成可溶性养分供胚芽生长。

（二）幼苗生长特点

发芽时子叶带着幼芽露出地表，子叶出土后即展开，经阳光照射由黄转绿，开始进行光合作用。胚芽继续生长，第一对单叶展开，这时幼苗具有两个节和一个节间。在生产中大豆第一个节间的长短，是一个重要的形态指标。植株过密，土壤湿度过大，往往第一节间过长，茎秆细，苗弱发育不良。如遇这种情况应及早间苗、破土散墒，防止幼苗徒长。幼茎继续生长，第一复叶出现，称为三叶期。接着第二片复叶出现，当第二片复叶展平时，大豆已开始进入花芽分化期。所以在大豆第一对单叶出现到第二复叶展平这段时间，必须抓紧时间及时间苗、定苗，促进苗全、苗壮、根系发达，防治病虫害，为大豆丰产打好基础。

（三）花芽分化特点

大豆出苗后25～35天开始花芽分化，复叶出现2～3片之后，主茎基部的第一、第二节首先发生枝芽分化，条件适宜时形成分枝，上部腋芽成为花芽。下部分枝多且粗壮，有利增加单株产量。花芽分化期，植株生长快，叶片数迅速增加，植株高度可达成株的1/2，主茎变粗，分枝形成，根系继续扩大。营养生长越来越旺盛，同时大量花器不断分化和形成，所以这个时期要注意协调营养生长和生殖生长的平衡，达到营养生长壮而不旺，花芽分化多而植株健壮不矮小。

（四）开花结荚期特点

一般大豆品种从花芽开始分化到开花需要25～30天。大豆从第一朵花开放开始到最后一朵花开放终了的日数，因品种和气候条件而有很大变化，18～40天不等。有限开花结荚品种花期短，无限开花结荚品种花期长。温度对开花也有很大影响，大豆开花的适宜温度为25～28℃，29℃以上开花受到限制。空气湿度过大、过小均不利开花。土壤湿度小，供水不足，开花受到抑制。当土壤湿度达到田间持水量的70％～80％时开花较多。大豆从开始开花到豆荚出现，是大豆植株生长最旺盛的时期。这个时期大豆干物质积累达到高峰，有机养分在供茎叶生长的同时，又要供给花荚需要。因此需要土壤水分充足、光照条件好，才能保证养分的正常运输，才能使花芽分化多，花多，成荚多，减少花荚脱落，这是大豆高产中最重要的因素。

（五）鼓粒成熟时的特点

大豆在鼓粒期种子重量平均每天可增加6～7毫克。种子中的粗脂肪、蛋白质及糖类随种子增重不断增加。开始鼓粒时种子中的水分可达90％，随着干物质不断增加，水分含量很快下降。干物质积累达到最大值以后，种子中的水分降到20％以下，接近成熟状态，粒形变圆。鼓粒到成熟阶段是大豆产量形成的重要时期，这时期发育正常与否，影响荚粒数和百粒重及化学成分。籽粒正常发育源于两个方面，一是靠植株本身贮藏的丰富物质及正常运输、叶片光合产物的供给；二是靠充足的水分供给。这是促使籽粒发育良好，提高产量的重要条件。

四、需肥水规律

（一）需肥规律

黑豆不同生育时期对氮、磷、钾的吸收不同，幼苗吸收养分的速率慢，开花期以后增快，植株开始衰老，吸收速率降低。在籽粒开始形成以前，植株已吸收60%的氮、55%的磷和60%的钾。大豆花芽分化后，才从土壤中吸收钼，鼓粒期根系和荚壳中的钼向籽粒中转移并积累。

（1）苗期至分枝期　此期是黑豆营养器官形成的重要时期，也是花芽开始分化的时期。如苗期土壤中有足够的磷，能增加花芽分化的数量。在施足基肥的基础上，以种肥为主，重施磷肥。有机肥料肥效长，且稳定，不仅能满足苗期至分枝期大豆吸收养分的需要，而且符合大豆生育后期需肥多的要求。在肥沃的土壤中直接施无机氮肥，增产效果不大，甚至多施氮肥会抑制大豆根瘤的生长，降低固氮作用，反而减产。

（2）开花期　此期氮、磷、钾元素需求量迅速增长。氮、磷、钾总量的2/3是开花期以后吸收的。此时期缺氮和钙则花荚脱落率增高，籽粒产量受到严重影响。开花后期最上层长成叶的氮素含量，占干重的4.0%以下为缺乏，7.0%以上为过剩；磷元素含量在0.15%以下为缺乏，在0.8%以上为过剩；钾元素含量在1.25%以下为缺乏，在2.75%以上为过剩。

（3）结荚至鼓粒期　此期是大豆产量形成的关键时期。根吸收的无机氮、根瘤固氮、茎叶暂存的氮都运向花荚。此期如氮、磷、钾供给不足，籽粒产量则受到严重影响。从终花期以前10天到以后的3～4周，是肥料氮素和共生固定氮素对籽粒生产效率最高的时期。氮素的吸收量每增加1克，籽粒重量可增加15～18克。

大豆营养主要依靠前期施入的基肥或花期追肥。鼓粒期，尤其是末期，氮、磷、钾从叶和茎部转移到籽粒中，成熟的籽粒含有所吸收的总氮量的68%、总磷量的73%、总钾量的56%。

（二）需水规律

黑豆在生长发育过程中是需水较多的，开花前耗水量占全生育期需水量的10%，开花结荚期为60%～70%，鼓粒期为20%～30%，每形成1克干物质，需要耗水500克左右。在黑豆的不同时期灌溉技巧也是不一样的。适宜黑豆生长发育的水分指标，为田间最大持水量的65%～70%，开花、结荚、鼓粒期为75%～85%，当低于65%时，应及时灌溉。在干旱条件下，分枝期灌溉可增产4%～9%，开花结荚前期灌溉增产12%～27.6%，鼓粒期灌溉增产24.2%～33.8%。在黄淮平原地区，每隔3米开一畦沟，每隔5米开一横沟，田的四周开边沟，沟渠要利用灌排。

五、花荚脱落与增花增荚

大豆植株开花很多而成荚少，主要是因为花荚脱落。花荚脱落率一般在30%～70%，其中以花朵脱落最高，占全部脱落的60%；落荚占30%；落蕾占10%。开花后3～5天落花最多，开花后7～15天落荚最多，花期末期及开花前7～10天落蕾最多。花荚脱落在整个开花结荚期都可以出现，但脱落高峰期在盛花期。春大豆在7月下旬到8月上旬、夏大豆在8月下旬至9月上旬为花荚脱落高峰时期。

花荚脱落的根本原因是有机营养供应不足。在营养不足的情况下，每个花荚由于本身的地位和条件不同，所获得的营养物质的量是不同的。凡能得到充分营养物质的花荚，就能正常发育结实成熟；而得不到足够营养的花荚，就会因饥饿而死亡、脱落。其次是没有受精的雌蕊或胚不发育的，其生长激素含量低，因离层酶类活跃而脱落。还有因干旱花荚水分被倒吸，造成花荚严重失水而脱落。解决严重落花落荚问题的途径主要有以下两条。

（1）培育生理上光合效率高，生态上叶片透光率高，株形紧凑，群体透光好的品种类型。

（2）改革大豆栽培技术，改善大豆群体的生态条件。如选用多花多荚良种；精细整地，保证全苗，早间苗，深中耕，培育壮苗；因品种不同进行合理密植，多施有机底肥，并在始花期追施速效氮、磷肥；结荚鼓粒期调节好土壤水分状况，旱灌水，涝排水；大豆与矮秆作物，如小麦、甜菜、甘薯、马铃薯、谷子等间作，改善群体通风透光条件，调节小气候，能显著减少落花落荚，达到增花增荚的效果；在生长过旺田块内，应用生长调节剂，抑制营养生长，促进开花、结荚；及时防治病虫、自然灾害。

六、秕粒的产生和防治

大豆秕粒不仅降低产量，还影响大豆品质。一个豆荚内秕粒产生的位置多在基部和中部，而顶端很少，干旱时产生的秕粒和秕荚较多。大豆秕粒产生的原因是大豆在结荚鼓粒阶段种子没有得到足够的营养物质。营养不足多由两种原因造成，一是叶片功能早衰，各种有机物质供应不足；二是缺乏水分，营养物质运输受阻。因此为防止秕粒产生，要认真进行田间管理和防治病虫害，并根据气象条件和土壤水分状况，掌握好灌、排水技术措施。

第三节　高产高效栽培技术

一、主要品种

(1) 乌皮青仁豆　植株生长整齐一致，标准株高 90 厘米，适宜机器收割，茎粗 0.8～1 厘米，结荚部位 5～10 厘米，主茎 16～18 节，为有限结荚习性，分枝力很强，在一般肥力条件下，分枝 5～7 个。叶大圆形，叶色绿色，白色花，以三粒荚居多，占总荚数的 80%。籽粒圆形，种皮黑色光亮，表面光滑，子叶绿色，黑脐，百粒重 24～28 克。生育期 120 天，属晚熟品种，适应性强，薄地、肥地、坡地、洼地均能生长，喜肥耐肥，特别是在洼地上增产潜力大，一般亩产 175～225 千克。植株生长旺盛，秆硬抗倒，抗病毒病，抗蚜虫，虫口率低。五一前播种，亩保苗 6000 株。

(2) 黑美仁 2 号　生育期为 120 天。植株粗壮，长势健壮，株高 65～75 厘米，分枝 6 条以上，叶片深绿。单株结荚 90 个左右，每荚 2～3 粒，籽粒呈卵圆形，种皮墨黑发亮、有光泽，仁黄色，百粒重 20.3 克。结荚期较长，不早衰。抗逆性较强，根系极为发达，抗倒伏，抗病毒病、叶斑病及白粉病，成熟时落叶性好、不裂荚。

（3）沈农黑豆2号 从出苗至成熟需132天，需要活动积温2500～2600℃。株高114.5厘米，亚有限结荚习性，主茎节数24个，茎圆形，茎多毛、黄色；分枝1～2个，紫花，叶卵圆形，种皮黑色，子叶黄色。每株主茎荚数54个，每荚长度4厘米，荚粒数2.8个，百粒重18克。抗病、抗倒、耐旱、耐瘠薄，抗逆性强。种子含粗蛋白质42.29%，粗脂肪20.09%，总淀粉3.06%，赖氨酸2987.68毫克/100克，营养齐全，营养价值高。一般亩产212千克，高产田可达245千克。适宜在中等肥力土地上种植，耕层地温稳定在10℃以上时播种，亩保苗1万～1.1万株。注意防治大豆食心虫和大豆蚜虫。待叶落、秆荚变黄、豆粒归圆时适时收获。

（4）泗豆13号 由江苏省育成的黑豆新品种，适宜在江苏淮北地区作夏大豆种植。该品种全生育期106天，株高87.5厘米，主茎16.7节，结荚高度14.9厘米，有效分枝2.4个，亚有限结荚习性，紫花，叶片卵圆形。单株结荚30.6个，每荚粒数2.3个，百粒重21克。田间花叶病毒病发生较轻，抗倒伏性较好。种皮黑色、微有光泽，籽粒扁椭圆形，外观商品性较好。

二、栽培季节

黑豆的栽培类型丰富，北方多为一年一熟的春黑豆；黄河流域既有春黑豆，又有夏黑豆；长江以南除春播、夏播外，还有秋播黑豆和冬播黑豆。

我国黑豆栽培面积较小，呈零星分布状态，目前分为5个栽培区域。

（1）北部大豆区 包括新疆、甘肃、青海、宁夏、内蒙古以及陕西北部、山西北部、河北北部和东北各省。该区气温低，年≥10℃的活动积温为1650～3300℃，无霜期100～165天，大多数年降水量很少。栽培制度为1年1熟，以春播黑豆为主。

（2）黄淮海春、夏大豆交叉区 包括河北长城以南及秦岭、淮河以北，东起沿海、西到岷山的广大地区，主要分布于山东、河南、河北中部和南部、山西南部、陕西关中平原、甘肃南部，以及江苏、安徽的北部。这些地区年活动积温3100～4500℃，无霜期160～220天。年降水量500～1000毫米，耕作制度为2年3熟或1年2熟。以夏播黑豆为主，麦收后6月中旬播种，生育日数90～110天。春播，4月下旬至5月上旬播种，生育日数140～150天。

（3）南方多期播种大豆区　包括江苏、安徽、江西、湖北、湖南、浙江、福建，以及广东、广西等地。无霜期250～270天；年降水量1000～1700毫米；年平均气温16～20℃，全年≥10℃的活动积温为4250～5300℃。可春播、夏播、秋播，复种指数高。春播3月上旬播种，6月下旬成熟；夏播5月下旬播种，10月中旬成熟；秋播7月中旬至8月上旬播种，11月中旬成熟。黑豆多在旱田种植，或作为轮作种的搭配作物。

（4）西南高原春大豆区　包括云南、贵州、四川及广西部分地区。这些地区地势较高，海拔1000米以上，属中亚热带气候。无霜期275～350天，年平均气温14～18℃，年降水量750～1500毫米。该区以春播黑豆为主，也有夏播和秋播。一般植株矮小，多为有限结荚习性。

（5）华南四季播种大豆区　主要包括广东、广西、云南、福建等地的南部地区及海南等省。全年≥10℃的活动积温6000～8000℃，年平均温度22～24℃，几乎全年无霜冻；年降水量1500～2000毫米，属亚热带气候。耕作制度为1年3熟，四季均可种植黑豆。在北纬22℃以南还可冻播，12月下旬至翌年1月上旬播种，4月中旬至5月上旬成熟；春黑豆在2月下旬至3月上旬播种。6月上、中旬成熟；夏黑豆在5月下旬至6月上旬播种，8月下旬至9月上旬成熟；秋黑豆在7月下旬至8月下旬播种，10月下旬至12月下旬成熟。

三、栽培技术

（一）轮作与间作

黑豆也同大豆一样，最忌重茬。主要因为：①黑豆根群分泌一种酸性有毒物质，对黑豆有影响。②重茬使大豆缺钼。③黑豆重茬使残存在土壤中的根瘤为土壤中增加不少氮素，使大豆养分单一；氮素过多还会阻碍磷钾的吸收。④由于黑豆的病虫害有专一性，黑豆重茬加重病虫危害。因此，黑豆与禾本科作物及薯类或蔬菜轮作或间套种，有利丰产。在轮作过程中，大豆播种前增施有机肥或借助前茬的后效，可以使迎茬的不利因素降到最低。

（二）整地

整地要做到无横埂、无残留、无根茬、无土块疙瘩；待播地互为一体，从头到尾平；分地块及时进行翻耕、耙磨、镇压。要把地头边角翻耕到，提高土地利用率。整地要到头到边，做到最大限度地利用土地，即地头整齐、不重耕、不漏耕，耕后地表平整，达到以墒为中心的“墒、平、松、碎、净、齐”六字标准。“墒”就是墒度适易，不干不湿，以机械行进时能扬起灰尘为宜；“平”就是地面平整无沟坎；“松”就是土壤上松下实，无中层板结；“碎”就是土壤松碎，表土细碎，无大土块；“净”就是表土无残茬、草根及石块等；“齐”就是到头到边，达到角成方、边成线，不漏田边地角，提高土地利用率。

（三）施肥

施足基肥，以重施有机肥为主。在犁地前要保证每667米^{2}施入3500～5000千克的优质农家肥，有条件者可增施50～100千克油饼。将农家肥及油饼均匀施于土壤表面，用机力耕翻于土壤中。可用氮肥总量的30%、磷肥总量的100%和全部钾肥作基肥，即每667米^{2}尿素不超过10千克、磷酸二铵不低于25千克，外加硫酸钾5千克，进行全层施肥。

（四）选种

因地制宜选用。播种前将黑豆晾晒、筛选，去掉硬粒、杂粒、病粒、秕粒、虫蛀粒。要选大小均匀、粒大饱满的种子，并晒晾种子。选种方法有下面几种，种植者因情况选用。

1. 清选种子

在黑豆播种前清选种子可以提高播种品质，凡是清选过的均匀整齐的种子，比不加清选的种子生育良好，田间保苗率高，出苗整齐。特别是采用大豆精量点播机播种时，必须对大豆种子进行严格清选，实现种一粒种子，保出一棵苗。

2. 根瘤菌接种

通常有以下三种方法：①土壤接种法。从着瘤好的黑豆高产田取表层土壤拌在黑豆种子上，每10千克种子拌原土1千克。土壤接种法不如根瘤菌剂接种法效果好，因为根瘤菌剂是经过分离培养筛选出的最有效菌株所制成，当然比天然混杂的根瘤菌强得多。②根瘤菌剂接种。根瘤菌剂是工厂化生产的细菌肥料。大豆根瘤菌剂使用方法简单，不污染环境。每667米^{2}用根瘤菌剂0.26千克拌种，纯增收入150元，投入与产出比为1∶20。经测定，接种根瘤菌比不接种根瘤菌的土壤每667米^{2}可增加纯氮1.5千克，相当于标准化肥硫酸铵75千克。使用前应存放在阴凉处，不能暴晒于阳光下，以防根瘤菌被阳光杀死。接种方法是，将菌剂稀释在相当于种子质量20%的清水中，然后洒在种子表面，并充分搅拌，让根瘤菌剂粘在所有的种子表面。拌完后尽快在24小时内将种子播入湿土中。③接种体处理土壤。将根瘤菌用肉汁培养基培养后，制成颗粒状接种体，可直接用于土壤接种。这种方法成本较高，在不宜进行种子接种的情况下使用。

注意，大豆根瘤菌的发育与环境有密切关系，根瘤菌适应一定的土壤酸度范围，当土壤pH值低于4.6或高于8时，接种效果都不明显；土壤高温干燥也影响根瘤的发育，适当增施磷钾肥料能促进根瘤菌活动，土壤的根瘤生长区有多量化学氮肥时，根瘤的形成受到抑制。

3. 种子消毒

为了防治大豆根腐病，用50%多菌灵拌种，用药量为种子质量的0.3%；或用多福合剂，即多菌灵与福美双按1∶1混合拌种，可以显著降低根腐病发病率。亦可使用灭枯灵乳油进行种子消毒。

4. 种子包衣

（1）种子包衣的作用　①能有效防治大豆苗期病虫害，如第一代大豆孢囊线虫、根腐病、根潜蝇、蚜虫、二条叶甲等，因此可以缓解大豆重、迎茬减产现象。②促进大豆幼苗生长。特别是重、迎茬大豆幼苗，由于微量元素不足致使幼苗生长缓慢，叶片小，使用种衣剂包衣后，能及时补给一些微肥，特别是含有一些外源激素，能促进幼苗生长，幼苗油绿不发黄。③增产效果显著。大豆种子包衣可提高保苗率，减轻苗期病虫害，促进幼苗生长，因此能显著增产。据试验，重茬地增产18.4%～24.9%。

（2）种子包衣方法　种子经销部门一般使用种子包衣机械统一进行包衣，供给包衣种子。如果买不到包衣种子，农户也可购买种衣剂进行人工包衣。方法是用装肥料的塑料袋，装入20千克大豆种子，同时加入300～350毫升大豆种衣剂，扎好口后迅速滚动袋子，使每粒种子都包上一层种衣剂，装袋备用。

（3）使用种衣剂注意事项　①种衣剂的选型，要注意有无沉淀物和结块。包衣处理后种子表面光滑，容易流动；②正确掌握用药量，用药量大，不仅浪费药剂，而且容易产生药害，用药量少又降低效果；③使用种衣剂处理的种子不许再采用其他药剂拌种；④种衣剂含有剧毒农药，注意防止人畜中毒，注意不得与皮肤直接接触，如发生头晕恶心现象，应立即远离现场，重者应马上送医院抢救。

5. 稀土拌种

稀土是一种微量元素肥料，是由性质相近的镧、铈、镨、钕等15种元素所组成，简称镧系元素，外加与其性质极为接近的钪、钇共17种元素，统称稀土元素。农业上施用稀土不仅能供给农作物微量元素，还能促进作物根系发达，提高作物对氮、磷、钾的吸收，提高光能利用率，从而提高产量。拌种方法简便易行，其方法是，用稀土25克加水250克，拌大豆种子15千克。

6. 微肥拌种

经过测土证明缺乏微量元素的土壤，或用对比试验证明施用微肥有效果的土壤，在大豆播种前可以用微肥拌种，用量如下：①钼酸铵，每千克豆种用5克，拌种用液量为种子质量的0.5%。先将钼酸铵磨细，放在容器内加少量热水溶化，加入相应的水，拌匀后用喷雾器喷在大豆种子上，阴干后播种。②硼砂，每千克豆种用0.4克，首先将硼砂溶于16毫升热水中，然后与种子均匀混拌。③硫酸锌，每千克豆种用4～6克，拌种用液量为种子质量的0.5%。

(五) 播种

春播的一般在4月上旬播种，夏播的麦收后立即趁墒播种。一般春播时当耕层温度稳定通过8℃即可播种。秋起垄地块垄上播种，未起垄地块可随播随起垄，播深4～5厘米，比常规垄作增加25%～30%，每667米^{2}下种粒数3万粒左右，合每亩4～6千克。

(六) 合理密植

原则上早熟种、瘦地、晚播的均要密些，反之则稀些。一般黑豆播种每667米^{2}留苗2万～2.5万株。分枝多的、晚熟品种宜稀些，相反则密些；土壤肥力高的，单株生长旺盛的宜稀些，相反密些；播种期早的，营养生长时间长，株体大的宜稀些，相反密些。具体种植方式：纯播黑豆时以行距0.4米为好。高产田可采取大小垄种植方式，以利通风透光。行距大垄0.5～0.55米、小垄0.2米较好。株距以0.1米单株或0.2米双株都可以。密的每667米^2 3万～3.5万株，稀的每667米^{2}2万～3万株。可采取条播或点播。点播的每穴3～5粒种子。

(七) 田间管理

1. 查苗补苗

黑豆出苗后进行查苗，缺苗时补苗，确保苗全，并及时间苗剔除疙瘩苗。补苗时可以补种或芽苗移栽。

2. 早定苗

据试验，适期定苗比晚定苗能增产8%～19%。为避免出现线状苗、高脚苗，应在3叶1心时抓紧定苗。点播的每穴留2株；条播行距40厘米的，计划每667米^2 2.5万株的每米留苗15株，每667米^2 1.5万株的每米留苗9株；每667米^2 3.5万株的每米留苗24株。

3. 加强中耕

农谚有“豆锄三遍粒滚圆”。应在间苗后立即进行中耕锄草。中耕深度随根系生长状况采取由浅到深再到浅的方式。随中耕锄草，向根部壅土，逐渐培起土埂，这样耐旱、抗倒、排涝。

4. 追苗肥

看苗追肥灌水，薄地没施底肥的，为保壮苗可在幼苗期追肥，每 667 米^2 施硝酸铵 5～7.5 千克、过磷酸钙 7.5～15 千克，对促进分枝形成及花芽分化均有很好的作用，也有利于根瘤菌的发育，增强固氮能力。如果缺墒要合理灌溉，能促进花芽分化形成丰产株形。如果有徒长苗头，在第一片复叶展开时于晴天中午顺垄镇压豆苗，可起到压苗促根的作用。

5. 早促控

在黑豆初花期，如果植株瘦弱矮小，叶片小而薄，叶色黄或淡绿，应追施氮磷配合化肥，每 667 米^{2}10～15 千克，用二铵单侧沟施，能有效减少花荚脱落，促进营养生长，若配以活力素叶面喷洒效果更好。如果植株徒长、郁闭，于初花期用 150 毫克/千克多效唑或于盛花期用 200 毫克/千克多效唑喷洒，能抑制株高，控制节间伸长，降低生长速度。

大豆前期的标准长相应该是：叶色鲜绿，叶片肥厚，根系发达，干物质多，生长发育稳健。

6. 开花结荚期管理

开花结荚期主要争取花多、花早、花齐，防止花荚脱落，增花、增荚，这是此期管理的中心任务。要看苗管理，保控结合，高产田以控为主，避免过早封垄郁闭，在开花末期达到最大叶面积为好。具体措施是：封垄前继续锄草，看苗酌情供给水肥，弱苗初花期追肥，壮苗不追肥防止徒长。花荚期追磷肥效果明显。此时黑豆叶面积达到最大值，耗水量增大，蒸腾强度达到高峰，需水量也达到高峰。当叶片颜色出现老绿、中午叶片萎蔫时，要及时浇水，否则花荚脱落。在盛花末期摘顶心，打去 2 寸顶尖，可以防止倒伏，促进养分重新分配，多供给花荚。有限结荚品种及瘠薄土壤种植的黑豆不适合摘心。高产田为防止倒伏和旺长，可以喷施矮壮素防倒。及时防治病虫害，否则到雨季会造成绝收。

(1) 黑豆荚而不实形成的原因及预防　①造成荚而不实的原因：a. 选用品种不当。一般说来，偏晚熟而抗性较差的品种，由于灌浆时温度已较低，严重影响灌浆速度，因此诱发荚而不实现象。黑豆重迎茬种植造成土壤养分中硼的含量急剧降低，由于硼是促进大豆荚生长的重要微量元素，它的缺乏诱发黑豆荚而不实。同时，重迎茬种植黑豆会导致黑豆病虫危害加重，从而诱发荚而不实现象。b. 不合理的栽培措施。铁茬播种、播种较晚都将导致黑豆根系集中于土壤上层，遇后期干旱，引起荚而不实。苗期管理不及时，土壤板结，草荒苗弱易诱发荚而不实。密度过大，会影响黑豆植株的通风透光，从而减弱光合作用，加重荚而不实。施氮肥不足，引起黑豆徒长，枝叶茂盛，贪青晚熟，荚而不实。c. 不良气候条件。如黑豆生长期雨水较多，根系长期浸于水中，造成根系吸收功能减弱，植株生长缓慢，无法产生足够的有机物质充实豆荚，导致大豆荚而不实。而在大豆结荚鼓粒期，干旱、高温、低温会使黑豆光合作用降低，呼吸作用增强，制造的物质少，消耗的物质多，造成黑豆荚而不实。②预防对策：a. 选用优质品种，合理轮作。选用抗旱耐涝品种是减轻荚而不实现象的基本方法。一般来讲，开花早、花期较集中、鼓粒速度较快的中、早熟品种可以作为首选。合理轮作能避免土壤养分不合理消耗，减轻病虫危害，减少荚而不实现象。b. 建立合理的栽培措施。如适量施氮肥，增施磷肥，培育壮苗；足墒早播，苗期精耕细作，及时除草、灭茬；根据不同品种选择较合适的密度种植；及时防治病虫害等，可以减少荚而不实的发生。c. 及时抗旱排涝。在大豆结荚鼓粒期适时浇好抗旱水是防止荚而不实的有效措施。同时，如遇多雨，应及时排除田间积水。

（2）防治黑豆花荚脱落　①因地因苗追肥。开花期植株因缺肥不能及时封行的田块，可在初花期再追肥一次。一般每 667 米^2 追施尿素 5 千克或者硫酸铵 10 千克，可减少花荚脱落。②根外喷肥。在花荚期一般每 667 米^2 用尿素 0.5 千克、过磷酸钙 1.5 千克、硫酸钾 0.25 千克、硼砂 25 克、加水 50 千克提取浸出液，喷洒于叶片上，适宜阴天或下午 4 时后喷施，有利于保花、增荚增粒，减少瘪粒，增加粒重。根外喷肥可与防病治虫相结合，以提高劳动效率。③化学调控。黑豆使用多效唑有壮株、增加分枝、塑造理想株形、增加产量的作用。在高产田块可于初花期每 667 米^2 用 15％多效唑20克兑水50千克喷施，可以改善黑豆株形，延长叶片功能期，改善田间通风透光条件，优化黑豆生长环境，从而促进生长，减少脱落。④注意防旱排涝。开花期到结荚期是黑豆一生中吸水速度最快、耗水最多的时期。此期如果土壤绝对含水量低于25%，就应灌水。一般每隔5～7天灌一次水，连续灌2～3次，切忌大水漫灌。黑豆又是一种耐涝性较差的作物，淹水后也容易造成落花落荚，因此要注意排涝，防止产生渍害。⑤加强病虫害防治。病毒病可在发病初期用5%菌毒清250倍液喷雾；紫斑病可于开花后喷施50%苯来特或代森锌800倍液；大豆地上虫害可采用1.8%阿维菌素3000倍液进行防治。

7. 鼓粒成熟期的管理

鼓粒成熟期是大豆积累干物质最多的时期，也是产量形成的重要时期。促进养分向籽粒中转移，促粒饱增粒重，适期早熟则是这个时期管理的中心。这个时期缺水会使秕荚、秕粒增多，百粒重下降。秋季遇旱无雨，应及时浇水，以水攻粒对提高产量和品质有明显影响。

8. 收获

大豆黄熟末期为适收期。当种子含水量达到13%时可以入库。

四、加工

（一）醋泡黑豆

（1）原料 黑豆100克，糙米醋300毫升。

（2）做法 将黑豆放在平底锅内，以中火将黑豆煮至表皮爆开，再以慢火煮大约10分钟。把煮熟了的黑豆放入瓶内，加入糙米醋，两者所占的分量大约是1/3及2/3。变凉后将瓶盖密封好，待黑豆吸收了醋，膨胀之后便可食用。时间久了醋上面会长膜，可将膜扔掉，如醋浑浊，重新换醋。放置阴凉处或冰箱冷藏保存10天后即可食用。

（二）酱油豆

（1）原料及配方 黑豆50千克、面粉40千克、盐15千克、花椒0.5千克、姜10千克、水适量。

（2）流程　选豆→浸泡→蒸煮→炒面→拌豆→制曲→洗霉→初发酵→配料入缸→发酵成品。

（3）制作方法　①选好豆。②浸泡好。③蒸煮：注意掌握蒸豆时间和温度不可过短或过长，蒸煮温度低、时间短使蒸豆“过生”，不利于霉菌发育，影响鲜味；蒸煮温度过高、时间过长则使豆粒易脱皮散瓣，影响成品色泽。④炒面：将面粉放入锅中，用小火不断翻炒，炒至略有焦香时取出冷却。⑤拌豆：将蒸煮好的黑豆在冷却后的炒面中拌匀，使豆粒外面均匀黏附一层面粉。⑥制曲：将拌好的豆子分盛在竹筐或席子上，摊成 3 厘米厚，放在泥地房间内，上面盖竹筐或席子，经 2 日后，白色菌丝繁殖，豆粒结成块，用手翻拌 1 次，使豆粒分散成单粒，以免黏化影响菌丝深入豆内，形成硬粒。再过 2 日，豆粒上生黄绿色菌丝时，曲已制成，取出在日光下晒 3～4 日。⑦洗霉：曲制好后，有苦涩味，需用清水洗霉。可将曲放在竹筐内用水快速冲洗，尽量减少浸泡时间，防止粘在黑豆曲外的面粉层脱落。⑧初发酵：将洗霉后的豆曲喷适量凉开水，使含水量至 45%，在竹席上堆积（上盖纱布或薄膜），6～7 小时后，白色菌丝长出，并有清香味时即可。⑨入缸：将初发酵豆曲入缸，将 6 千克水、盐、花椒、姜（切成丝）入锅烧开，烧出香味，充分冷晾后，倒入缸内搅拌均匀，将缸口用纱布封严。⑩成品：将缸置于室外暴晒，开始每天搅拌 1 次，1 周后 3～4 天搅拌 1 次，经 6～8 个月发酵，酱色变黑褐色，发出香气，味鲜而带甜，即为成品。

第四节　黑大豆病虫害防治

一、非生理性病害防治

（一）大豆猝倒病

（1）危害症状　主要侵染幼苗的茎基部，发病初现水渍状条斑，后变软缢缩，呈黑褐色，倒折、枯死（图 4-2，见彩图）。

（2）发生规律　病菌借雨水、灌溉水传播。土温较低则发病，低于 15～16℃时发病迅速。土壤含水量较高，光照不足，幼苗长

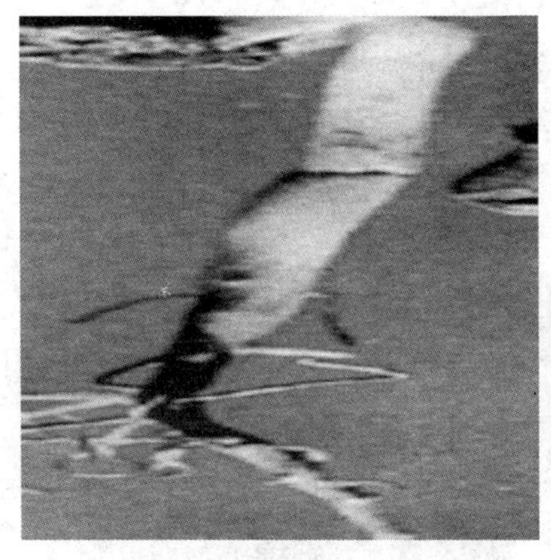

图 4-2　大豆猝倒病

图 4-3　大豆立枯病

势弱，抗病力下降，则发病重。

（3）无公害综合防治技术　①轮作换茬：下湿地采用垄作或高畦深沟种植，合理密植，防止地表湿度过大，雨后及时排水。提倡施用酵素菌沤制的堆肥和充分腐熟的有机肥。②药剂防治：发病初期开始喷洒 40%三乙膦酸铝可湿性粉剂 200 倍液或 70%乙磷·锰锌可湿性粉剂 500 倍液，隔 10 天左右 1 次，连续防治 2～3 次，并做到喷匀喷足。

（二）大豆立枯病

（1）危害症状　在大豆幼苗主根近地面茎基部出现红褐色稍凹陷的病斑，皮层开裂呈溃疡状，严重受害幼苗茎基部变褐缢缩折倒而枯死，或植株变黄、生长缓慢、矮小（图 4-3，见彩图）。

（2）发生规律　因病菌在土壤中连年积累增加了菌量，故连作发病重，轮作发病轻。播种愈早，幼苗田间生长时期长、用病残株沤肥未经腐熟，能传播病害；地下害虫多、土质瘠薄、缺肥和大豆长势差的田块发病重。

（3）无公害综合防治技术　①用石灰调节土壤酸碱度，使种植大豆田块酸碱度呈微碱性，每 667 米^2 施生石灰 50～100 千克。②苗期做好保温工作，防止低温和冷风侵袭，浇水要根据土壤湿度和气温确定，严防湿度过高，浇水时间应改在上午进行。

（三）大豆霜霉病

（1）危害症状　主要是叶片发病，开始为淡黄色小斑点，后扩大成不规则暗褐色病斑，边缘黄绿色。叶片背面病斑长出紫灰色霉层。发病严重时引起叶片早期脱落。豆荚受侵染后，豆荚内和种子表面往往长有灰白色菌丝团（图 4-4，见彩图）。

图 4-4　大豆霜霉病

图 4-5　大豆紫斑病

（2）发生规律　病菌从寄主气孔或细胞间侵入，借风、雨和水滴传播。低温适于发病，带病种子发病率 15℃时最高，达 16%，20℃为 1%，25℃为 0。

（3）无公害综合防治技术　①清除病苗：铲地时可结合除去病苗，消减初侵染源。②种子处理：用 25%瑞毒霉拌种，效果很好。

（四）大豆紫斑病

（1）危害症状　主要侵染种子。在种皮上产生暗紫色病斑，严重时全部种皮变紫色。种皮无光泽，粗糙，裂纹。荚上病斑灰黑色，不规则形（图 4-5，见彩图）。

（2）发生规律　病菌在豆粒或病株残体上越冬，来年种子发芽时侵入子叶引起发病，借气流和雨水传播，适宜发病温度为 23～27℃。大豆结荚期高温多雨有利于发病；种植密度过大、通风透光不良发病重。

（3）无公害综合防治技术　①加强管理：选用无病种子；加强田间管理，注意合理密植、开沟排水。②药剂防治：开花后用

50%多菌灵可湿性粉剂1000倍液，或70%甲基托布津可湿性粉剂1000倍液防治。

(五) 大豆灰斑病

(1) 危害症状　主要侵染叶片。叶片上的病斑红褐色，圆形，后变为灰白色，叶背生灰色霉层。发病严重时，数个病斑融合，使病叶干枯早落。茎上病斑为椭圆形，边缘红褐色，密布黑点（图4-6，见彩图）。

图4-6　大豆灰斑病

图4-7　大豆褐斑病

(2) 发生规律　受阴雨天气的影响，加上温度适宜（适宜温度15～30℃），灰斑病发生普遍。

(3) 无公害综合防治技术　①清洁田园：增施有机肥，防除田间杂草，改善田间通风透光性，排除田间积水，降低田间湿度；及时清除田间病残体，深翻土壤，减少田间菌源数量。②药剂防治：选用50%多菌灵可湿性粉剂800～1000倍液，或40%百菌清悬浮剂600倍液，每隔10天用药1次，连续防治2～3次，最佳用药时期为盛花至结荚期。

(六) 大豆褐斑病

(1) 危害症状　多从下部叶片开始发病，逐渐向上发展。子叶发病时病斑为不规则形，暗褐色，有黑点。叶片上的病斑为棕褐色，轮纹上散生小黑点，病斑受叶脉限制呈多角形，严重时病斑融合成大斑块，引起叶片变黄脱落（图4-7，见彩图）。

（2）发生规律　病菌在病组织或种子上越冬。种子上的病菌直接危害幼苗，使子叶和真叶发病，借风、雨传播，先侵染下部叶片，以后逐渐向上蔓延。天气潮湿，种植过密则发病重。

（3）无公害综合防治技术　①轮作换茬：大豆收获后清除病残体，深翻土地；与禾本科或其他作物轮作3年以上。②药剂防治：用14%络氨铜水剂300倍液或77%可杀得可湿性粉剂500倍液、50%福美双可湿性粉剂500倍液喷雾。

（七）大豆叶斑病

（1）危害症状　主要为害叶片，初在叶上出现黄褐色小点，后扩展成近圆形棕褐色斑，周围有黄晕，后期病斑背面长出许多小黑点，病叶黄化枯死（图4-8，见彩图）。

图4-8　大豆叶斑病

图4-9　大豆羞萎病

（2）发生规律　病菌在豆粒或病株残体上越冬，来年种子发芽时侵入子叶引起发病，借气流和雨水传播。适宜发病温度为23～27℃。大豆结荚期高温多雨有利于发病；种植密度过大、通风透光不良发病重。

（3）无公害综合防治技术　①选用无病种子，加强田间管理，注意合理密植、开沟排水。②药剂防治：开花后用50%多菌灵可湿性粉剂1000倍液，或70%甲基托布津可湿性粉剂1000倍液喷雾防治。

（八）大豆羞萎病

（1）危害症状　主要危害叶片。叶片染病时沿脉产生褐色细条斑，后变为黑褐色。叶柄染病时从上向下变为黑褐色，一侧纵裂，致叶柄、叶片反转下垂，基部细缢变黑，造成叶片凋萎，但不易脱落（图 4-9，见彩图）。

（2）发生规律　病菌在病残体上越冬，也可以菌丝在种子上越冬，成为翌年的初侵染源。播种带菌种子发病率可高达 77.8%。大豆连作，由于田间菌源量大，病害发生也重。

（3）无公害综合防治技术　①轮作换茬：收获后及时清洁田园，可减少菌源。与非本科作物实行 3 年以上的调茬轮作。②药剂防治：结荚期喷洒 50%苯菌灵可湿性粉剂 1500 倍液或 36%甲基硫菌灵悬浮剂 600 倍液、50%多菌灵可湿性粉剂 600～700 倍液。

（九）大豆黑点病

（1）危害症状　主要危害茎。茎部染病，后期出现小黑点。豆荚染病，初生近圆形褐色斑，后变灰白色干枯而死，也生小黑点，剥开病荚，里层生白色菌丝，豆粒表面密生灰白色菌丝，豆粒呈苍白色萎缩（图 4-10，见彩图）。

图 4-10　大豆黑点病

图 4-11　大豆锈病

（2）发生规律　病菌在大豆或其他寄主残体内越冬，结荚至成熟期气温高于 20℃且持续时间长利其传播，造成种子染病，感染病毒或缺钾可加速种子腐烂。成熟期湿度大延迟收获也可使病情加重。多雨年份发病重。

(3) 无公害综合防治技术　①轮作换茬：与禾本科作物轮作；收获后及时耕翻；适时播种，及时收割。②种子消毒：用相当于种子质量0.3%的50%福美双或拌种双粉剂拌种。

(十) 大豆锈病

(1) 危害症状　主要危害叶片。病斑初呈红褐色小点，后变为不规则形茶褐色斑点，叶表稍隆起，破裂后散出铁锈色粉末状孢子。严重时叶片变黄、枯焦、脱落，豆粒不饱满，后期病斑上形成黑褐色隆起的癌斑（图4-11，见彩图）。

(2) 发生规律　病菌只有在活的寄主植物上才能生长。

(3) 无公害综合防治技术　①农业防治：注意开沟排水，采用高畦或垄作，防止湿气滞留；采用配方施肥技术，提高植株抗病力。②药剂防治：发病初期喷洒75%百菌清可湿性粉剂600倍液或36%甲基硫菌灵悬浮剂500倍液，隔10天左右1次，连续防治2～3次。

(十一) 大豆灰星病

(1) 危害症状　主要侵染叶片。叶片上病斑圆形，后期病斑呈灰白色，病斑上有小黑点，故称灰星病。豆荚上病斑圆形，有淡红色边缘。叶柄和茎上病斑长形，黄褐色，有褐色边缘（图4-12，见彩图）。

图4-12　大豆灰星病

图4-13　大豆菌核病

(2) 发生规律　病菌在病株残体上越冬。借风、雨传播进行多次再侵染。在寄主感病、菌源多和气候、栽培条件有利于发病时，易造成病害流行。在冷凉、湿润的气候条件下，发病重，可引起早期落叶。

(3) 无公害综合防治技术 ①清理田间：精选无病种子，秋收后及时清除田间的病株残体，消灭菌源。实行三年轮作。②种子处理：用相当于种子质量 0.3％的 50％福美双可湿性粉剂或 70％敌克松可湿性粉剂拌种。

(十二) 大豆菌核病

(1) 危害症状 苗期至成株期均可发病。病菌在茎基部和叶柄上有水浸状淡褐色斑点，后呈白色，组织湿腐。成株时显红色水渍状病斑，湿润时软腐，病部有白色菌丝和黑色菌核。重者全株枯死，轻者早熟，荚果小，籽粒不饱满（图 4-13，见彩图）

(2) 发生规律 病菌发生流行的适温为 15～30℃、相对湿度 85％以上。一般菌源数量大的连作地或栽植过密、通风透光不良发病重。

(3) 无公害综合防治技术 与禾本科作物实行 3 年以上轮作。选用株形紧凑、尖叶或叶片上举、通风透光性能好的耐病品种。施用酵素菌沤制的堆肥或有机活性肥，适时追肥，增强抗病力。及时排水，降低豆田湿度，避免施氮肥过多，收获后清除病残体。

(十三) 大豆轮纹病

(1) 危害症状 主要危害叶片。叶片染病生周围红褐色、中央灰褐色的圆形病斑，具同心轮纹，上密生黑色小点；叶柄染病引起早期落叶。茎染病，茎部病斑初褐色，干燥后亦变成灰白色，密生黑色小点（图 4-14，见彩图）。

(2) 发生规律 病菌在病株残体上越冬，借风雨进行传播为害。6 月发病，常造成植株底部叶片穿孔或早期落叶，7 月以后病势趋缓。大豆开花后危害荚柄和豆荚。

(3) 无公害综合防治技术 秋收后及时清除病株残体，并秋翻土地消灭菌源，可减轻发病。

(十四) 大豆炭枯病

(1) 危害症状 主要危害茎秆。茎秆发病初期出现褐色病斑，

图 4-14 大豆轮纹病

图 4-15 大豆炭枯病

病斑上密布不规则排列的黑色小点。豆荚上的病斑表面有小黑点呈轮纹状排列，病荚不能正常发育（图 4-15，见彩图）。

（2）发生规律 病菌在病叶上越冬，借风、雨传播发生侵染。该病在 7～10 月份均可发生。植株下部叶片发病重。高温多湿、通风不良均有利于病害的发生。植株生长势弱的发病较严重。

（3）无公害综合防治技术 加强肥水管理，提高抗病力。

（十五）大豆耙点病

（1）危害症状 主要危害叶片。叶染病生不规则形斑，浅红褐色，具浅黄绿色晕圈，大斑常有轮纹，造成叶片早落；叶柄、茎染病生长条形暗褐色斑；严重的豆荚上密生黑色霉（图 4-16，见彩图）。

图 4-16 大豆耙点病

图 4-17 大豆枯萎病

（2）发生规律　病菌在病株残体上越冬，成为翌年初侵染菌源，也可在休闲地的土壤内存活2年以上。多雨和相对湿度80％以上时利其发病。

（3）无公害综合防治技术　从无病株上留种，实行3年以上轮作，切忌与寄主植物轮作。秋收后及时清除田间病残体，进行秋翻土地减少菌源。

（十六）大豆枯萎病

（1）危害症状　染病初期叶片由下向上逐渐变黄褐色萎蔫，剖开病根及茎部维管束变为褐色，后期在病株茎的基部溢出橘红色胶状物（图4-17，见彩图）

（2）发生规律　病菌随病残体在土壤中越冬，病菌从伤口侵入，在田间借灌溉水、昆虫或雨水溅射传播蔓延。高温多湿条件易发病。连作地、土质黏重、根系发育不良发病重。

（3）无公害综合防治技术　①轮作换茬：重病地实行水旱轮作2～3年；施用酵素菌沤制的堆肥或充分腐熟的有机肥，减少化肥施用量；加强检查，及时拔除病株。②药剂防治：淋洒50％甲基硫菌灵悬浮剂500倍液或25％多菌灵可湿性粉剂500倍液、10％双效灵水剂300倍液，隔7天1次，共防治2～3次。

（十七）大豆纹枯病

（1）危害症状　危害茎部和叶片。茎上病斑呈不规则形云纹状，褐色，表面缠绕白色菌丝，上生菌核。叶上初生水渍状大斑，湿度大时病叶似烫伤状枯死。天晴时病斑呈褐色，枯死脱落，并蔓延至叶柄和分枝处，严重时全株枯死（图4-18，见彩图）。

（2）发生规律　病菌菌核在土壤中越冬。在适宜的条件下，菌核萌发长出菌丝继续危害大豆。7～8月田间往往一条垄上一株或几株接连发病，病株常上下大部分叶片均被感染。

（3）无公害综合防治技术　①轮作换茬：合理密植，实行3年以上轮作。秋收后及时清除田间遗留的病株残体，秋翻土地，将散落于地表的菌核及病株残体深埋土中，可减少菌源，减轻下年发病。②药剂防治：喷洒20％甲基立枯磷乳油1200倍液。

图 4-18 大豆纹枯病

图 4-19 大豆荚枯病

（十八）大豆荚枯病

（1）危害症状 主要危害豆荚。豆荚染病初病斑苍白色，凹陷，轮生小黑点。幼荚常脱落，老荚染病萎垂不落，病荚大部分不结实，发病轻的虽能结荚，但粒小、易干缩，味苦。茎、叶柄染病产生灰褐色不规则形病斑，上生小黑粒点，致病部以上干枯（图 4-19，见彩图）。

（2）发生规律 病菌在病残体上或病种子上越冬，连阴雨天气多的年份发病重，南方 8～10 月、北方 8～9 月易发病。

（3）无公害综合防治技术 ①轮作换茬：选用无病种子；发病重的地区实行 3 年以上轮作。②药剂防治：用相当于种子质量 0.3%的 50%福美双或拌种双粉剂拌种。

（十九）大豆茎枯病

（1）危害症状 主要危害茎部。茎上初生长椭圆形病斑，灰褐色，后扩大成黑色长条斑。初发生于茎下部，渐蔓延到茎上部（图 4-20，见彩图）。

（2）发生规律 病菌在病茎上越冬，借风雨进行传播蔓延。

（3）无公害综合防治技术 及时清除病株残体，秋翻土地将病株残体深埋土内，减少菌源。

（二十）大豆黑痘病

（1）危害症状 主要危害叶片。病斑分布于叶脉两侧，后变黑褐色，最终病叶两边向上反卷，变黑干枯。茎和叶柄染病病斑大小

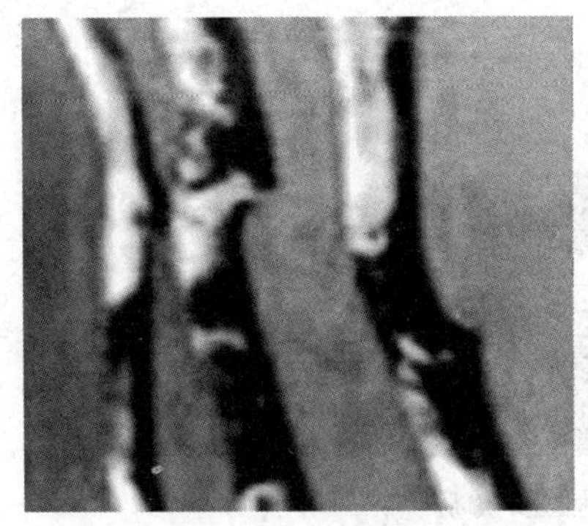

图 4-20　大豆茎枯病

图 4-21　大豆黑痘病

不等，黑褐色，肥厚隆起，疮痂状，上有小黑点（图 4-21，见彩图）。

（2）发生规律　病菌在病株残体上越冬。土壤缺肥尤其缺钾肥影响大豆正常生长，发病重。过度密植或株间通风不良，多雨湿度大时发病重。6 月开始发病，8 月进入发病盛期。重病田大豆中上部病叶大量枯死。

（3）无公害综合防治技术　精选无病种子，进行种子消毒；与禾本科作物进行三年以上轮作；及时清除田间病株残体，秋翻土地将病株残体深埋；增施底肥，采用大豆配方施肥技术，注意氮、磷、钾肥的合理搭配，提高植株抗病力。

（二十一）大豆赤霉病

（1）危害症状　豆荚上的病斑淡褐色，近圆形，凹陷，病斑上有粉红色霉状物。豆荚开裂，内部籽粒常为白色菌丝缠绕而腐烂干缩，表面有粉红色粉状物；贮藏期间室内温度高、湿度大，病菌可进一步扩展到种子深层。病苗，子叶边缘常有半圆形、中央浅褐色、边缘紫红色的病斑。潮湿时病斑表面有粉红色霉层（图 4-22，见彩图）。

（2）发生规律　病菌在病荚和种子上越冬。发病适温 30℃，大豆结荚时遇高温多雨或湿度大发病重。

（3）无公害综合防治技术　选无病种子播种。雨后及时排水，

图 4-22　大豆赤霉病

改变田间小气候，降低豆田湿度。种子采收后及时晾晒，降低贮藏库内湿度，及时清除发霉的豆子。

（二十二）大豆白粉病

（1）危害症状　主要危害叶片。叶上病斑圆形，具暗绿色晕圈，不久长满白粉状菌丛，后期在白色霉层上长出球形、黑褐色闭囊壳（图 4-23，见彩图）。

图 4-23　大豆白粉病

图 4-24　大豆疫病

（2）发生规律　病菌在病株残体上越冬，成为第二年的初侵染源。在寄主感病、菌源多和气候、栽培条件有利于发病时，易造成病害流行。

（3）无公害综合防治技术　①加强管理：选种抗病品种；合理施用肥料，保持植株健壮。②药剂防治：发病初期及时喷洒 25%多菌灵 500～700 倍液，能减轻发病。

(二十三) 大豆疫病

(1) 危害症状　地表和土壤表面以下的植株都能被侵染，出现淡褐色病斑，病斑很快下陷，不断扩大直到环剥下胚轴和茎秆（图4-24，见彩图）。

(2) 发生规律　本病病菌是土传病害，种子也带菌，在土壤中周年存活。生产上大豆茎部染病后，靠近病茎节位的豆荚也常被侵染导致种子带菌，病菌能侵染种子的种皮、胚和子叶，种子里的疫霉菌卵孢子只产生在种皮，病菌生长适温24～28℃。

(3) 无公害综合防治技术　①轮作换茬：实行轮作、深翻改土，结合深翻，土壤喷施“免深耕”调理剂，增施有机肥料、磷钾肥和微肥，适量施用氮肥，改善土壤结构，提高保肥保水性能，促进根系发达，植株健壮。②药剂防治：喷洒3000倍96%天达恶霉灵药液50千克，或撒施70%敌克松可湿性粉剂2.5千克。

(二十四) 大豆细菌斑点病

(1) 危害症状　主要发生在叶片。初期叶上出现黄绿色水浸状小斑，中心干枯呈暗褐色，有黄色晕圈。天气潮湿时分泌出白色菌脓，干燥后呈膜状。茎和叶柄上的病斑长条形、褐色。种子上的病斑不规则形，呈褐色，常覆一层菌脓（图4-25，见彩图）。

图4-25　大豆细菌斑点病

图4-26　大豆细菌角斑病

(2) 发生规律　病菌在种子或病株残体上越冬。田间借风雨传播，从植株气孔侵入。病菌生长最适温度为24～26℃。天气阴冷潮湿有利于发病，暴风雨后病害常暴发流行。

(3) 无公害综合防治技术　①轮作换茬：与禾本科作物进行3年以上轮作。施用日本酵素菌沤制的堆肥或充分腐熟的有机肥。②药剂防治：播种前用相当于种子质量0.3%的50%福美双拌种。发病初期喷洒1∶1∶160倍式波尔多液或30%绿得保悬浮液400倍液，防治1～2次。

(二十五) 大豆细菌角斑病

(1) 危害症状　叶片上病斑初期为多角形小斑点、水渍状、凹陷，病斑周围有一狭窄的褪绿晕圈。发病严重时叶片枯死脱落（图4-26，见彩图）。

(2) 发生规律　病菌主要在种子及病残体上越冬。带菌种子为重要的传染源，条件适宜时即可形成初侵染，由气孔、水孔或伤口侵入寄主。发病后借风雨传播进行重复侵染。病菌生长温度10～38℃，最适温度为25～32℃。

(3) 无公害综合防治技术　①轮作换茬：实行2～3年以上轮作，收获后及时清除田间病株残体，深翻土地，消灭菌源。②药剂防治：播种前进行种子处理，可用1%稀盐酸浸种3～4小时，洗净后播种，也可用相当于种子质量0.3%的47%加瑞农可湿性粉剂拌种。

(二十六) 大豆细菌斑疹病

(1) 危害症状　主要侵染叶片。叶片初生浅绿色小点，后形成小疱状斑，表皮破裂，形似斑疹。严重时大量病斑汇合，组织变褐、枯死，似火烧状。初生红褐色圆形小点，后变成黑褐色枯斑，稍隆起（图4-27，见彩图）。

(2) 发生规律　病菌主要在病种子及病残体上越冬。在田间借风雨传播进行再侵染，从植株气孔、水孔或伤口侵入。多在开花期至收获前发生，鼓粒期为发病高峰。高温多雨，特别是暴风雨后，叶面伤口较多，更有利于病害的扩展蔓延。大豆连作田间菌源大，病害发生严重。

(3) 无公害综合防治技术　①轮作换茬：精选无病种子播种；

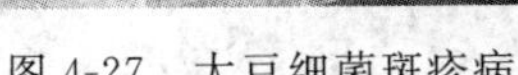

图 4-27　大豆细菌斑疹病

图 4-28　大豆花叶病

与禾本科作物实行 3～4 年以上轮作；收获后，清除田间病残体，集中烧毁，然后深翻土壤。②药剂防治：播种前用相当于种子质量 0.3%的 50%福美双拌种，也可用 1 克农用链霉素加水 5～10 千克浸种 30～60 分钟，晾干后播种。

（二十七）大豆花叶病

（1）危害症状　大豆花叶病大约有以下几种类型。①黄斑型：老叶上出现不规则黄色斑块，叶不皱缩，上部嫩叶多呈皱缩花叶状。②芽枯型：植株顶梢及侧枝芽呈红褐色，萎缩卷曲，后变黑色枯死，并发脆易断，植株矮化；开花期多数花芽萎蔫不结荚。结荚期荚上生圆形褐色斑块，荚多畸形（图 4-28，见彩图）。

（2）发生规律　种子带毒在田间形成病苗是该病初侵染源，由桃蚜、豆蚜、大豆蚜等 30 多种蚜虫传毒完成。生产上使用了带毒率高的豆种，且介体蚜虫发生早、数量大，植株被侵染早，品种抗病性不高，播种晚时，该病易流行。

（3）无公害综合防治技术　①适期播种，使大豆开花期在蚜虫盛发期之前，减少早期传毒侵染。②驱避蚜虫：大豆苗期用银膜覆盖，也可用银膜条间隔插在田间，可起到很好的驱辟蚜虫效果。③药剂防治：用 3%啶虫脒乳油 1500 倍液，或 10%吡虫啉可湿性粉剂 3000 倍液，或 2.5%高效氯氟氰菊酯 1000～2000 倍液等药剂喷雾防治。

（二十八）大豆胞囊线虫病

（1）危害症状　主要危害根部，拔出病株见根系不发达，支根减少，细根增多，根上附有白色的球状物（图 4-29，见彩图）。

图 4-29　大豆胞囊线虫病

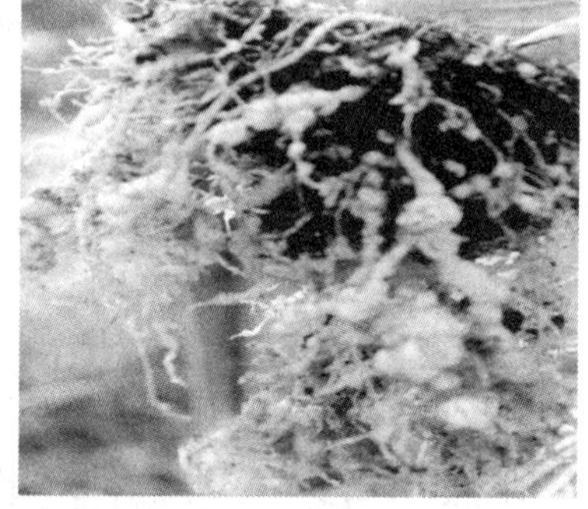

图 4-30　大豆根结线虫病

（2）发生规律　大豆胞囊线虫以卵在土壤中越冬。从根毛侵入，在幼虫根皮层内营寄生生活。气温在 18～25℃之间发育最好，最适湿度为 60%～80%，过湿则氧气不足，易使线虫死亡。过于黏重、通气不良的土壤，不利于线虫的存活。在偏碱性的土壤内发病也重。

（3）无公害综合防治技术　①轮作换茬：与禾本科植物实行轮作，严禁线虫的传入。通过种子检验，严防机械作业等传播线虫。加强营养，提高抗病性。施足基肥和种肥，早施追肥与叶面肥。②生物防治：每公顷所需大豆种子用大豆保根菌剂 1500～2250 毫升拌种，以高剂量防效更好。另外用豆丰 1 号生防颗粒剂，每公顷 75～150 千克，与种肥混施。

（二十九）大豆根结线虫病

（1）危害症状　豆根受线虫刺激，形成节状瘤，有的小如米粒，有的形成“根结团”，表面粗糙，瘤内有线虫。病株矮小，叶片黄化，严重时植株萎蔫枯死，田间成片黄黄绿绿，参差不齐（图 4-30，见彩图）。

（2）发生规律　大豆根结线虫以卵在土壤中越冬，通过农机具、人畜作业以及水流、风吹随土粒传播。由新根侵入。连作大豆田发病重。偏酸或中性土壤适于线虫生育。沙质土壤、瘠薄地块利于线虫病发生。

（3）无公害综合防治技术　①轮作换茬：与非寄主植物进行 3 年以上轮作。北方与禾本科作物轮作。南方宜与花生轮作，不能与玉米、棉花轮作。②生物防治：每 667 米^2 所需大豆种子用大豆保根菌剂 100～150 毫升拌种，以高剂量防效更好。

（三十）大豆菟丝子

（1）危害症状　菟丝子茎缠绕于大豆茎上，常把植株成簇地盘绕起来。受害大豆生长停滞，植株矮小，最后植株变黄或枯死。菟丝子在田间常成片发生危害（图 4-31，见彩图）。

图 4-31　大豆菟丝子

（2）发生规律　菟丝子成熟后落入土中的种子，混杂在大豆种子以及机肥中的种子，是主要的初次侵染来源。菟丝子还可以靠风、水和鸟传播。种子发芽适宜土温为 25℃左右，适定土壤含水量为 15%～30%。

（3）无公害综合防治技术　①清选豆种：菟丝子种子小，筛选、风选均能清除混杂在豆种中的菟丝子种子。②轮作换茬：菟丝子不能寄生在禾本科作物上，故大豆应与禾本科作物轮作 3 年以上。③深翻土壤：菟丝子种子在土表 5 厘米以下不易萌发出土。深耕 10 厘米以上，将土表菟丝子种子深埋，使菟丝子难以发芽出土。④化学防除：每 667 米^2 用 48%地乐胺 250 毫升，或 43%甲草胺

250 毫升，兑水 30～50 千克喷施。

二、生理性病害防治

（一）沤根

（1）危害症状　大豆喜湿，耐旱不耐涝，因此在齐垄栽培的基础上，应浇小水，避免田间积水，导致根系无法呼吸，而引起植株死亡。

（2）发生原因　浇水太多。

（3）无公害综合防治技术　应避免大水漫灌，如有大雨应及时排涝，晴天后有条件的可适当划锄，以增加土壤通透性，提高根系活力。

（二）大豆花荚脱落

（1）危害症状　大豆花荚脱落较多。

（2）发生原因　①密度过大，通风透光不良；②养分供应不足或施用不合理；③土壤湿度不当；④病虫危害。

（3）无公害综合防治技术　①合理密植：黑豆合理密植范围为 15.0 万～37.5 万株/公顷。一般原则是早熟品种播密些，晚熟品种播稀些；分枝多的品种播稀些，分枝少的品种播密些；肥地播稀些，瘦地播密些。②科学施肥：大豆喜磷好钾，施用磷、钾肥，除为大豆提供磷、钾外，还能促进根瘤菌固氮，增强植株抗病、抗旱和抗倒能力。一般施过磷酸钙 375 千克/公顷、氯化钾 105～120 千克/公顷作基肥。

三、虫害防治

（一）斑须蝽

（1）危害症状　主要危害叶片，刺吸嫩叶、嫩茎及穗部汁液。茎叶被害后，出现黄褐色斑点，严重时叶片卷曲，嫩茎凋萎，影响生长，减产减收（图 4-32，见彩图）。

（2）发生规律　1 年发生 2 代，以成虫在田间杂草、枯枝落叶、植物根际、树皮及屋檐下越冬。借风雨迁飞、扩散。4 月初开始活动，4 月中旬交尾产卵，4 月底至 5 月初幼虫孵化，第 1 代成

图 4-32　斑须蝽

图 4-33　大豆蚜

虫 6 月初羽化。

(3) 无公害综合防治技术　①轮作换茬；播种或移栽前，或收获后，清除田间及四周杂草，集中烧毁或沤肥；深翻地灭茬、晒土，促使病残体分解，减少病源和虫源。②药剂防治：用 20%灭多威乳油 1500 倍液或 90%敌百虫晶体 1000 倍液喷雾。

(二) 大豆蚜

(1) 危害症状　大豆蚜（图 4-33，见彩图）危害大约有以下几种症状类型。①黄斑型：老叶上出现不规则形黄色斑块，上部嫩叶多呈皱缩花叶状。②芽枯型：植株顶梢及侧枝顶芽呈红褐色，萎缩卷曲，最后变黑色枯死，并发脆易断，花芽萎蔫不结荚。③褐斑型：豆粒表现的斑驳色泽与豆粒脐部颜色有关，褐色脐的豆粒，斑驳呈褐色，黄白色脐的斑驳呈浅褐色，黑色脐的斑驳呈黑色。④轻花叶型：叶片表现轻微淡黄色斑块。⑤皱缩花叶型：叶片呈黄绿相间的花叶，皱缩成畸形，沿叶脉呈泡状突起，叶缘向下卷曲或扭曲，植株矮化。⑥重花叶型：叶片也呈黄绿相间的花叶，皱缩严重，叶脉弯曲，叶肉呈紧密泡状突起，暗绿色。整个叶片的叶缘向后卷曲，后期叶脉坏死，植株也矮化。

(2) 发生规律　带毒种子是田间初次发病的主要来源。在大豆生长期由大豆蚜、桃蚜、蚕豆蚜、苜蓿蚜和棉蚜等介体传播病毒。

一般干旱年份蚜虫活动猖獗，病害发生重；气温在 18℃左右时，皱缩花叶病发生最重；温度在 30℃以上症状隐蔽。

（3）无公害综合防治技术　①农业措施：适期播种，使大豆开花期在蚜虫盛发期前，减少早期传毒侵染。种子田在苗期拔除病株，收获前发现病株也应拔除。收获的种子要求带毒率在 1%以下。病株率高或带毒率高的种子不能作为下年种子用。②药剂防治：用 50%抗蚜威可湿性粉剂 2000 倍液，或 25%蚜螨清乳油 2000 倍液喷雾防治。

（三）大青叶蝉

（1）危害症状　以成虫和若虫危害叶片，刺吸汁液，造成褪色、畸形、卷缩，甚至全叶枯死（图 4-34，见彩图）。

图 4-34　大青叶蝉

图 4-35　暗黑鳃金龟危害大豆叶片状

（2）发生规律　一般每年发生 2～5 代。初孵若虫常喜群聚取食。在寄主叶面或嫩茎上常见十多个或二十多个若虫群聚危害，偶然受惊便斜行或横行，由叶面向叶背逃避，如惊动太大，便跳跃而逃。一般早晨不很活跃，午前到黄昏较为活跃。若虫爬行一般均由下往上，多沿树木枝干上行，极少下行。成虫趋光性很强，100 瓦电灯每天最多诱虫两千多头。

（3）无公害综合防治技术　①灯光诱杀：在成虫期利用灯光诱杀，可以大量消灭成虫。成虫早晨不活跃，可以在露水未干时，进行网捕。②药剂防治：可用 90%敌百虫晶体、80%敌敌畏乳油 1000 倍液喷杀。

（四）暗黑鳃金龟

（1）危害症状　成虫、幼虫食性很杂。成虫有暴食特点，取食时发出“沙沙”声，很快将树叶吃光（图 4-35，见彩图）。

（2）发生规律　每年发生 1 代，以幼虫越冬。选择无风、温暖的傍晚出土，天明前入土。成虫有假死习性。在大豆田及部分花生田，幼虫发育快，到 9 月份多数幼虫下移越冬；而粮田中的幼虫发育慢，9 月份还能继续危害小麦。

（3）无公害综合防治技术　①栽培措施：深翻改土，铲平沟坎荒坡，消灭地边、荒坡、田埂等处的蛴螬，杜绝地下害虫的滋生地。实行轮作倒茬和间作套种。②生物防治　每 23 米^2 用 0.05 千克乳状菌粉，防治效果一般为 60%～80%。

（五）豆秆黑潜蝇

（1）危害症状　以幼虫蛀食大豆叶柄和茎秆，造成茎秆中空，植株枯死。苗期受害，根茎部肿大，大多造成叶柄表面褐色，全株铁锈色。后期受害，造成花、荚、叶过早脱落，千粒重降低而减产。成虫也可吸食植株汁液，形成白色小点（图 4-36，见彩图）。

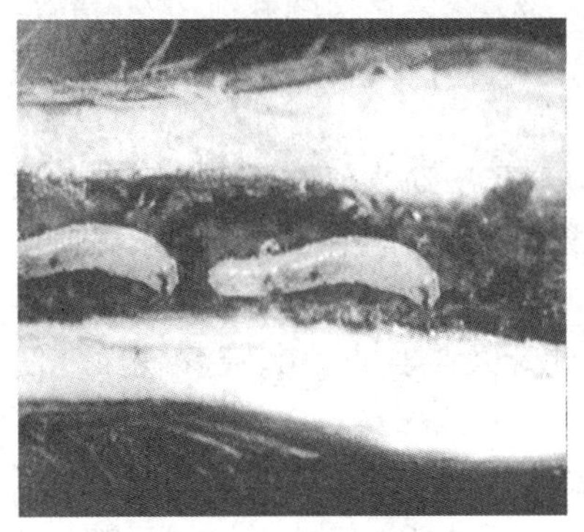

图 4-36　豆秆黑潜蝇

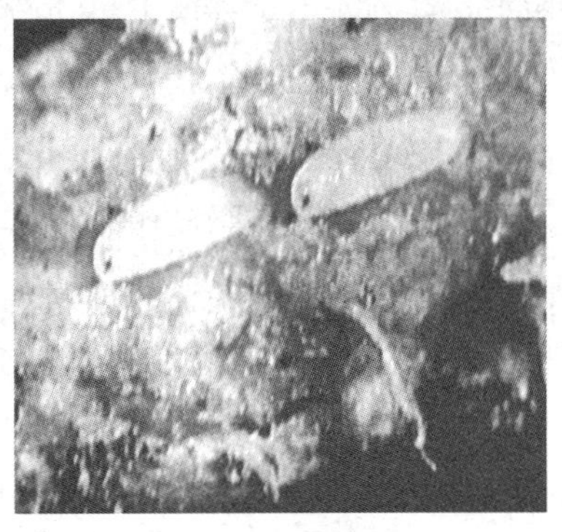

图 4-37　豆根蛇潜蝇

（2）发生规律　每年发生代数各地不同，且世代重叠。一般以蛹和少量幼虫在寄主根茬和秸秆上越冬。豆秆黑潜蝇成虫早晚最活跃，多集中在豆株上部叶面活动；夜间、烈日下、风雨天则栖息于豆株下部叶片或草丛中。多雨多湿的季节发生严重。

(3) 无公害综合防治技术　①栽培防治：大豆收获后，清除落在地上的茎、叶和叶柄，以及脱粒后的茎秆等。豆茬深翻入土，并采取增施基肥、提早播种、适时间苗、轮作换茬等措施。②药剂防治：可用50%辛硫磷乳油，50毫升/667米^2；或75%灭蝇胺可湿性粉剂5000倍液均匀喷施。

(六) 豆根蛇潜蝇

(1) 危害症状　豆根蛇潜蝇成虫刺破和舔食大豆幼苗的子叶和真叶，取食处呈枯斑状。植株根部受害表现为根系不发达，根变粗、变褐，皮层开裂或畸形增生，或生肿瘤（图4-37，见彩图）。

(2) 发生规律　豆根蛇潜蝇以蛹在豆株根部或被害根部附近土壤内越冬。在温暖的晴天，成虫多集中在植株上部活动取食或交配，在气温低、阴雨天或风力大时则栖息在下部叶背面，在无风闷热的阴天，整日可在植株上部活动。

(3) 无公害综合防治技术　①合理轮作：豆田秋季深翻或耙茬。进行深耕秋翻，蛹翻入土下30厘米则不能羽化。适时早播、施足基肥，适当增施磷肥、钾肥，培育壮苗，能减轻为害。②药剂防治：25%爱卡士乳油1500倍液、2.5%溴氰菊酯乳油2000倍液、40%绿莱宝乳油1000倍液混用。

(七) 小地老虎

(1) 危害症状　幼虫昼夜均可群集于幼苗顶心嫩叶处取食、危害，行动敏捷，受到惊扰即蜷缩成团，白天潜伏于表土的干湿层之间，夜晚出土从地面将幼苗植株咬断拖入土穴或咬食未出土的种子，幼苗主茎硬化后改食嫩叶和叶片及生长点，有迁移现象（图4-38，见彩图）。

(2) 发生规律　春季夜间气温达8℃以上时即有成虫出现，但10℃以上时数量较多、活动愈强；对普通灯光趋性不强，对黑光灯极为敏感，有强烈的趋化性，特别喜欢酸、甜、酒味和泡桐叶。从10月到翌年4月都可见其发生和危害。

(3) 无公害综合防治技术　①农业防治：除草灭虫。春耕前进行精耕细作，或在初龄幼虫期铲除杂草，可消灭部分虫、卵。②药剂防治：每公顷可选用50%辛硫磷乳油750毫升，或2.5%溴氰菊

图 4-38　小地老虎

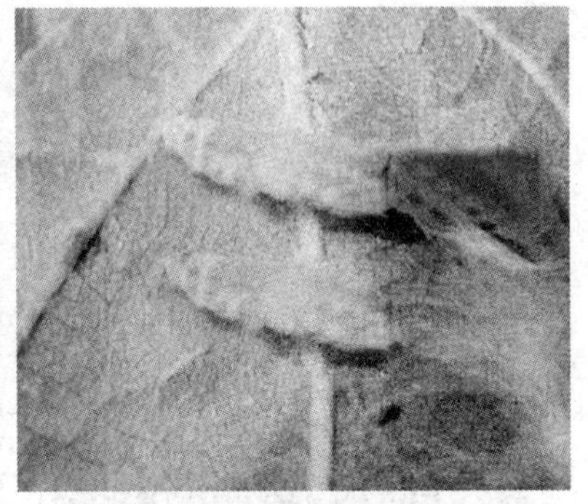

图 4-39　豆小卷叶蛾

酯乳油，兑水 750 升喷雾。喷药适期应在幼虫 3 龄盛发前。

(八) 豆小卷叶蛾

(1) 危害症状　以幼虫危害叶。初孵幼虫在嫩芽或茸毛间结丝为害，后吐丝把叶缘、顶梢数叶、豆荚缀合成团，幼虫在其中取食，致顶梢干枯（图 4-39，见彩图）。

(2) 发生规律　每年发生 4～5 代，以幼虫或蛹在豆田 10 厘米左右深的土层中越冬。一般春季多雨，湿度大，危害重。

(3) 无公害综合防治技术　①农业防治：对豆田深翻和冬灌可消灭越冬幼虫。一般多毛或具有限结荚习性的品种有耐虫或抗虫性。②药剂防治：可使用 10％氯氰菊酯乳油 1500 倍液，或 5％高效氯氰菊酯乳油 1500 倍液喷雾防治。

(九) 银纹夜蛾

(1) 危害症状　幼虫食叶成网膜状，后可食尽上部嫩叶，造成大豆落花落荚，或籽粒不饱满（图 4-40，见彩图）。

(2) 发生规律　每年发生 2 代。以蛹茧在大豆枯叶上越冬。成虫昼伏夜出，卵散产在叶背，初孵幼虫能吐丝下垂，随风传播，幼虫多在夜间为害，老熟后在叶背结茧化蛹。气温高、雨量适中的年份发生重，生长茂密的田块危害重。

(3) 无公害综合防治技术　幼虫在 3 龄以前、百株有虫 50 只以上时，用 50％辛硫磷乳油 1000 倍液喷雾防治。

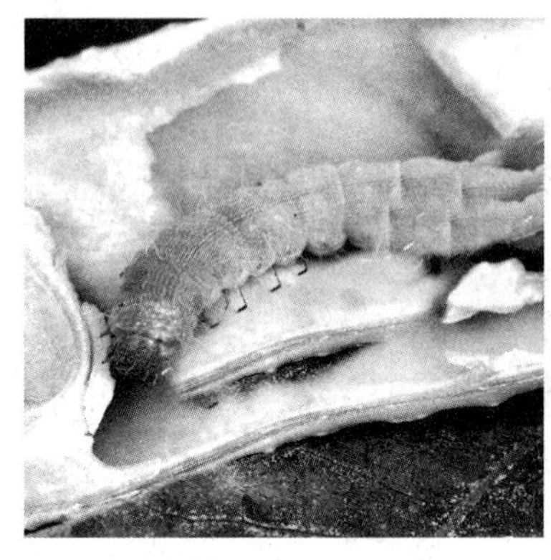

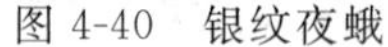
图 4-40 银纹夜蛾

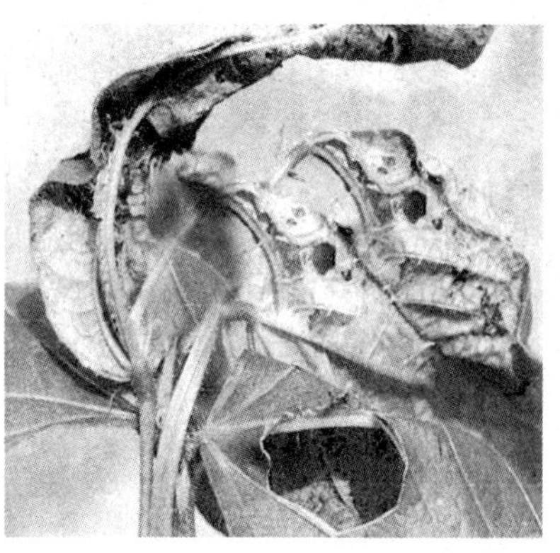

图 4-41 苜蓿夜蛾

（十）苜蓿夜蛾

（1）危害症状 苜蓿夜蛾食性很杂。初龄幼虫将叶片卷起，潜伏其中食害，后沿主脉暴食叶肉，形成缺刻和孔洞，并能食害豆荚（图 4-41，见彩图）。

（2）发生规律 每年发生 2 代。以蛹在土中越冬。有趋光性。成虫白天在植株间飞翔，取食花蜜，产卵于叶背面。老熟幼虫受惊后则卷成环形，落地假死。

（3）无公害综合防治技术 虫少时，可用纱网、布袋等顺豆株顶部扫集，或利用幼虫假死性，用手振动豆株，使虫落地，就地消灭。

（十一）大豆食心虫

（1）危害症状 以幼虫蛀食豆荚，一般从豆荚合缝处蛀入，被害豆粒咬成沟道或残破状（图 4-42，见彩图）。

（2）发生规律 大豆食心虫每年发生 1 代，以老熟幼虫在豆田、晒场及附近土壤，内做茧越冬。成虫飞翔力不强。初孵幼虫行动敏捷。大豆食心虫喜中温高湿，高温干燥和低温多雨均不利于成虫产卵。冬季低温会造成大量死亡。

（3）无公害综合防治技术 ①轮作换茬：合理轮作，尽量避免连作。豆田翻耕，尤其是秋季翻耕，增加越冬死亡率，减少越冬虫源基数。②生物防治：在卵高峰期释放赤眼蜂，每公顷释放 30

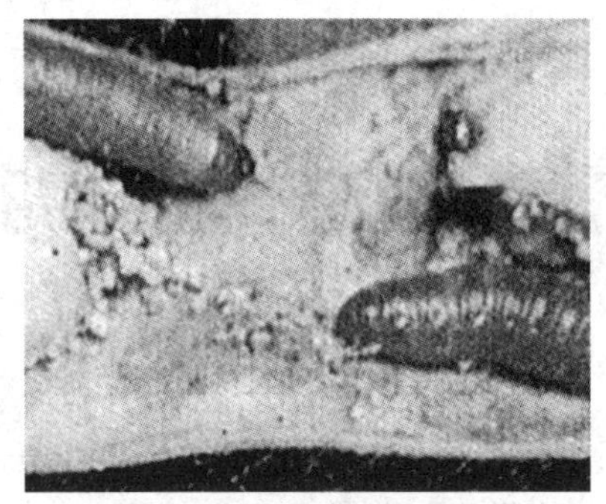

图 4-42　大豆食心虫

万～45 万头，可降低虫食率 43%左右。

第五节　黑大豆的保健食疗

中医认为，黑豆为肾之谷，入肾，具有健脾利水、消肿下气、滋肾阴、润肺燥、活血解毒、止盗汗、乌发黑发以及延年益寿的功能。现代药理研究证实，黑豆除含有丰富的蛋白质、卵磷脂、脂肪及维生素外，尚含黑色素。正因为如此，黑豆一直被人们视为药食两用的佳品。

（1）治肾虚消渴　炒黑豆、天花粉各等份，研末，面糊和丸如梧桐子大，每服 70 丸，煮黑豆汤送下，1 日 2 次。

（2）治阴虚盗汗　黑豆衣 15 克、浮小麦 15 克，水煎服。

（3）治脱发　黑豆 500 克，水 1000 克。文火熬煮，以水尽为度，取出放器皿上，微干时撒些细盐，装于瓶中，每次 6 克，1 日 2 次，温开水送下。

（4）治产后风气、血结　黑豆 3 升，炒热至烟出，装入酒瓶，浸 1 日后，每次饮此酒半小杯，1 日 3 次，令微出汗，身润即愈。

（5）治高血压　黑豆 200 克，陈醋 500 克，浸 1 周后，每次嚼服 30 粒，1 日 3 次。

第五章 黑甘薯栽培技术

第一节 概 述

在2002年世界卫生组织确认的最佳食品榜中，甘薯位于最佳蔬菜组中的榜首。甘薯叶和嫩梢，过去在荒年才有人食用，称护国菜，近年来虽有一些人食用，但尚未普及。

紫甘薯又称黑甘薯，是甘薯的一个品种，新梢与叶呈紫色，是从普通的绿叶甘薯中培育出来的菜用甘薯品种（图5-1，见彩图）。紫甘薯初生叶伸展快速，幼嫩甜美，适口性优。紫番薯新梢长到15厘米长时，即可采摘上市，每2～3周可采1次。种植1次可连续收获2年。病虫害少，不必或少用农药，且对台风及暴雨抗性强，对自然灾害抗性强。薯叶的营养物质与块根一样丰富，每100克甘薯叶含蛋白质2.8克，脂肪0.8克，碳水化合物4.1克，热量14.7千焦，粗纤维1.1克，灰分1.2克，钙16毫克，磷34毫克，铁2.3毫克，胡萝卜素6.42毫克，维生素B_1 0.07毫克，维生素B_2 0.24毫克，尼克酸0.7毫克。紫甘薯除具有普通红薯的以上这些营养成分外，还富含硒元素和花青素，具特殊保健功能。它含有20%左右的蛋白质，包括18种氨基酸，易被人体消化和吸收，其中包括维生素C、B族维生素、维生素A等8种维生素和磷、铁等10多种矿物元素；纤维素含量高，可增加粪便体积，促进肠胃蠕动，清理肠腔内滞留的黏液、积气和腐败物，排出粪便中的有毒物质和致癌物质，保持大便畅通，改善消化道环境，防止胃肠道疾病的发生。

近代科学研究表明，甘薯叶和块根中含有大量的液蛋白。液蛋白是一种多糖和蛋白质的混合物，能预防心血管脂肪沉积，保持动脉血管弹性，有利于预防冠心病。液蛋白还能预防肝脏和肾脏中结缔组织的萎缩，保持消化道、呼吸道和关节腔的润滑。甘薯叶中的丰富纤维能加快食物在肠胃中的运转，具有清肠作用。

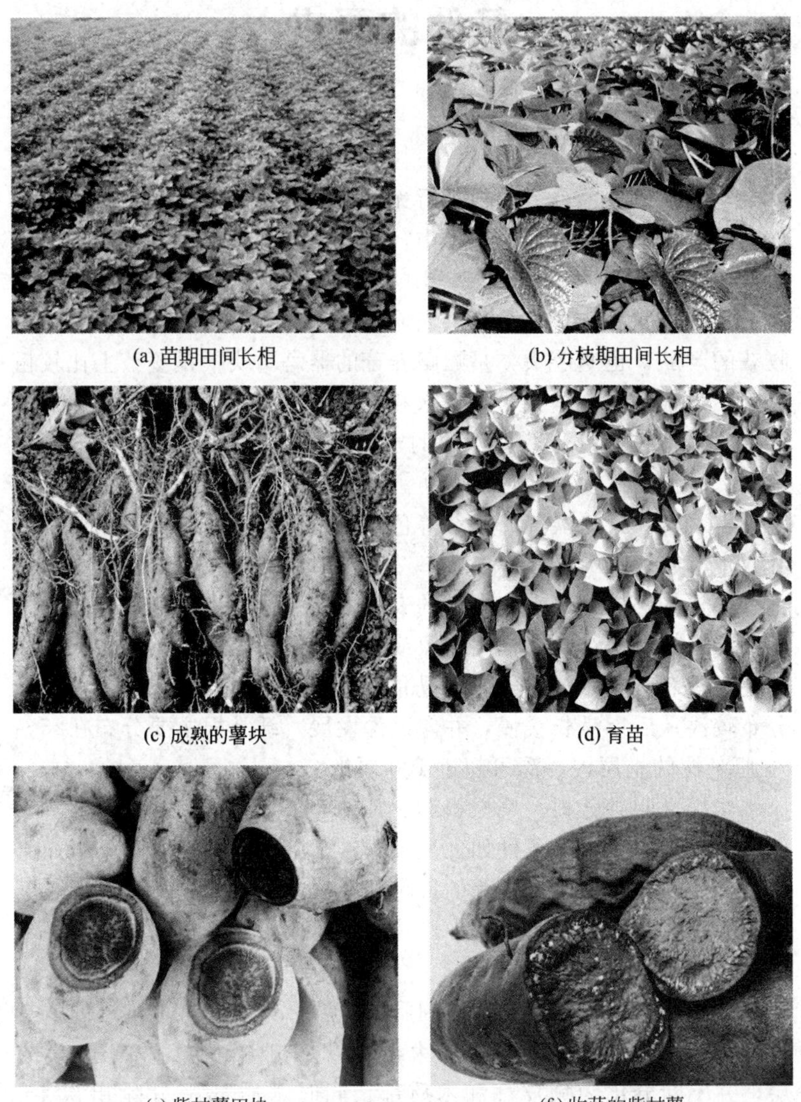

(a) 苗期田间长相

(b) 分枝期田间长相

(c) 成熟的薯块

(d) 育苗

(e) 紫甘薯田块

(f) 收获的紫甘薯

图 5-1　紫甘薯

第二节　生物学特性及对栽培条件的要求

一、形态特征

（一）根

甘薯一般用茎蔓或块根进行无性繁殖。薯蔓节上最初发生的根称为不定根，在甘薯生长过程中，不定根又分化发育成块根、须根和柴根。

块根也叫贮藏根，是可供人们食用和加工的薯块，也就是人们收获的产品，也叫芋头，是贮藏养分的器官。块根是蔓节上比较粗大的不定根，在土壤光、温、水和肥等条件适宜的情况下长成。甘薯块根多生长在5～25厘米深的土层内，很少在30厘米以下土层发生。先伸长后长粗。形状有纺锤形、圆筒形、球形和块形等，皮色有白、黄、红、淡红、紫红等色，肉色可分为白、黄、淡黄、橘红或带有紫晕。甘薯的块根具有出芽特性，是育苗繁殖的重要器官。块根的外层是含有花青素的表皮，通称为薯皮。

纤维根呈纤维状，又叫细根或须根，细而长，上有很多分枝和根毛，具有吸收水分和养分的功能。纤维根在生长前期生长迅速，分布较浅；后期生长缓慢，并向纵深发展。纤维根主要分布在25～40厘米深的土层内，深可超过100厘米。

柴根又叫牛蒡根，柴根粗约1厘米，长可达30～50厘米，当不定根受到不良气候条件如低温多雨、土壤条件差或施肥不当如氮肥过多，而磷、钾肥过少等的影响，使根内组织发生变化，发育不完全而形成的畸形肉质根或中途停止加粗而形成柴根。柴根消耗养分，无利用价值。

甘薯块根表皮以下的几层细胞为皮层，其内侧是可食用的中心柱部分。中心柱内有许多维管束群，以及初生、次生和三生形成层，并不断分化为韧皮部和木质部。同时木质部又分化出次生、三生形成层，再次分化出三生、四生的导管、筛管和薄壁细胞。由于次生形成层不断分化出大量薄壁细胞并充满淀粉粒，使块根能迅速膨大。中心柱内的韧皮部具有含乳汁的管细胞，最初只限于韧皮部外侧，以后由于各种形成层均能产生新的乳汁管而遍布整个块根，切开块根时流出的白浆，即乳汁管分泌的乳汁，内含紫茉莉苷。

（二）茎

甘薯茎也叫蔓，匍匐蔓生或半直立，长1～7米，呈绿、绿紫或紫、褐等色。茎节能生芽，长出分枝和芽根，利用这种再生力强的特点，可剪蔓栽插繁殖。

（三）叶

叶着生于茎节，叶序为2/5，有心脏形、肾形、三角形和掌状形，全缘或具有深浅不同的缺刻，同一植株上的叶片形状也常不相同；绿色至紫绿色，叶脉绿色或带紫色，顶叶有绿、褐、紫等色。

（四）花

甘薯的花为聚伞花序，腋生，形似牵牛花，淡红或紫红色。雄蕊5个，雌蕊1个。蒴果近圆形，着生1～4粒褐色的种子。

二、生育周期

一般把甘薯生长期划分为4个时期，即发根缓苗期、分枝结薯期、薯蔓同长期、薯块盛长期。

（1）发根缓苗期　薯苗栽插后，入土各节发根成活，地上苗开始长出新叶，幼苗能够独立生长，大部分秧苗从叶腋处长出腋芽。

（2）分枝结薯期　甘薯根系继续发展，腋芽和主蔓延长，叶数明显增多，主蔓生长最快，茎叶开始覆盖地面并封垄。此时，地下部的不定根分化形成小薯块，后期则成薯数基本稳定，不再增多。结薯早的品种在发根后10天左右开始形成块根，到20～30天时已看到少数略具雏形的块根。

（3）薯蔓同长期　即从甘薯茎叶覆盖地面开始到叶面积生长达最高峰。此期茎叶迅速生长，茎叶生长量占整个生长期重量的60%～70%。地下薯块随茎叶的增长，光合产物不断地输送到块根而明显膨大增重，块根总重量的30%～50%是在这个阶段形成的。

（4）薯块盛长期　即茎叶生长由盛转慢直至收获期，而以薯块膨大为中心。茎叶开始停长，叶色由浓转淡，下部叶片枯黄脱落。地上部同化物质加快向薯块输送，薯块膨大增重速度加快，所增重量相当于总薯重的40%～50%，高的可达70%，薯块内干物质的积蓄量明显增多，品质显著提高。

三、需肥水规律

（一）肥料需求

1. 需肥规律

甘薯适应性广，抗逆性强，产量高、再生能力强、耐瘠薄，是高产稳产的粮食作物之一。甘薯对肥料的要求，以钾肥最多，氮肥次之，磷肥最少，据研究每产1000千克鲜薯，需吸收纯氮3.72千克、纯磷（P_2O_5）1.72千克、钾（K_2O）7.48千克，氮、磷、钾之比约为2∶1∶4。

甘薯吸收养分的规律是，甘薯在生长的前、中期对氮素的吸收速度快，需量大，茎叶生长盛期吸收量达到高峰，后期茎叶衰退，薯块迅速膨大，对氮素的吸收速度变慢，需量减少；对磷素的吸收随着茎叶的生长逐渐增大，到薯块膨大期吸收量达到高峰；对钾素的吸收随着茎叶的生长逐渐增大，薯块快速膨大期达到最高峰，从开始生长到收获的吸收量比氮、磷都高。

2. 施肥技术

（1）基肥的施用　基肥应以充分腐熟的农家肥为主，一般情况下每667米^{2}施用3000～5000千克，可以撒施后结合耕地翻入土中。同时每667米^{2}配合施入碳铵25～40千克、过磷酸钙30～50千克、硫酸钾10～10千克，或一次性施入三元复合肥40～50千克，或在起垄时集中施在垄底。做到深浅结合，有效地满足甘薯前、中、后期对养分的需要，促进甘薯正常生长。

（2）追肥　①提苗肥：在肥力不足的地块，可以适当施提苗肥，一般在团棵期前，每667米^{2}施用尿素5～7.5千克或高氮复合肥5～10千克。肥料要穴施在苗侧下方7～10厘米处，注意小株多施，大株少施，干旱条件下追肥后随即浇水，达到培壮幼苗的作用。②结薯肥：分枝结薯期，薯块开始膨大，吸肥力增强，需要及早追肥，以达到壮株催薯、稳长快长的目的。干旱条件下要提前施用。长势弱的地块每667米^{2}追施尿素5～7.5千克或三元素复合肥5～10千克；长势较好的用量可减少一半或不施。基肥用量多的高产田可以不追肥，或单追钾肥。③催薯肥：催薯肥以钾肥为主，一是增加叶片含钾量，延长叶龄，加粗茎和叶柄，使之保持幼嫩状态；二是提高光合效率，促进光合产物向薯块的运转；三是提高茎叶和薯块中的钾、氮比值，促进薯块膨大。施肥时期一般在薯块膨大始期，每667米^{2}施用硫酸钾10～15千克。以破垄施肥较好，即在垄的一侧，用犁破开1/3，随即施肥。施肥时加水，可尽快发挥其肥效。④裂缝肥：容易发生早衰的地块、茎叶盛长阶段长势差的地块和前几次追肥不足的地块，在土壤裂开成缝时，追施少量速效氮肥。一般每667米^{2}顺裂缝灌施0.5%尿素200～250千克和0.5%的磷酸二氢钾200～250千克。⑤根外追肥：在薯块膨大阶段，可以在午后到天黑前的这段时间，每667米^{2}喷施0.3%的磷酸二氢钾溶液75～100千克。每10～15天喷1次，共喷2～3次，不但能增产，还能改进薯块质量。要特别注意的是甘薯为忌氯作物，不能施用含有氯元素的肥料。

（二）需水规律

甘薯需水规律一般是前期少、中期多、后期少，水分管理总的原则是看天、看地、看苗。以中午叶片有些皱为需水指示，说明应灌溉。打垄前若遇旱，在栽插前4～5天灌水，保持土壤湿润，再适时耕地起畦，栽后采用人工穴浇。栽后20～30天，地干时小水浅浇，水面不超过垄高的1/3。栽后40天，配合中耕培土，进行灌水，水面不超过垄高的1/2，随即中耕培土。栽后50天，即封垄后，灌水要采用跑马水，以防止茎叶生长过旺。收获前15天停止灌水，以保证收获时土壤干湿适中，防止薯块破损，提高薯块商品率和耐贮性。在多雨少光照季节，甘薯往往蔓叶生长过旺，适当提蔓拉断不定根。甘薯怕涝渍，7～8月份，台风暴雨频繁，要及时清沟排水，防涝防渍。

四、对环境条件的要求

（一）温度

甘薯喜暖怕冷，不耐寒，低温对甘薯生长有害。忌低温霜冻，需120天以上无霜生长期。紫甘薯盛长期内气温不能低于21℃，茎叶生长适温为18～35℃，15.5℃时茎叶生长基本停止，18℃以下生长缓慢。薯苗发根的最低温约为15℃，适宜栽插的气温为18～20℃，18℃以下发根较缓慢。温度偏高发根快，但叶片易萎蔫。当气温降到15℃，就停止生长，低于9℃，薯块将逐渐受冷害而腐烂；地上部茎叶经霜冻时很快丧失生活力而死亡。夏季平均气温22℃以上适宜栽培，在18～32℃范围内，温度越高，甘薯生长速度越快，超过35℃则对生长不利。加温育苗时温度应保持在16～32℃。高温对薯块萌芽生长有利，齐苗后长苗阶段气温宜在27～30℃，培育壮苗以22～25℃为宜。块根形成适温一般在25℃左右，块根形成与膨大的适宜温度是20～30℃，而块根膨大适温则在22～24℃。生长的中后期气温由高转低，昼夜温差大，有利于块根累积养分和加速膨大。

（二）光照

甘薯属喜光的短日照作物，每天日照时数在8～10小时范围内，能诱导甘薯开花结实；而每天日照时间长有利于营养生长，促进增产。不耐阴。它所积累贮存的营养物质基本上都来自光合作用。光照越足，对增产越有利。受光叶片比遮阴叶片的光合强度大6倍多。茎叶利用光能的时间长，效率高。茎叶生长期越长，块根积累的养分越多。日照充足、气温和地温高、温差较大时，对养分的制造、运转、贮存都有利。经一定时期的短日照影响后，如每天光照8～10小时，能促进开花。日照时间延长至12～13小时，能促进块根形成和加速光合产物的运转。光照不足，叶色变黄，严重的脱落。受光不好的一般减产20%～30%，所以，不宜在甘薯地间套种高秆作物。

（三）水分

甘薯根系发达，较耐旱。甘薯的地上部和地下部产量都很高，茎叶繁茂，根系发达，生长迅速，蒸腾作用强，所以甘薯一生的需水量较大。据测定在甘薯整个生长期间，每亩需用水 400～600 米^3。蒸腾系数在 300～500 之间。土壤水分以最大持水量的60%～80%为宜，持水量小于 50%时，影响前期发根长苗。随着分枝结薯和茎叶的盛长，土壤持水量应增加到 70%～80%；发根缓苗期和分枝结薯期各占总耗水量的 10%～15%，茎叶盛长期约占总耗水量的 40%，薯块迅速膨大期占 35%。土壤相对含水量在生长前期和后期保持在最大持水量的 60%～70%为宜，生长中期是茎叶生长盛期和薯块膨大期，土壤相对含水量以保持在最大持水量的 70%～80%为好。若土壤水分过多，则氧气供应困难，影响块根膨大，且会降低干物质含量。后期持水量保持在 60%～70%时有利块根快速膨大。生长期降水量以 400～450 毫米为宜。收获前 2 个月内雨量宜少，此期若遭受涝害，产量、品质都受影响。

甘薯对水分仍有一个相对敏感的时期，即发根分枝结薯前期，此期干旱，田间持水量低于 50%，对块根产量影响甚大。

(四) 土壤

甘薯对土壤的适应性强，耐酸碱性好，能够适应 pH 4.2～8.3 范围的土壤。高产优质甘薯的土壤条件以 pH 5～7 为最适宜。要求土壤结构良好、耕作层厚 20～30 厘米、透气排水好的壤土和沙壤土，有利于根系发育、块根的形成和膨大。提倡水旱轮作，水田可将旱田病、虫、草的危害降至最低程度，同时，对土壤养分进行重新分配。

(五) 肥料

为获甘薯高产，首先要施足肥，氮、磷、钾三要素配合得当。但在实际生产中，大部分种植在丘陵山区土层薄、缺肥、干旱的地方，明显肥力不足。肥源不足，土壤得不到培养，连年种植吸肥力强的甘薯，土壤养分含量根本满足不了其正常生长需要，不可能高产。因此，只要重视甘薯生产，甘薯当年就能高产。

肥料三要素中甘薯需钾最多，其次为氮，再次为磷。钾肥可以促进块根形成层的发育，提高茎叶的光合效能，加快光合产物的运转，增加块根产量。氮肥可促进茎叶生长，增大叶面积，增加茎叶重量；但施用过多，反会促使根部中柱细胞木质化，不结或少结块根。磷肥可促进根系生长，加速细胞分裂，并有改善块根品质的功能。堆肥、绿肥的养分较全，肥效缓而稳，且能改进土壤的通气性，最宜施用。

（六）空气

种植甘薯土壤以透气性好、排水良好的疏松沙质壤土、壤土或富含有机质的粉质壤土为佳。在极肥沃而黏重多湿的土壤上，红薯茎叶生长繁茂，但块根产量低，薯形不整齐，品质低劣，过于瘠薄的沙土，虽块根品质较好，但产量低。红薯具有一定耐盐能力，在含盐量不超过0.2%的土壤仍能获得较高产量。

种植甘薯宜选开阔通风田块。在甘薯生长中后期薯蔓较厚密，薯蔓间的空气含有较高的水蒸气及其他有害气体，不利于植株的呼吸作用，同时也影响光合作用。当田块有较好的空气流通条件，可将过多的水汽带走，调节薯蔓间温、湿度，使藤蔓生长健壮，不徒长，促进养分向地下转移。

第三节　高产高效栽培技术

一、主要品种

（1）徐紫薯1号　该品种红皮紫心，熟食薯肉紫色鲜艳，食味较好。每667米^{2}以3300株左右为宜。较耐迟栽，涝渍对其产量影响较大。适宜在我国北方及长江中下游大部分地区栽植。徐紫薯1号产量较高，富含花青素，熟食味好，加工食品色泽鲜艳，商品价值高，是一个适合作为绿色保健食品直接食用或食品加工用的甘薯新品种，也是理想的特色专用型甘薯新品种。

（2）广紫薯1号　株形中蔓半直立，单株分枝数7～15条，成叶浅复缺刻形，成叶、叶柄均为绿色，顶叶淡紫色，叶脉紫色，茎绿带紫色，蔓粗中等；单株结薯2～4个，薯块纺锤形，薯皮紫红色，薯肉紫花色。晒干率29.18%，抗蔓割病，中抗薯瘟病。耐贮藏性较好。每667米^{2}平均产鲜薯2000～2500千克。

（3）日本川山紫黑红薯　叶色深绿，顶三叶紫红，叶心脏形，浅裂单缺刻，叶柄叶脉全绿色，蔓长1米左右，薯形长纺锤形，薯皮有棱，紫黑光亮，薯肉深紫色。薯块断开后流出紫色浆液，用手一擦立即将手染成紫色，是提取紫红色素的最佳品种。熟后紫黑色，香甜面沙，食味极佳，富含抗癌物质硒、碘等元素，营养成分高于其他地瓜几倍，是城乡居民和宾馆饭店的上等保健食品。用1～5千克彩盒或彩袋包装，在超市销售，每千克售价10～20元，是普通地瓜的10倍。用此品种加工成紫红色粉条或面条，在市场上十分抢手，效益可观。

(4) 彩紫　叶心形，紫色，春季种薯上长出的幼苗呈鲜艳夺目的浓紫红色，富含花青素，有较高的食用和药用价值。植株长势中等。种薯萌芽率高，苗生长快，苗质中等偏细，一般每667米^{2}栽3000～3500株，每667米^{2}产量1400～2100千克，薯皮紫红色，薯肉深紫色至紫黑色，花青素含量特别高，达147～160毫克/100克，是目前已育成的紫甘薯品种中花青素含量最高的品种。该品种淀粉含量高，鲜食口感好，耐贮藏，且贮藏后品质更好，是鲜食和提取天然食用色素用的理想品种。

二、栽培季节

甘薯在我国种植范围很广泛，一般将我国的甘薯栽培划分为五个栽培区域。

(1) 北方春薯区　包括辽宁、吉林、河北、陕西北部等地，该区无霜期短，低温来临早，多栽种春薯。北方春薯区一年一熟，常与玉米、大豆、马铃薯等轮作。

(2) 黄淮流域春夏薯区　本地区属季风暖温带气候，栽种春夏薯均较适宜，种植面积约占全国总面积的40%。春夏薯区的春薯在冬闲地春栽，夏薯在麦类、豌豆、油菜等冬季作物收获后栽插，以二年三熟为主。

(3) 长江流域夏薯区　除青海和川西北高原以外的整个长江流域。长江流域夏薯区甘薯大多分布在丘陵山地，夏薯在麦类、豆类收获后栽插，以一年二熟最为普遍。

(4) 南方夏秋薯区　北回归线以北，长江流域以南地区，除种植夏薯外，部分地区还种植秋薯。夏薯一般在5月间栽插，8～10月收获，秋薯一般在7月上旬至8月上旬栽插，11月下旬至12月上旬收获，甘薯生长期为120～150天。

（5）南方秋冬薯区　为北回归线以南地区，夏季高温，日夜温差小，主要种植秋、冬薯。秋薯一般在7月上旬至8月中旬栽插，11月中旬至12月上旬收获，生长期120～150天。秋薯也可以越冬栽培，延迟到第二年春收获，成为冬薯。而冬薯一般在11月栽插，次年4～5月收获，生长期170～200天。

三、栽培技术

（一）深耕土壤

甘薯的根对土壤中的空气变化很敏感。在缺氧条件下，根生长量明显减少。因此，土壤水分含量适度、耕层深厚、松紧适度，就可提供良好的水分和通气条件，促进根系的生长发育。可采用平翻、耙茬、深松等整地技术。所谓平翻，指通过耕翻，土壤熟化加速，有利于养分的充分利用。平翻可创造一定深度的疏松耕层，并翻埋农肥、残茬、病虫、杂草等，为提高出苗创造条件。麦茬实行伏翻，应在8月翻完，最迟不可超过9月上旬。伏翻后，在秋季待土壤充分接纳雨水后耙细耢平。玉米茬、谷子茬和高粱茬要秋翻。秋翻时间短促，一旦多雨，则无法进行，只能待翌年春翻。秋翻应在结冰前结束，深度可达20～25厘米。秋翻地应在耕后立即耙耢，在次年春播前再次耙平并镇压，防止跑墒。春翻耕深15厘米为宜。耙茬可防止过多耕翻破坏土壤结构，造成土壤板结，并可减少深耕机械作业费用。先撒施底肥，随即用圆盘耙灭茬2～3遍，耙深15～20厘米，然后用畜力轻型钉齿耙浅耙一遍，耙细、耙平后播种。所谓深松，垄底深松深度一般为15～20厘米，不宜过深，垄沟可稍深，一般可达30厘米。另外，深松时还可同时完成追肥、除草、培土等作业。整地时具体要做到无残留、无根茬、无土块疙瘩；从头到尾平；分地块及时进行翻耕、耙磨、镇压。

（二）重施底肥

在犁地前要保证每667米^{2}施入3000～5000千克的优质农家

肥，有条件者每667米^{2}可增施50～100千克饼渣。将农家肥及饼渣均匀施于土壤表面，用机力耕翻于土壤中。可用氮肥总量的30%、磷肥总量的100%和全部钾肥作基肥，即尿素不超过10千克、磷酸二铵不低于25千克、硫酸钾5千克，进行全层施肥。

(三) 起垄

甘薯主要是起垄种植。垄作可增加地表面积，增大受光面积，增加土体与大气的交界面，昼夜温差大，且有利于田间降湿排水。起垄时要尽量保持垄距一致，如宽窄不匀会造成邻近植株间获得的营养不同，造成优势植株过分营养生长，而弱势植株可能得不到充分的阳光及养分，生长不匀而影响产量。

起垄时，垄顶整平，有的在种植薯苗后，略在垄两边勾土垫高，中间做成沟形，这有利于苗期淋水抗旱，也方便两边施肥，保水保肥性好，在生长中后期方便逐渐多次盖土。但要注意，一是容易插植薯苗过深，有深达10厘米的；二是后期盖土时，容易造成薯块覆土过深。当块根生长于垄心深层，处于板结、贫瘠且水热和通风透气不良条件下，不利结薯和薯块膨大，造成低产。另外，多数垄距过宽，有的达1.5米，未能充分利用土地，因甘薯苗期长势慢，封行迟，也不利抗旱，且封行慢导致所需除草工也多。另外，垄距过宽则每亩苗数少，不利获得高产。

(四) 育苗

1. 选择薯块

紫薯可以分为鲜食型和加工型，选种时根据栽培目的具体选择。鲜食型的选择口感好、色素含量适中、抗病性好、薯型美观的品种，加工型的选择色素含量高、抗病性好、干物质率高的品种。宜选用根痕多、芽原基多、大小适中、整齐均匀、无病虫、无伤口的薯块作种。以重100～250克、质量好的夏、秋薯块作种薯。为了防止黑斑病等病害的发生，可用温度51～54℃的70%甲基托布津1000倍液或25%多菌灵500倍液浸种5分钟左右。

2. 准备苗床

一般在3月中、下旬晴天，选择背风向阳、地势高燥、土壤通透性好、富含有机质、管理方便、地势平坦、土质肥沃且排灌方便、交通便利的沙质土或沙壤土作苗床。苗床宽 1.2 米，深 20～30 厘米，长视园地而定。亩施腐熟人粪尿 1500～2500 千克或 45%复合肥 20～25 千克，使肥土充分混合，避免肥料伤苗，影响甘薯生根。苗床与大田按 1∶10 落实苗床面积。

大棚（或双膜）排种时间宜在 2 月上、中旬，选晴天进行，每 20 厘米开沟浇足底水，然后排种薯在沟中，排种时要求按头上尾下斜放，大小薯分开，保持上齐下不齐，确保出苗整齐。每平方米排种 10 千克左右，小薯，每个 150 克，每平方米排种薯 60～70 个，中薯，每个 250 克左右，每平方米排种薯 40～50 个。排种后盖细土一指多厚，表面平整后覆盖微膜，四周用细土压实保温保湿防透气。大田育苗要在温度达到 15℃左右时，将紫色种薯排放在苗床上，一般每平方米用种薯 18 千克左右，背朝上，头部略高，尾部着泥，头尾方向一致，再亩用腐熟栏肥 1000～1500 千克，均匀盖在种薯上面，上覆 1.5～2 厘米细土，然后覆盖地膜，四周用细土压实。

3. 育苗方法

可采取各种育苗方法，如人工加温的温床、多种式样的火坑或酿热温床、电热温床等。利用太阳辐射增温的有冷床、露地塑料薄膜覆盖温床等。苗床加盖塑料薄膜，可提高空气温度和湿度，有利于幼苗生长，使采苗量增加，百苗重能提高 20%左右。

4. 育苗时间

春薯宜在 4 月中旬至 5 月下旬栽插，夏薯则在 6 月上旬至 7 月中旬栽插。在 2 月中旬温度达到 15℃左右时，可以出窖育苗，先做好苗床。育苗时间因育苗方式而有所不同。加温苗床一般在栽插前 1 个月左右进行育苗，而冷床和露地育苗则在栽前 1 个半月左右进行。排种密度每平方米以 23～32 千克薯块为宜。采苗要及时，以免影响秧苗的素质和下茬苗的数量。采苗的方法有剪、拔两种。剪苗相比拔苗其优点有：①剪苗种薯表面没有伤口，可防止病菌入侵；②剪苗不会摇动种薯损伤薯根；③剪苗促使基部腋芽、小分枝生长，增多苗量。剪苗要离床土 3 厘米以上，剪取蔓头苗栽插，能防病增产。

5. 育苗技术

育苗过程中，前期要用高温催芽。从排种到齐苗的10多天内，温度由35℃逐渐下降，最后达到28℃。苗高约15厘米时，温度由30℃渐降到25℃。床土适宜持水量为70%～80%，初期水分不足，根系伸展慢，叶小茎细，容易形成老苗；水分过多，则空气不足，影响萌芽；在高温、高湿下，薯苗柔嫩徒长。采苗前3～5天内，必须降温炼苗，将床温维持在20℃左右，相对湿度60%。为了避免薄膜覆盖的苗床内气温过高，除通风散热外，床土还要保持一定的湿度，以便降低膜内气温。萌芽过程中，薯苗所需养分，主要由薯块供应。但根系伸展后或采苗2～3次后，要加施营养土或追施速效氮肥。床土疏松，氧气充足，能加强呼吸作用，促进新陈代谢。严重缺氧能使种薯细胞窒息死亡，引起种薯腐烂。覆盖塑料薄膜时，必须注意通风换气，有利于长成壮苗。

6. 苗床管理

膜内温度控制在25～30℃。晴天上午10点至下午2点之间，要注意膜内空间温度变化。因为这段时间是膜内高温期，可能伤苗。育苗期的控温分为3个阶段：前期高温催芽、中期平温长苗、后期低温炼苗。在薯芽出土前，以催为主，膜内温度不超过35℃，一般不通风，从薯苗出齐到采苗前10天，温度适当降低，前阶段不低于30℃，后阶段不低于25℃，及时进行调温。在接近大田栽苗前7～10天，把苗床温度降低到大气温度，停止加温，昼夜揭开薄膜炼苗，提高薯苗在自然条件下的适应能力，使薯苗老健。

苗床管理主要抓好保温、保湿、通风等措施，主要以温度为主。出苗前，晚上要盖草帘，保持床温25～35℃。出苗后温度控制在20～25℃，要防止高温灼苗，如膜内温度超过30℃，要及时通风散热，防止烧苗。寒潮来临时要做好保温工作。薯苗出齐后，选择晴天开始逐渐通风降温，苗高0.1米后可昼夜通风，采秧前进行低温炼苗，床温降至20～22℃。种薯出苗前一般不浇水，以利高温催芽、防病和出苗。如苗床过干，可用喷雾器在苗床上喷清水。出苗后要注意苗床湿度，当苗床发白时要及时浇水湿润床土并浇洒稀人粪尿，以促进薯苗生长。种薯萌发以后就要施肥。第一次

“红芽”期，一般以稀薄人粪尿为好；当苗高 10～13 厘米时，可进行第二次追肥，用人粪尿或尿素追施。每次施肥后，都要用清水泼浇洗苗，防止肥料黏附幼苗而引起烧苗现象。

出苗前一般可不浇或少浇水，齐苗后浇一次透水，采苗后立即浇水。掌握炼苗期、采苗前不浇水，高温期水不缺，低温炼苗水要少，保持床面干干湿湿，上干下湿。低温时浇水时间选在上午，高温时浇水时间选在早晚。结合浇水及时分次追肥，追肥以氮肥为主，如清水粪或尿素水等，施肥一定要注意浓度，控制在 0.3%～0.5%，尽量少施多次，严禁直接撒施尿素和当头浇施，防止“烧”苗。如追尿素，每亩每次 3～4 千克，兑水 500～800 千克为宜。

培土可分 2～3 次进行，苗高 10 厘米左右，即可进行第 1 次培土，隔 1 周进行第 2 次培土，共培土 3～5 厘米。培土最好用肥沃疏松细土拌和焦泥灰或腐熟堆肥，均匀撒入苗床中。培土可与液态肥料结合进行，做到先培土后施肥，使土壤和幼苗基部密切结合，以利早发、多发新根。

7. 壮苗

甘薯壮苗标准：苗龄 30～35 天，秧苗叶片鲜绿，叶片大而肥厚，顶部三叶齐平，茎节粗，根原基多，直径 0.5 厘米，节间 3～4 厘米，茎韧而不易折断，折断秧茎时白浆多而浓，全株无病斑，秧高 20～25 厘米，最少 8～9 节，百株鲜重 0.5 千克以上。

为提高秧苗成活率和早发快长，秧苗要选苗床中第一批采栽的壮秧，第一批秧茎秆粗壮，叶片旺盛，根系发达。采秧要经过充分炼苗，一般秧苗栽前在苗床内经过 3～5 天的日晒，使秧苗叶子深绿色，叶片变厚，如把秧苗掐掉一节后，断面处有白色乳浆流出。定植这种苗成活率高，生长快，产量高。不要选未经炼苗的秧、带黑根薯的秧、烧芽薯的秧。

先在 1 米宽的苗床排种育苗，当薯块长出的薯苗长度达 25～30 厘米时，即进行假植繁苗，并在假植苗节数达到 6～10 个时进行摘心打顶促分枝。在种植前 5～8 天薄施速效氮肥培育嫩苗壮苗，当薯苗长度达 25～30 厘米时，应及时采苗种植。强调剪采第一段嫩壮苗作种苗，剪苗时应留头部 5 厘米内的数个分枝，但不可留得过长，从新发苗，如此循环剪苗。薯苗长度一般要达20～25厘米，具有6个展开叶较好，薯苗太长则带的叶片较多，蒸腾面积大，返苗迟，而苗太短，则需要较长时间才能达到正常苗的长度，薯苗过长过短都不利高产。

尽量使用第一段苗，切忌使用中段苗、第二段苗、第三段苗。主要原因是甘薯常常携带病菌及线虫病等，薯块中携带的病原物会缓慢向薯芽顶部移动，而顶苗可在很大程度上避免薯苗携带病菌，因为病原物的移动速度低于薯芽的生长速度，病原物大部分滞留在基部附近，上部薯苗带病的可能性比较小。

要用壮苗，剔除弱苗，壮苗与弱苗的产量可相差20%～30%。因为壮苗返苗快，成活率高，长出的根多、根壮，吸收养分的能力强。要求薯苗粗壮，有顶尖，节间不太长，无病虫害症状。采苗时如乳汁多，表明薯苗营养较丰富，生活力较强，可作为诊断薯苗质量的指标之一。

（五）扦插

1. 栽插时间

当薯苗长到25厘米高时及时剪苗到大田，如果不及时采苗，薯苗拥挤，下面的小苗难以正常生长，会减少下茬苗数。同时早插有利于甘薯高产。春薯的栽插时间为5月1日前后，试验表明，4月28定植比5月10定植，块根膨大期延长7天，亩增产10%左右，并且薯块整齐，鲜薯质量高。

最好选择阴天土壤不干不湿时进行，晴天气温高时宜于午后栽插。不宜在大雨后栽插甘薯，易形成柴根，应待雨过天晴，土壤水分适宜时再栽。也不宜栽后灌水，栽后灌水或在大雨后栽插，成活率较高，但薯苗往往长时间长势不好，原因在于土壤呈现水分饱和状态，且土温偏冷，同时，土壤也变得比较紧实，土壤中的氧气含量减少，妨碍了根系发展，生长缓慢。久旱缺雨，则可考虑抗旱栽插，挖穴淋水，待水干后盖上薄土，栽苗后踩实，让根与土紧密接触，提早成活。如栽苗后才淋水，则需再覆干土在表面以保湿。

2. 合理密植

整地起垄，垄宽1.07米（包括沟），每垄种1行，株距20～

23厘米。春薯肥地2800～3000株/667米²；夏薯薄地3000～3800株/667米²。一般每667米²插植2500～4000株。一般以垄宽1米、垄高25～35厘米、每667米²插3300株左右最为适宜。要注意插植的株距一致，株距不匀，则容易造成靠在一起的两株成为弱势植株。

3. 栽插方法

①水平栽插法：苗长20～30厘米，栽苗入土各节分布在土面下5厘米左右深的浅土层。各节位大多能生根结薯，很少空节，结薯较多且均匀，适合水肥条件较好的地块，适合大面积高产田。但其抗旱性较差，如遇高温干旱、土壤瘠薄等不良环境条件，则容易出现缺株或弱苗。②斜插法：适于短苗栽插，苗长15～20厘米，栽苗入土10厘米左右，地上留苗5～10厘米，薯苗斜度为45°左右。特点是栽插简单，薯苗入土的上层节位结薯较多且大，下层节位结薯较少且小，结薯大小不太均匀。优点是抗旱性较好，成活率高，单株结薯少而集中，适宜山地和缺水的旱地。③船底形栽插法：苗的基部在浅土层内2～3厘米，中部各节略深，在4～6厘米土层内。适于土质肥沃、土层深厚、水肥条件好的地块。由于入土节位多，具备水平栽插法和斜插法的优点。缺点是入土较深的节位，如管理不当或土质黏重等原因，易成空节不结薯，所以，注意中部节位不可插得过深，沙地可深些，黏土地应浅些。④直栽法：多用短苗直插土中，入土2～4个节位。优点是大薯率高，抗旱，缓苗快，适于山坡地和干旱瘠薄的地块。缺点是结薯数量少，应以密植保证产量。⑤压藤插法：将去顶的薯苗，全部压在土中，薯叶露出地表，栽好后，用土压实后浇水。优点是由于插前去尖，破坏了顶端优势，可使插条腋芽早发，节节萌芽分枝和生根结薯，由于茎多叶多，促进薯多薯大，而且不易徒长。缺点是抗旱性能差，费工，只适宜小面积种植。

甘薯高剪采苗与三叶栽培技术，不但对提高甘薯产量、品质有明显效果，而且对实现甘薯标准化栽培发挥了重要作用。

传统的观念认为，春薯秧苗从苗床上拔下时，秧苗带有一定数量的不定根，栽插后容易成活。所以，一直以来，春薯秧苗带根与否是选购的重要标准。

但依靠传统拔苗的采苗方法，从苗床上带出的许多原有不定根，由于其尖端幼嫩的生长点及根毛部分，多数都已断掉在床土中，自身已不具有吸收水分和营养的能力，即便有少数具有吸收能力的不定根，由于其具有较其他后生根明显的生长优势，在缓苗甩蔓前，只能快速向伸长方向生长，不能膨大，以致到膨大时会在离茎基部很远的地方结出一块“贼薯”，收获时易被丢失、致伤，且影响其他同株块根的生长，也是造成病害传播、减产、减收的重要原因。

甘薯是营养繁殖作物，其茎的所有部分在温、湿度适宜的条件下都有很强的发根能力，尤其是每个节位上，不但容易发根，而且能同时并排发生多条不定根进入地下生长。如果膨大成块根，不但使结薯集中，而且整齐一致，从而提高产量与质量。

如果从苗床上采苗时，对入选的单株在离地表1厘米左右，距苗着薯点2厘米左右的位置将秧苗剪下，替代传统的手拔采苗法，可以使留在地下的秧苗基部从其原有的节位上萌发新芽，从而可以大幅度提高秧苗产量。同时还可以防止种薯产生伤口而致病，以及由种薯携带的线虫病、病毒病、根腐病等多种病害的发生和传播。

从苗床上采下的秧苗，由于多方面的原因，常常不是整齐一致的，一般栽植到田间后，往往是大苗、壮苗成活，缓苗后占有生长优势，以致到旺盛生长中后期，严重争夺左右邻株的水、肥、光、热资源，不但造成自身营养失衡，而且会使总产量降低。

在栽苗前适当对秧苗大小进行分类，同时采用三叶栽插和上齐下不齐的方法栽插，即在适当掌握秧苗地上高度的同时，在盖根埋土时所有的植株地上只留3片展开叶及心叶部分，下部多余的叶片全部压入盖根土中，人为造成全田整齐一致的群体形式，会使植株缓苗生长后齐头并进，均衡发展，达到丰产丰收的目的。

4. 栽插注意事项

①浅栽：由于土壤疏松、通气性良好、昼夜温差大的土层最有利于薯块的形成与膨大，因此，栽插时薯苗入土部位宜浅不宜深，在保证成活的前提下宜实行浅栽。浅栽深度在土壤湿润条件下以

5～7 厘米为宜，在旱地深栽也不宜超过 8 厘米。但在阳光强烈且地旱的条件下，要注意如果栽插过浅，因地表干燥和蒸腾作用强烈，薯苗难长根，茎叶易枯干，导致缺苗，应考虑适当深栽。②增加薯苗入土节数：这样有利于薯苗多发根，易成活，结薯多，产量高。入土节数应与栽插深浅相结合，入土节位要埋在利于块根形成的土层为好，因此以使用 20～25 厘米的短苗栽插为好，入土节数一般为 4～6 个。③栽后保持薯苗直立：直立的薯苗茎叶不与地表接触，避免栽后因地表高温造成灼伤，从而形成弱苗或枯死苗。④干旱季节可用埋叶法栽插：埋土时，要将尽可能多的叶片埋入土中，埋叶法成活率高，返苗早，有利增产，由于甘薯的叶面积较大，通常需要较多的水分供其生长，特别是薯苗栽插后对水分需求较高。此时如果将大部分叶片暴露在土壤表面，在强烈的阳光照射下需要大量的水分供其生理调节，但刚栽插的薯苗没有根系，仅靠埋入土中的茎部难以吸收足够的水分，结果造成叶片与茎尖争水，茎尖呈现萎蔫状态，返苗期向后推迟，严重时造成薯苗枯死。而将大部分叶片埋入湿土中可有效解决薯苗的供水问题，叶片不仅不失水，还可从土壤中吸收水，保证茎尖能够尽快返青生长。

(六) 田间管理

1. 缓苗期的管理

扎根缓苗阶段是从栽后长出新根到块根开始形成，历时 1 个月左右。此期应及时查苗补苗，以保证全苗，栽秧后如遇大旱，应及时浇缓苗水，以利扎根成活。一般在栽插后要浇 1 次，以后每隔 10～15 天中耕 1 次以松土、提温。如插苗时未施肥，也可在植后 7～15 天，当苗和叶直立回青，马上早施苗肥，一般可适当淋施人粪尿，或施尿素和复合肥，一般每 667 米^2 施尿素 10 千克和复合肥 20 千克。

2. 分枝期的管理

栽插后 30～40 天茎叶生长加快，块根继续形成膨大，可重施壮薯肥，一般亩施尿素 15～20 千克、氯化钾 20～30 千克，可两边开沟施肥。有条件的可在垄面适当撒施草木灰或火烧土。种后 3 个月，看长势适施壮尾肥，迟熟品种或后期长势差的甘薯才考虑，一般不施。浇后要及早中耕松土保墒。

3. 块根膨大期的管理

此期正值 7 月上半旬至 8 月下旬，茎叶盛长，块根膨大，要做到促中有控、控中有促。为防止徒长，可用 50 毫克/千克的多效唑加地果壮蒂灵在田间均匀喷打，以叶面沾满药液而不流为佳，可促进果实发育。如伏旱，则需浇水，但水量不宜过大，为促进薯块膨大，可 667 米^2 用膨大素一袋 12 克，兑水 15 千克，隔 7～10 天喷 1 次，连喷 2 次。

这个时期表土层会出现裂缝。追肥以灌裂缝肥和叶面喷肥为主。追裂缝肥亩施尿素 4～5 千克、过磷酸钙浸出液 10 千克、硫酸钾 3 千克，对水 150～200 千克配成营养液。早晨或傍晚沿裂缝灌施，灌后用土填塞裂缝，在普遍开始裂缝时，于阴天或晴天的午后进行逐棵顺裂缝浇灌，要求追施均匀。叶面喷肥根据植株长势而定，长势偏弱有早衰迹象的以喷氮肥为主，配合磷、钾肥，用 100 千克水加 0.5 千克尿素、0.2 千克磷酸二氢钾，搅拌均匀喷施。长势偏旺的主要喷磷、钾肥，可喷 0.2%磷酸二氢钾水溶液。8 月下旬可亩用一包甘薯膨大素（12 克），加水 20 千克溶解过滤，然后均匀喷洒植株叶面，连喷 2 次，每次间隔 10 天左右。如遇秋旱，适时灌水可防早衰，延长叶片功能期，增加块根膨大速度。甘薯喜丰墒，灌水量不宜太大，每亩 40 米^3 左右。并注意灌水后不要踩踏薯垄，以免影响土壤通透性。

4. 茎叶衰退期的管理

8 月中、下旬后，即红薯生长后期，茎叶由缓慢生长直至停滞；养分输向块根，生长中心由地上转到地下，管理上要保护茎叶维持正常生理功能，促进块根迅速膨大。要保证土壤含水量，以田间最大持水量的 60%～70%为宜，如天气久旱无雨，土壤干旱，要及时浇小水，但在红薯收刨前 20 天内不宜浇水，若遇秋涝，要及时排水，以防硬心与腐烂。在处暑前后红薯叶进入回秧期，为防止早衰，促进薯块肥大，进行叶面喷肥，亩用磷酸二氢钾 250 克，兑水 30～40 千克，每隔 15 天喷 1 次，共喷 2 次。

5. 提蔓、打顶摘心

进入雨季，甘薯茎叶生长茂盛，节根容易滋生，分散养分，不利于光合产物向块根输送。为防止这种现象，过去多翻蔓来降低土壤湿度，提高地温和防止节根发生。据试验，甘薯翻蔓既费工又减产，主要是翻蔓后茎叶损伤严重，打破了叶片接受光能的最佳分布，光合强度降低30%，呼吸强度增加19%，减产10%左右。生产上翻蔓改为提蔓，避免了茎叶损伤，不破坏叶片的分布，有利于高产。因此，千万不可翻蔓，只能提蔓、抓松、扯断根毛。提蔓时不要打乱方向，仍放回原处。但提蔓不宜过多，一般1～2次即可，时间在8月底前结束。

6. 摘顶

薯主茎长至50厘米时，选晴好天气上午摘去顶芽；分枝长至35厘米时继续把顶芽摘除。甘薯打顶摘心，可控制主茎长度和长势，促进侧芽滋生，分枝生长快。具体做法是在甘薯定植后，主茎长度在12节时，将主茎顶端生长点摘去，促进分枝发生。待分枝长至12节时，再将分枝生长点摘去。这样可协调地上部和地下部的矛盾，有利于块根膨大。还可抑制茎蔓徒长，避免养分消耗，促进根块膨大。

7. 中耕

栽插后15天至封垄前一般进行1～2次中耕培土，中耕深度一般第1次中耕宜深，以后深度渐浅，垄面宜浅、垄腰宜深，垄脚则要锄松实土，即“上浅、腰深、脚破土”。在生长期间，要及时拔除杂草和防治病虫害，遇干旱灌水抗旱。每次采摘茎尖2天后，还应用速效肥兑水浇施。

8. 松土、培土

松土、培土的好处：充足的水分和土壤通风透气有利于甘薯高产优质，且可防治病虫害。当天气干旱蒸发量大，主要根据垄面干燥开裂程度来判断是否灌水，一般半个月灌一次水。灌水要灌透全垄，一般当水浸过垄的一半以上，水能逐渐湿润到垄顶即可，淋水喷水时则要观察是否湿透垄。

等灌水后垄沟稍干不沾泥，即要除草、松土和培土，用松土盖好垄面裂缝，防止象鼻虫和茎螟等地下害虫钻入垄中蛀食块根和藤头，影响产量和品质。不论在灌水后或不干旱灌水的甘薯全生长期，都可随时用畦沟泥盖好畦面裂缝，防治病虫害。

栽插前后，要适当浇水保活促长。在苗期封垄前，结合施肥，松土 1～2 次，切断地表毛细管，减少地表蒸发。当甘薯茎叶基本覆盖垄面后，则不要扯动薯藤，防止打乱茎叶的正常分布和损伤根系，影响光合作用和营养吸收，并可利用薯蔓的不定根吸收水分抗旱。

由于目前的甘薯新品种选育目标多是短蔓和茎蔓少发根的良种，所以，一般不提倡翻蔓。但在连续大雨后或连绵阴雨天，会引发甘薯茎蔓徒长和滋长新根，这会增加营养损耗，并且中后期的新根难结薯，就算成薯也小，应适当翻蔓控长和抑制茎蔓长根。翻蔓应是提蔓断根，轻放回原位，不可翻乱茎叶的原有正常分布，特别是茎叶反放，需较长时间才能恢复，会严重影响光合作用和产量。

9. 化控抑旺

薯田肥水过猛，特别是氮素过多，常造成茎叶旺长，影响块根的膨大，降低产量。实践证明，薯田喷洒多效唑或缩节胺等植物生长抑制剂，可起到控上促下的作用。一般 7 月初雨季来临前第 1 次喷施，以后每隔 10～15 天喷 1 次，连喷 3～4 次。每次亩用多效唑 50～100 克或缩节胺 7～15 克，兑水 50～75 千克均匀喷洒。

四、收获、储藏、加工

（一）收获

紫甘薯的块根是无性营养体，没有明显的成熟标准和收获期，但收获的早晚对其产量、留种、储藏、加工利用都有影响。收获过早会降低产量，收获过晚会受低温冷害的影响。一般在当地平均气温降到 12～15℃，在晴天土壤湿度较低时，抓紧进行收获。先收种用薯，后收食用薯。薯块应随时入窖，有的地区应及时切晒加工。不论机械还是人工刨挖，都要尽量减少漏收；同时要避免破伤薯块，否则易在储存期间感染病害，而导致腐烂。气温在10℃以上或地温在12℃以上即在枯霜前收刨完毕，一般在寒露前后收刨完毕。收获时要做到“五轻”“五防”“两挖”。“五轻”，即轻刨、轻运、轻装、轻卸、轻入窖。“五防”，即防霜冻、防雨淋、防过夜、防碰伤、防病害。“两挖”，即轻挖、挖净，尽量减少薯块损伤。

（二）储藏

甘薯含水量高达70%以上，皮薄，所以收刨甘薯时防碰伤就成了保证甘薯储藏的先决条件。因此，要轻刨，不要碰伤薯皮。运输时车上先垫草或用筐装车，有条件的最好装入筐中直接入窖，减少装卸碰伤。卸车要轻放，用筐入窖。收刨甘薯时要注意收听天气预报，应在霜冻前收获，以避免薯块受冻。要防雨淋，雨天不能收获甘薯，刨出的甘薯也不能被雨淋。要做到当天收，当天运，当天入窖。

甘薯收获入窖后初期须进行高温愈合处理，窖内加温到34～37℃，相对湿度85%，使破伤薯块形成愈伤组织，防止病害传播。然后进行短时间的通风散湿，窖温保持在10～15℃，相对湿度85%～90%；中、后期加强保温防寒，严防薯堆受到低于9℃以下的冷害。出窖前气温已逐渐升高，注意短期通风，防止缺氧。“高温大屋窖储藏法”较安全有效，且有利于加强管理。入窖后3～4天内用高温愈合处理，因窖大储量多，可以经济利用堆积的热量保温。鲜薯可经切片或刨丝，晒干成薯干、薯丝后进行储藏，以减少损失。薯干储藏时的含水量不宜超过11%。仓库用麦糠、麦草铺底围盖，使仓温不超过30℃。

因甘薯遇7℃以下气温就会受轻微冷害，所以收刨甘薯时不能让甘薯在地里过夜。入窖时要剔除破伤及病害薯块，否则就难以保证其安全储藏。甘薯安全储藏就是要使甘薯在整个储藏期间不坏、不烂、不受冻、不发病。不论采用哪种贮藏方法，保持适宜的窖温都是贮藏好甘薯的关键。

（三）加工

（1）红薯片　以鲜红薯片为原料，经防褐护色、上蛋衣、涂油膜、微波加热，便可得到色、香、味俱佳，且无油腻感的红薯片。

（2）红薯脯　将红薯洗净、去皮、切条，然后浸入水或糖液中进行护色，用氯化钙硬化处理。为使糖液充分渗透到红薯脯内，采用三次糖煮工艺，沥干、烘干即成。

（3）红薯虾片　以70%～100%的红薯精白淀粉为主料，将搓好的料坯置入高压锅蒸煮35分钟，使淀粉充分糊化，以增加料坯间的结合力，在0℃以下快速冷却，使之不粘手能切成片。将料坯切成厚度小于2毫米的薄片，再在50℃下至少干燥6小时，使坯片含水量达10%左右，在190℃油温中炸20秒，可得膨化变大、酥脆香甜的成品。

五、黑甘薯的地膜栽培要点

（一）地膜覆盖栽培黑甘薯的优点

（1）保温增温　地膜覆盖后，土壤能更好地吸收和保存太阳辐射能，地面受光增温快，地温散失慢，起到保温作用。据报道，甘薯地膜覆盖栽培，全生育期比未覆膜者增加土壤积温460℃，由于保温增温效果好，为甘薯生根和生长打下了良好基础。

（2）调节土壤墒情　由于地膜阻隔，可以减少土壤水分的蒸发，特别是春旱较重的地区，保墒效果更为理想。进入雨季，覆膜地块易于排水，不易产生涝害。遇后期干旱，覆膜又能起到保墒作用。

（3）增加养分积累　覆盖地膜后，土壤温度升高，湿度增大，微生物异常活跃，促进了有机质和潜在腐殖质的分解，加速了营养物质的积累和转化。

（4）改善土壤物理性质　覆盖栽培土壤表面不受雨水冲击，故土壤始终保持疏松，既有利前期苗根系生长，又有利于后期薯块膨大。

（5）防治病、虫、草害　甘薯线虫病是甘薯生产上的一种毁灭性病害，药剂防治效果不够理想，而盖膜后可利用太阳辐射能，提高土壤温度，杀死线虫，防病效果好，又不污染环境。同时膜下高温可烫死杂草，减少除草用工，避免杂草与甘薯争夺肥水和空间等。

（6）促进甘薯发育　覆膜比露地栽培的甘薯发根早4～6天，根系生长快，强大的根系可以从土壤中吸取更多的养分，为植株健壮生长和薯块形成、膨大奠定基础。覆膜栽培由于条件适宜，长势旺，甘薯的分枝数、叶片数、茎长度、茎叶鲜重均比露地栽培增加50%以上。

（7）增产显著，品质提高　甘薯覆膜后，薯苗生长快，夏薯剪苗出售，即可收回地膜成本。薯块平均单株产量比对照多0.7千克左右，总产量提高32.6%，并提高了大薯比率和淀粉含量。覆膜栽培的土壤疏松，易于收刨，降低了收获破损率，提高了收刨质量。

（二）地膜覆盖栽培技术要点

1. 整地施肥

因覆盖地膜后不易再施肥，因此，要结合整地一次性施足肥料，一般667米^{2}施有机肥3500～5000千克、硫酸钾20～25千克、过磷酸钙30千克、碳铵或尿素20千克，有条件的可施50千克草木灰。

2. 适时早栽

在当地温度条件适宜的情况下适期早栽，延长紫薯的大田生长期，具有明显的增产效果。这样能更有效地利用早春低温时的盖膜效应，有效防止早春低温伤害，一般在晚霜过后，地温稳定在17℃时即可定植。定植后让薯苗在膜下发根、成活，生长约20天，可有效解决低温或积温偏少的问题。

3. 栽秧盖膜

盖膜的方法有两种。一是先扦插薯苗后盖膜。其优点是操作方便，速度快，适合大面积栽植。方法是先把薯苗放入穴内，有条件的地方可以逐穴浇水，水量要大，待水渗完稍晾后埋土压实，并保持垄面平整，趁薯苗柔软时盖膜，这样可避免随栽随盖膜易折断薯苗现象。盖膜后用小刀对准薯苗处割一个丁字口，用手指把苗掏出，然后用湿土把口封严。覆膜后要经常检查，发现膜被风刮起或膜面破损，应及时盖土封严。缺点是栽后不易保持原有垄形，需要重新平整垄面，盖膜才能严实。种植方式一般采用大垄双行种植，一膜两用，大行 70 厘米，小行 40 厘米，株距 25 厘米，每 667 米^{2}栽 4000 株。方法是用锄头刨坑，25 厘米一株，将苗底部顺坑横躺约 10 厘米，再将头部约两叶一心抬起外露，秧苗向一侧倾斜，以便覆膜、埋土压实，然后逐穴浇水，水量要大，使秧苗根部渗透，待水渗完后埋土压实，并保持垄面平整。第二天下午，趁薯苗柔软时盖膜。盖膜后在垄上每隔 2 米压一土堆，防止地膜被风刮起。二是先覆膜后栽苗，其优点是可以早作垄、早盖膜，有利于保湿、增温。扦插薯苗时地温较高利于缓苗、成活。扦插时无需刨埯，在栽苗时将膜垄面划出长 5～7 厘米、深 5 厘米的土沟，将薯苗插于沟中，破膜、挖埯、栽苗一次完成。

4. 喷除草剂

最好在覆膜前或结合覆膜喷除草剂。除草剂应在栽苗前施用，以防秧苗受药害。每 667 米^2 用除草灵 250 克，兑水 70 千克进行垄面喷洒，使之形成药膜层。

5. 加强田间管理

（1）前期管理　栽秧后 3～5 天，应进行田间检查。如发现缺苗、死苗，立刻补栽，补栽时应选用大苗、壮苗，多浇水，并施少量速效氮肥，确保 1 次补栽成功。对于田间过于弱小的薯苗，也可将其及早拔掉，补栽壮苗，田间补苗越早越好，有利于实现苗齐。在薯苗生长期间应及时进行中耕、追肥、防旱、排涝，采取提蔓、摘心和化学防治等措施控制茎叶疯长。一般中耕 2～3 次，分别在缓苗后、分枝期和封行前进行。栽后 1 个月左右薯块开始形成，如没有降雨应浇水，以促进生长。

（2）中期管理　①不要翻蔓：翻蔓会严重打乱甘薯生长秩序，在翻动过程中容易折断藤蔓，容易造成减产。同时翻蔓还会消耗大量工时，提高种植成本。一般个别藤蔓接地生根不会影响产量，适当提蔓就可以了。②适当控制生长：中后期藤蔓生长已经成形，如果太旺盛将会影响养分向地下部的转移，进而影响块根产量，此时很难控制，可适当喷施缩节胺等调节剂控制，但不会起到根本性作用。理想的藤蔓结构是大部分分枝直立或半直立，尽量减少接地藤蔓比例，提高冠层高度，保证良好透气，从上部观察能看到5%的地面。③合理追肥：如果藤蔓生长缓慢，能看到10%以上的地面，藤蔓短，叶片小，在收获前40～60天可用复合肥稀释浇灌根部，肥料用量每667米^{2}折合磷酸二铵3～5千克、硫酸钾2千克，注意稀释倍数要高，防止烧根。如遇茎叶徒长，可用15%多效唑喷施，控制地上部徒长，以利薯块膨大。巧施裂缝肥，促进薯块膨大。一般是在待垄面开裂时施裂缝肥，以氮肥和钾肥为主，每667米^{2}用量为尿素5千克和硫酸钾10千克。在不同时期施用追肥，可利用雨后撒施，其施用量要根据土壤、基肥用量及茎叶长势，分别在苗期、茎叶旺长期、薯块膨大期施用尿素加钾肥。④注意拔除病株：甘薯病害传播很快，造成严重减产，在中期要注意拔除具有明显症状的植株，如茎基部开裂、植株发黄、叶片表现异样颜色、藤蔓皱缩等，减少病害传播风险。

（3）后期管理　重点是看苗补施根外追肥，防止早衰。①紫甘薯中后期如遇连续阴雨，地上部茎叶旺长，应采用提蔓方法，折断茎节上发生的不定根，控制地上部生长，以利块根膨大。切忌用翻蔓的方法，以免人为造成不必要的减产，并适当延迟收获。②叶面喷肥防早衰：黑甘薯进入生长后期，根系吸收能力减弱，叶面喷肥可弥补植株体内矿物质营养不足，对防止早衰、促进薯块膨大、提高产量具有明显的效果。特别是叶片发黄脱肥地块，在进入薯块膨大期后，每隔7天进行1次叶面喷肥，叶面肥可用0.2%尿素溶液、5%草木灰水、0.2%磷酸二氢钾溶液等，喷施时间一般在回秧期前后开始，连喷2～3次，可有效防止紫薯早衰和提高产量，一般亩产可增加10%～30%。如出现旺长，应适当剪去部分茎蔓，改善通风透光条件。

六、脱毒黑甘薯露地栽培要点

（1）甘薯脱毒优点　甘薯感染病毒之后，就会在植株上出现花叶、卷叶、皱叶和株形紧缩等症状，整个地上部分长势变差，薯块同时感染病毒，产量下降。如果来年以此薯块做种，蚜虫会把病毒传播到无病毒的植株上。

从甘薯植株生长点上刚长出的嫩芽是不带病毒的。切取不带病毒嫩芽的一部分组织，在无病毒的营养液中培养，可生长成一个完整无毒的幼小植株，把此植株移栽到无蚜虫活动（防虫网棚内）的无土基质中生长，可结出无病毒的小薯块——脱毒甘薯原原种。用脱毒甘薯原原种，在无蚜虫的地方繁殖，可获得原种，再繁殖一代、二代、三代，分别获得脱毒一级种、二级种、三级种。用这些薯块做种，推广到大面积栽培，就叫种植脱毒甘薯，产量比未脱毒的甘薯增加 30%～50%。

（2）适时早栽　露地甘薯一般 5～10 厘米地温稳定在 17℃时为栽秧适期，时间为 4 月下旬至 5 月上旬。

（3）合理密植　为确保全苗，栽秧时要剔除“老硬苗”，选用壮苗栽插。另外，要保证适宜的深度，要水平浅插，这样结薯多、薯块大、产量高。行距 60～80 厘米，株距 30 厘米，每 667 米^2 留苗 3200～3500 株。

（4）田间管理　甘薯栽后要及时进行查苗、补苗，以保全苗。在苗期中耕松土、提温、保墒、灭草，促使甘薯早发。中耕时要做到沟里深，垄背浅，在封垄前保证土松无草。甘薯开始甩蔓时，进入迅速生长期，耗水量日益增大，因此要根据墒情适当浇沙，对促进茎叶生长和块根膨大有明显作用。随浇水每 667 米^2 追施硫酸钾复合肥 5 千克，然后及时中耕培土，中耕宜浅，一般在 3 厘米以内，沟底深锄，垄面浅锄，以免伤根。同时要进行培土扶垄，以防暴露薯块。在块根膨大后期，为防止茎叶早衰，应进行根外追肥，其方法是：用 0.3%磷酸二氢钾溶液喷施，每 667 米^2 用 75～100 千克肥。在晴天下午 3 时以后喷施，每隔半个月喷施一次，共喷 2 次。

（5）防治病虫害　病害防治：在插秧前，用 50%甲基托布津 1000 倍液浸薯苗 10 分钟，对防治甘薯黑斑病和茎线虫病都有很好的效果。虫害防治：可用 5%辛硫磷制成颗粒剂，每亩 2 千克，在起垄时或中耕前撒入土内，对蝼蛄、蛴螬防治效果很好。

第四节　黑甘薯病虫害防治

一、非生理性病害防治

（一）甘薯黑斑病

（1）危害症状　主要危害块根及幼苗茎基部，不侵染地上部分。育苗期病苗生长不旺，叶色淡，茎基部长出黑褐色椭圆形病斑，稍凹陷，上有灰色霉层，后产生黑色刺毛状物和粉状物。严重时，幼苗呈黑脚状而死，或未出土即烂于土中，种薯变黑腐烂，造成烂床。病薯变苦，不能食用（图 5-2，见彩图）。

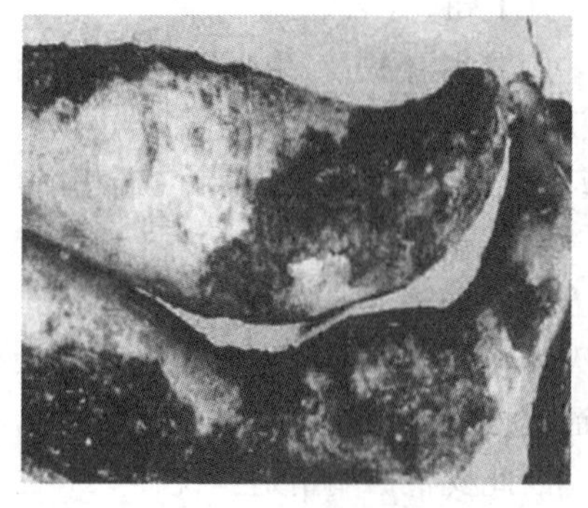

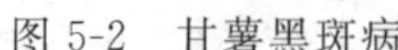

图 5-2　甘薯黑斑病

图 5-3　甘薯软腐病

（2）发生规律　病菌在储藏窖或苗床及大田的土壤内越冬，主要从伤口侵入。温度在 10℃以上就能发病，25～28℃最适宜发病。地势低洼、阴湿、土质黏重利于发病。

（3）无公害综合防治措施　①轮作：实行轮作倒茬；建立无病留种田。②药剂处理。a. 种薯处理：用 50％多菌灵可湿性粉剂 500 倍液浸种薯 3～5 分钟后晾干入窖，每千克药液浸种薯 10000 千克；b. 药剂浸苗消毒：用 50％甲基托布津可湿性粉剂 500～700 倍液蘸薯苗根，蘸根深 6～10 厘米，时间 2～3 分钟。

（二）甘薯软腐病

（1）危害症状　主要侵染薯块。患病后薯块变软，内部腐烂，有酒味。薯肉变黄褐色或浅褐色。薯面最初生有白色茸毛，后期产生黑色小颗粒（图 5-3，见彩图）。

（2）发生规律　病菌附着在甘薯和储藏窖内越冬。病菌从伤口侵入，借气流传播，进行再侵染。薯块损伤、冻伤，易于病菌侵入。温度 15～23℃，相对湿度 78%～84%，有利于病害发生。

（3）无公害综合防治措施　①清理薯窖：适时收获，适时入窖，避免霜害；清洁薯窖，消毒灭菌。旧窖要打扫，或将窖壁刨一层土，然后用硫黄熏蒸，每立方米用硫黄 15 克。②药剂防治：种用薯块入窖前用 50%甲基托布津可湿性粉剂 500～700 倍液，或用 50%多菌灵可湿性粉剂 500 倍液浸蘸 1～2 次，晾干入窖。

（三）甘薯干腐病

（1）危害症状　主要侵染薯块。发病初期，薯皮收缩，皮下组织呈海绵状，淡褐色，后期薯皮表面产生黑褐色圆形病斑，稍凹陷，轮廓有数层，边缘清晰（图 5-4，见彩图）。

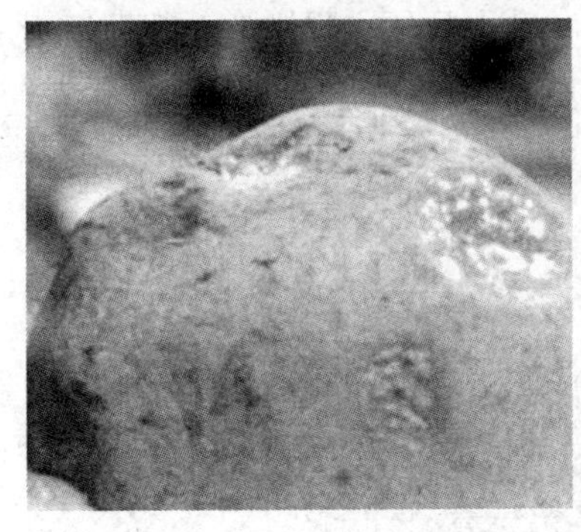

图 5-4　甘薯干腐病

图 5-5　甘薯蔓割病

（2）发生规律　病菌在种薯上和土壤中越冬。用病薯育苗，可直接侵染幼苗。带菌薯苗在田间呈潜伏状态，成熟期病菌通过维管束到达薯块。发病适温为 20～28℃，30℃以上病情停止发展。

（3）无公害综合防治措施　①适时收获，适时入窖，避免霜害；清洁薯窖，消毒灭菌。旧窖要打扫，或将窖壁刨一层土，然后用硫黄熏蒸，每立方米用硫黄 15 克。②药剂防治：种用薯块入窖前用 50%甲基托布津可湿性粉剂 500～700 倍液，浸蘸 1～2 次，晾干入窖。

（四）甘薯蔓割病

（1）危害症状　主要侵染茎蔓、薯块。苗期发病，主茎基部叶片先发黄。茎蔓受害，茎基部膨大，纵向破裂，暴露髓部，裂开部位呈纤维状。病薯蒂部常发生腐烂。病株叶片发黄脱落，最后全蔓枯死（图 5-5，见彩图）。

（2）发生规律　病菌在病薯内或附着在遗留于土中的病株残体上越冬。从伤口侵入，沿导管蔓延，病薯和病苗是远距离传播途径，流水和耕作是近距离传播途径。土温 27～30℃、雨量大、次数多有利于病害流行，连作地、沙土、沙壤土发病较重。

（3）无公害综合防治措施　①选种抗病品种，禁止从病区调入薯种、薯苗；温汤浸种，培育无病壮苗。②药剂防治：可用 50％甲基托布津可湿性粉剂 700 倍液浸薯种。

（五）甘薯斑点病

（1）危害症状　主要危害叶片。叶上病斑不规则形，初期红褐色，后变黄褐色，边缘隆起，斑中散生小黑点（图 5-6，见彩图）。

图 5-6　甘薯斑点病

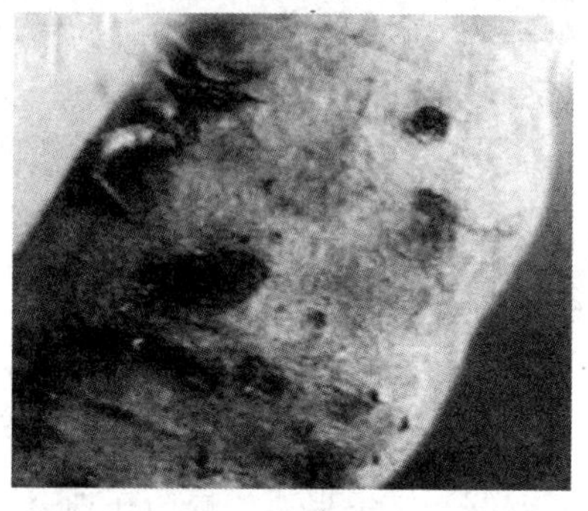

图 5-7　甘薯紫纹羽病

（2）发生规律　病菌在病残体上越冬，借雨水传播重复侵染。雨水多，田间湿度大，发病重。

（3）无公害综合防治措施　①清除病株及病残体，加强田间管理。②药剂防治：发病初期用 65％代森锌可湿性粉剂 400～600 倍液，或 70％甲基托布津可湿性粉剂 1000 倍液喷雾防治，每隔 5～7 天喷 1 次，连喷 2～3 次。

（六）甘薯紫纹羽病

（1）危害症状　主要侵染根系及薯块。根系发病从尖端开始，最后枯死。病薯块起初为棉白色，最后紫褐色，密结于薯块表面，容易剥落。病薯逐渐腐烂，发出酒糟气味，薯皮因包有菌膜而质地坚韧，病薯块最后成空心僵壳（图 5-7，见彩图）。

（2）发生规律　病菌在种薯表皮和土壤内越冬。靠雨水、灌溉水流、带菌肥料和病残体传播。秋季多雨、潮湿年份发病重，连作地、沙土地、漏水地发病重。

（3）无公害综合防治措施　①田间发现病株及时将病株连同病土一起铲除，收获时将病株残体集中烧毁或深埋；重病田与禾本科作物实行 3 年以上轮作。增施有机肥料，提高土壤肥力和改良土壤结构，以提高土壤保水保肥能力，增强抗病力。②药剂防治：将病株周围用福尔马林或 20％石灰水进行消毒。

（七）甘薯根腐病

（1）危害症状　主要危害块根。幼苗发病，从须根尖端开始，局部变黑坏死，后全根变黑腐烂，形成褐色凹陷纵裂的病斑，皮下组织疏松。地上秧蔓节间缩短、矮化。病薯块表面粗糙，布满大小不等的黑褐色病斑，中后期龟裂，皮下组织变黑（图 5-8，见彩图）。

图 5-8　甘薯根腐病

图 5-9　甘薯茎线虫病

（2）发生规律　甘薯根腐病主要为土壤传染，田间扩展靠流水和耕作活动。适宜发病温度为 21～29℃，土壤含水量在 10％以下，对病害发生发展有利。一般沙土地比黏土地发病重，连作地比轮作地发病重。

（3）无公害综合防治措施　①轮作：重病田实行3年以上轮作，可与花生、芝麻、棉花、玉米、谷子等作物轮作。②加强管理：春薯适当早栽，返苗后普浇1次水，以提高抗病力。夏薯在麦收后力争早栽。深耕翻土，增施有机肥，不施带菌肥。

（八）甘薯茎线虫病

（1）危害症状　甘薯茎线虫病又叫糠心病，主要危害甘薯块根。秧苗根部受害，在表皮上生有褐色晕斑，秧苗发育不良、矮小发黄。块根症状有糠心型和糠皮型两种。糠心型：线虫侵入薯块，薯块内部全变成褐白相间的干腐；糠皮型：线虫侵入薯块，使内部组织变褐发软，呈块状褐斑或小型龟裂（图5-9，见彩图）。

（2）发生规律　甘薯茎线虫的卵、幼虫和成虫可以同时存在于薯块上越冬，也可以幼虫和成虫在土壤和肥料内越冬。病原能直接通过表皮或伤口侵入。此病主要以种薯、种苗传播，也可借雨水和农具短距离传播。发病最适温度25～30℃。湿润、疏松的沙质土利于其活动为害，极端潮湿、干燥的土壤不适其活动。

（3）无公害综合防治措施　①种薯用51～54℃温汤浸种；薯苗用50%辛硫磷乳油或40%甲基异柳磷乳剂100倍液浸10分钟。②药剂处理土壤：可5%涕灭威颗粒剂，每667米^{2}用2～3千克，薯苗移栽时施入穴内，该药田间有效期50～60天。

（九）甘薯黑根病

（1）危害症状　主要危害成熟的块茎。病薯表面产生淡褐色不规则凹陷斑，表面产生黑色霉层。一般只危害表层，病部薯肉味道苦（图5-10，见彩图）。

（2）发生规律　田间发病靠流水和耕作活动传播。发病温度为22～29℃，土壤含水量在10%以下，对病害发生发展有利。一般沙土地比黏土地发病重，连作地比轮作地发病重。

（3）无公害综合防治技术　①浸种：种薯用51～54℃温汤浸种。②药剂处理土壤：可用5%涕灭威颗粒剂，每667米^{2}用2～3千克，薯苗移栽时施入穴内，该药田间有效期50～60天。

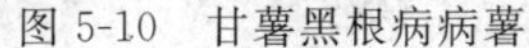
图 5-10 甘薯黑根病病薯

图 5-11 甘薯褐斑病大田

（十）甘薯褐斑病

（1）危害症状 主要危害叶片。叶片发病，初期产生水渍状小斑点，后多呈角状。病斑初期黄绿色，后变为黄褐色，中间淡褐色。湿度大时，病斑上产生淡灰色稀疏霉状物。发病严重时，叶片上布满病斑，致使叶片黄枯脱落（图 5-11，见彩图）。

（2）发生规律 病菌随病残体越冬。借气流传播。病菌喜高温多湿条件，病菌发育适湿 25～28℃。在高温季节遇上阴天多雨或云雾重时，病害往往发生严重。

（3）无公害综合防治技术 精细整地，起垄栽培，注意栽植不要过密。施足腐熟粪肥，注意磷、钾肥施用。适时、适量灌水。雨后及时排除田间积水，降低田间湿度。进行 2 年轮作。发病地收获后，彻底清除田间病残体并随之深翻土壤。

（十一）甘薯黑痣病

（1）危害症状 主要危害薯块的表层。初生浅褐色小斑点，后扩展成黑褐色不规则形大斑，湿度大时病部生有灰黑色霉层，发病重的病部硬化，产生微细龟裂。受害病薯易失水，逐渐干缩（图 5-12，见彩图）。

（2）发生规律 病菌主要在病薯块上及薯藤上或土壤中越冬。可直接从表皮侵入，发病温限 6～32℃，温度较高利其发病。夏秋两季多雨或土质黏重、地势低洼或排水不良及盐碱地发病重。

（3）无公害综合防治技术 实行轮作。必要时采用高畦或起垄种植。雨后及时排水，防止湿气滞留。

（十二）甘薯黑疤病

（1）危害症状　又称甘薯黑斑病。主要侵害薯苗、薯块，不危害绿色部位。薯苗染病产生近圆形稍凹陷斑，后茎腐烂，植株枯死，病部产生霉层。染病病薯具苦味，贮藏期可继续蔓延，造成烂窖（图 5-13，见彩图）。

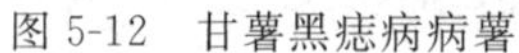

图 5-12　甘薯黑痣病病薯

图 5-13　甘薯黑疤病病薯

（2）发生规律　病菌在储藏窖或苗床及大田的土壤中越冬，从薯块伤口、皮孔、根眼侵入。地势低洼、土壤黏重的重茬地或多雨年份易发病，窖温高、湿度大、通风不好时发病重。

（3）无公害综合防治技术　①建立无病留种田，入窖种薯应认真精选，严防病薯混入传播蔓延。②薯苗实行高剪后，用 50%甲基硫菌灵可湿性粉剂 1500 倍液浸苗 10 分钟，要求药液浸至种藤 1/3～1/2 处。

（十三）甘薯瘟病

（1）危害症状　又名甘薯细菌性萎蔫病、烂头、发瘟，是一种萎缩型病害，病菌从植株伤口或薯块的须根基部侵入，破坏维管束，使水分和营养物质的运输受阻，叶片青枯垂萎。感病重的，薯皮发生片状黑褐色水渍状病斑，薯肉为黄褐色，严重的全部烂掉，带有刺鼻臭味（图 5-14，见彩图）。

（2）发生规律　病菌在 27～35℃和相对湿度 80%以上生长繁

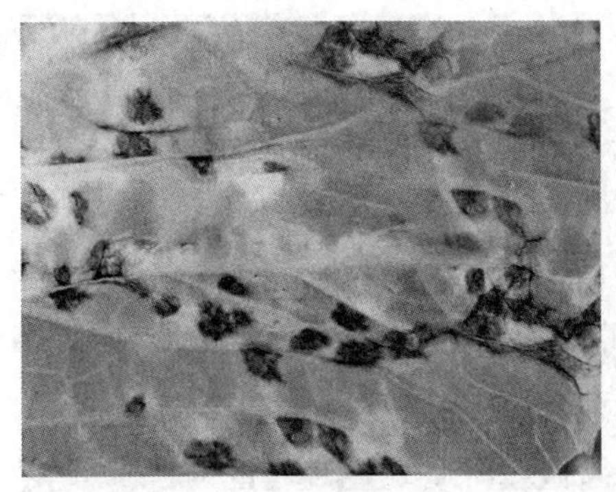

图 5-14　甘薯瘟病病叶

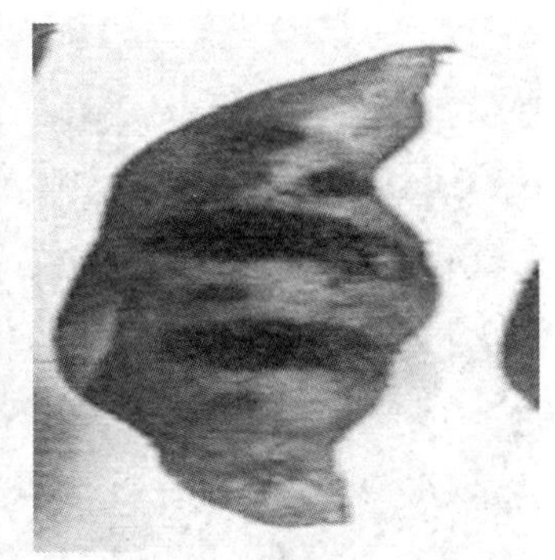

图 5-15　甘薯疮痂病病薯

衍最快，危害也最重。通过病苗、病薯、带菌土、肥料和流水等能相互交叉感染。本病病菌是好气性菌，在水田里只能生存 1 年左右，在旱地里可存活 3 年。

(3) 无公害综合防治技术　①严格检疫，搞好病情调查，划分病区，禁止疫区薯（苗）上市销售。②合理轮作：水旱轮作，或与小麦、玉米、大豆等作物轮作，是防病的最好方法之一，但不要和马铃薯、烟草、番茄等茄科作物轮作。

(十四) 甘薯疮痂病

(1) 危害症状　又称缩芽病。主要危害幼叶。叶片染病叶变形卷曲。薯块染病芽卷缩，薯块表面产生暗褐色干斑，干燥时疮痂易脱落，残留疹状斑，造成病斑附近的根系生长受抑，健部继续生长致根变形，发病早的受害重（图 5-15，见彩图）。

(2) 发生规律　病菌在种薯上或随病残体在土壤中越冬。借风雨、气流传播，由皮孔或伤口侵入，当块茎表面形成木栓化组织后则难于侵入。气温 25～28℃，连续降雨易发病。

(3) 无公害综合防治技术　实行 4～6 年轮作；施用酵素菌沤制的堆肥；用无病薯（蔓）育苗。

(十五) 甘薯叶斑病

(1) 危害症状　主要危害叶片。叶斑圆形，初呈红褐色，后转灰色，边缘稍隆起，斑面上散生小黑点。严重时叶斑密布或连合，致叶片局部或全部干枯（图 5-16，见彩图）。

图 5-16　甘薯叶斑病病薯

图 5-17　甘薯病毒病大田病叶

（2）发生规律　病菌随病残体遗落土中越冬，借雨水溅射进行初侵染和再侵染。生长期遇雨水频繁，空气和田间湿度大或植地低洼积水，易发病。

（3）无公害综合防治技术　①收获后及时清除病残体并烧毁。重病地避免连作。选择地势高燥地块种植，雨后清沟排渍，降低湿度。②药剂防治：用 70%甲基硫菌灵可湿性粉剂 1000 倍液加 75%百菌清可湿性粉剂 1000 倍液喷雾，隔 10 天左右 1 次，连续防治 2～3 次，注意喷匀喷足。

（十六）甘薯病毒病

（1）危害症状　甘薯病毒病可分 6 种类型。①叶片褪绿斑点型：苗期及发病初期叶片产生轻微褪绿半透明斑，斑点四周变为紫褐色，多数品种沿脉形成紫色羽状纹。②花叶型：苗期染病初期叶脉呈网状透明，后沿叶脉形成黄绿相间的不规则花叶斑纹。③卷叶型：叶片边缘上卷，严重时卷成杯状。④叶片皱缩型：病苗叶片少，叶缘不整齐或扭曲，有与中脉平行的褪绿半透明斑。⑤叶片黄化型：叶片黄色及网状黄脉。⑥薯块龟裂型：薯块上产生黑褐色龟裂纹，排列成横带状或贮藏后内部薯肉木栓化，剖开病薯可见肉质部具黄褐色斑块（图 5-17，见彩图）。

（2）发生规律　薯苗、薯块均可带毒，进行远距离传播。经由机械或蚜虫、烟粉虱及嫁接等途径传播。

（3）无公害综合防治技术　用组织培养法进行茎尖脱毒，培养无病种薯、种苗。大田发现病株及时拔除后补栽健苗。加强薯田管理，提高抗病力。

二、生理性病害防治

（一）甘薯冻害

（1）危害症状　受冻薯块无光泽，薯肉迅速变褐色。如果剖面马上变黑褐色，表明冻害较重，如经 2～3 分钟才表现出淡褐色，则冻害较轻。同时切面上没有白浆溢出。受冻薯块部分或全部组织形成硬核，煮后仍然坚硬不熟（图 5-18，见彩图）。

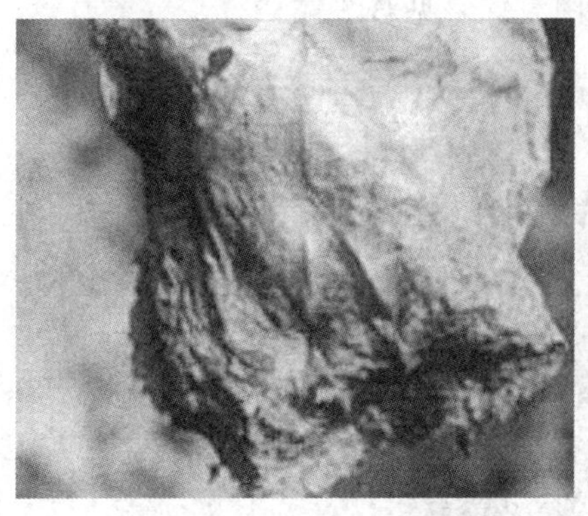

图 5-18　甘薯冻害叶受害

图 5-19　甘薯褐心病病叶

（2）发生规律　①收获过晚，薯块在田间或晒场上受到霜冻或雪害，受冻温度在－1.5℃以下。②冬季封窖保温管理不好，窖内温度在 9℃以下的时间较长，使薯块受冷发生冻害。温度低，时间长，受害重。

（3）无公害综合防治技术　可用 50％多菌灵可湿性粉剂 500 倍液浸薯 3～5 分钟后晾干入窖，每千克药液浸种薯 10000 千克。

（二）甘薯褐心病

（1）危害症状　甘薯褐心病又叫甘薯苦丝病，是缺硼引起的生理病害，后期果心变褐，形成的褐斑只限于果心，有的延伸到果肉中。有时，组织衰败也可产生空心，致病部组织干缩或中空，区别于心腐产生的腐烂。(图 5-19，见彩图)。

(2) 发生规律　土壤酸性较强、多雨、干旱及缺硼土壤偏施氮、钾肥，均易诱发褐心病。

(3) 无公害综合防治措施　施硼可有效降低本病发病率，增产效果明显，并可提高甘薯品质。每公顷基施 6 千克硼砂，防效最佳。

三、虫害防治

(一) 甘薯天蛾

(1) 危害症状　主要危害甘薯。幼虫食害甘薯的叶和嫩茎，严重时能把叶吃光，影响产量(图 5-20，见彩图)。

图 5-20　甘薯天蛾

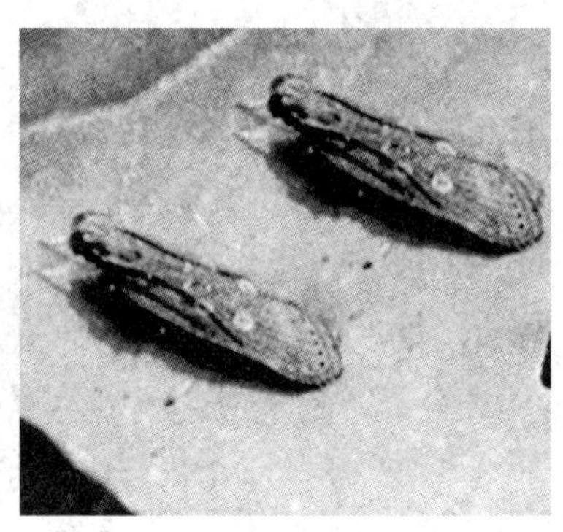

图 5-21　甘薯麦蛾

(2) 发生规律　1 年发生 3～4 代，以蛹在土下 10 厘米处越冬。第二年 5 月羽化。成虫白天潜伏，黄昏后飞出活动。成虫趋光性强，能迁飞远地繁殖为害。夏季雨量少，温度高，甘薯天蛾发生重。

(3) 无公害综合防治措施　①捕杀幼虫：冬、春季多耕耙甘薯田，杀死蛹，减少虫源；早期结合田间管理，捕杀幼虫；利用成虫吸食花蜜的习性，在成虫盛发期用糖浆毒饵诱杀。②药剂防治：每 667 米^2 用 2.5%敌百虫粉或 1.5%1605 粉 1.5～2 千克喷粉；或 20%Bt 乳剂 500 倍液喷雾。

（二）甘薯麦蛾

（1）危害症状　幼虫吐丝卷折红薯叶片，并栖居其中取食叶肉，只留表皮，发生严重时，大量薯叶被卷食，严重影响产量（图5-21，见彩图）。

（2）发生规律　1年发生3～4代，以蛹在残株落叶中越冬。成虫昼伏夜出，有趋光性。初龄幼虫在叶背啃食叶子，2龄幼虫开始吐丝卷叶。在温度偏高、湿度偏低年份常有利于发生。

（3）无公害综合防治措施　①甘薯收获后及时清除田间残株枯叶和杂草，以消灭越冬蛹；在危害初期及时捏杀新卷叶内的幼虫。②药剂防治：在幼虫发生初期，用90％晶体敌百虫800～1000倍液，或50％辛硫磷乳油1000倍液，在下午4时后每667米^{2}喷施50～75千克。

（三）蛴螬

（1）危害症状　蛴螬幼虫和成虫均可危害甘薯，以幼虫危害时间最长。主要危害甘薯地上部幼嫩茎叶及地下部的块根和纤维根，造成缺株断垄，增加薯块储藏腐烂率（图5-22，见彩图）。

图5-22　蛴螬

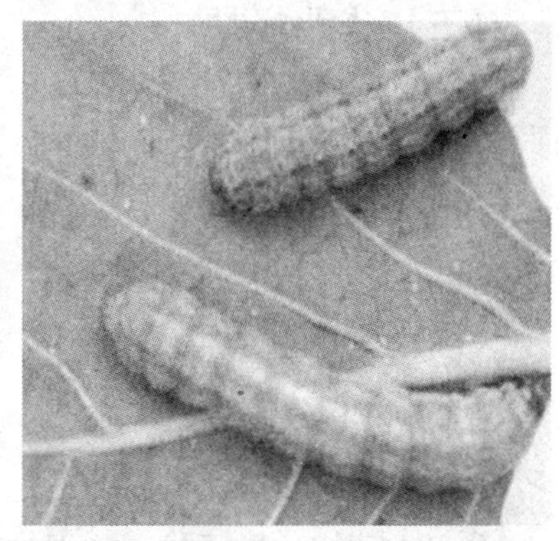
图5-23　小地老虎

（2）发生规律　幼虫在10厘米地温达到10℃时，开始向上移动，6～8月地温过高时，多从耕层土壤下移，9～10月温度下降到20℃左右，又上升至表土，地温下降到6℃以下时移至30～40厘米土层越冬。趋光性较强，并有假死性，有利于灯光诱杀。

(3) 无公害综合防治措施　①春秋耕地时拾净蛴螬；用黑光灯、杨柳等树枝插于田间诱杀。②药剂防治：栽时用3000倍甲基异柳磷溶液灌虫窝。

(四) 小地老虎

(1) 危害症状　初孵幼虫取食心叶，3龄后晚上咬断嫩茎，可拉进洞内食用（图5-23，见彩图）。

(2) 发生规律　地老虎1年发生数代，黄淮地区3～4代。成虫昼伏夜出，有趋光性、迁飞习性、趋化性。卵散产。黄淮流域第1代幼虫危害盛期在5月份。土壤湿度大危害严重、低洼地、沿河灌区、田间荫蔽、杂草丛生的地块发病重。

(3) 无公害综合防治措施　①除草灭虫：于4月中旬产卵期除净杂草，减少产卵场所和幼虫食料来源。②药剂防治：栽种时结合防治甘薯茎线虫病用40%甲基异柳磷200倍液浸苗基部10分钟，或用其3000倍液灌虫窝。③泡桐叶诱杀：每667米^{2}放泡桐叶70～90片，放叶后每日清晨翻叶捕捉幼虫，1次放叶效果可保持4～5天。也可于清晨在被害植株附近土中捕捉。

(五) 华北蝼蛄

(1) 危害症状　蝼蛄以成虫、若虫为害幼苗嫩茎，使幼苗萎蔫而死。同时，蝼蛄在表土活动时，造成纵横隧道，使幼苗与土壤分离而死亡（图5-24，见彩图）。

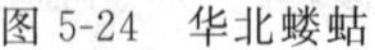

图5-24　华北蝼蛄

图5-25　金针虫

(2) 发生规律　在北方地区3年完成1代，以成虫和若虫在地下 150 厘米处越冬。春季土温回升至 8℃时上升活动，在地表常留有 10 厘米左右长的隧道。4～5 月进入危害盛期。喜潮湿土壤，平原区的轻盐碱地带、沿河及湖边低湿地区发生较重。成虫有趋光性。

（3）无公害综合防治措施　①春秋翻耕时拾净蛴螬。用黑光灯、杨柳等树枝插于田间诱杀。②药剂防治：用 40％乐果乳油或 90％晶体敌百虫 0.5 千克，加水 5 千克，拌 50 千克炒至煳香的饵料，每隔 3～5 米挖 1 个碗大的坑，放入一把毒饵后，再用土覆盖，每 667 米^2 用饵料 1.5～2.5 千克，诱杀效果较好。

（六）金针虫

（1）危害症状　金针虫在地下咬食甘薯幼茎，或咬破茎部钻入茎内食害，薯被害后发黄萎蔫而死，造成大量缺株（图 5-25，见彩图）。

（2）发生规律　金针虫 2～3 年完成 1 个世代。以成虫或幼虫在土中越冬，次年 3 月开始活动，成虫以 4～5 月活动最盛。幼虫孵化后立即开始危害。以幼虫态危害时间可达 2 年多。老熟后潜入土下 1.3～1.7 厘米处造一土室化蛹，蛹经 20 天后即化为成虫，春季雨水多，土壤湿润，有利于金针虫活动，危害重。过旱或土壤过湿如浇水则发生轻。

（3）无公害综合防治措施　①深耕多耙，收获后及时深翻；夏季翻耕暴晒。或水稻轮作；或者在金针虫活动盛期常灌水，可抑制危害。②药剂防治：用 50％辛硫磷乳油或 40％甲基异柳磷乳剂 100 倍液浸薯苗 10 分钟；用 5％涕灭威颗粒剂每 667 米^2 用 2～3 千克，薯苗移栽时施入穴内，该药田间有效期 50～60 天。

（七）蟋蟀

（1）危害症状　咬食甘薯根茎，造成薯苗萎蔫枯死，缺株断垄（图 5-26，见彩图）。

（2）发生规律　1 年发生 1 代，以卵在土内越冬，4 月卵开始孵化。若虫和成虫均可造成危害。此虫穴居，晚上 20～23 时出来活动。

（3）无公害综合防治措施　用 90％敌百虫 800 倍液，拌入铡

图 5-26 蟋蟀

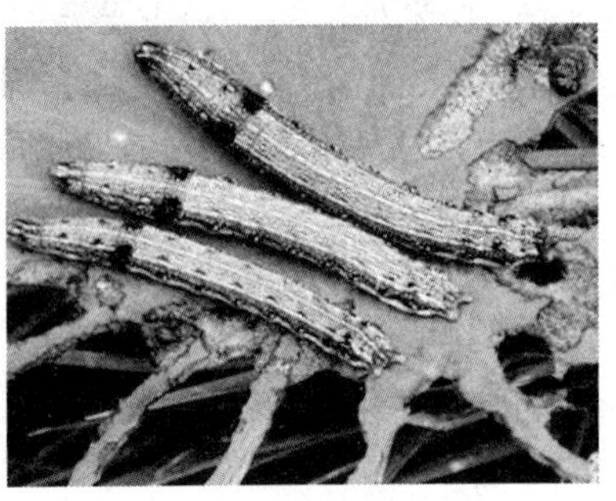

图 5-27 斜纹夜蛾

碎的鲜草中，于傍晚撒于薯垄上，或每 667 米^2 用林丹粉 2～2.5 千克，掺 10 千克麦糠均匀撒入薯田。

(八) 斜纹夜蛾

(1) 危害症状　以吃叶为主，严重时也吃嫩茎或叶柄（图 5-27，见彩图）。

(2) 发生规律　每年发生 3～4 代。在冬季寒冷地区，以蛹在土中过冬。成虫白天隐藏在荫蔽处，黄昏后出来活动，以晴天无风的夜晚活动最盛，飞翔力强，趋光性大。幼虫孵化后，先群集在卵块附近啃吃叶片的下表皮，仅剩上表皮和叶脉形成膜状斑。一受惊动多吐丝下坠，随风飘移他处。

(3) 无公害综合防治措施　①夜蛾盛发期在甘薯地寻找叶背上的卵块，连叶摘除；用黑光灯诱杀成虫。②药剂防治：用 90%晶体敌百虫 800～1000 倍液，或 50%辛硫磷乳剂 1000 倍液，或 50%杀螟松乳剂 1000 倍液喷洒。

第五节　黑甘薯的保健食疗

黑甘薯的药用价值比普通甘薯高得多，富含人体所需维生素、矿物质、氨基酸等成分。熟食嫩滑甘甜，清香可口。经常食用可润肠通便，美容抗衰，预防癌症。

(1) 蜜汁黑甘薯

原料：黑甘薯 500 克，蜂蜜 100 克，水 200 毫升。

做法：将黑甘薯清洗干净切块，加水 200 毫升，加入蜂蜜用小火焖熟即可。

功效：润肠通便，用于治疗便秘。

(2) 黑米甘薯粥

原料：黑糯米200克，黑甘薯100克，水800毫升。

做法：将黑糯米清洗干净用水浸泡2小时，黑甘薯去皮洗净切块，放入砂锅，加水800毫升，用小火煲熟即成。

功效：健脾养胃，补气益血，排毒养颜。

(3) 黑薯粥

原料：新鲜黑甘薯250克，大米100克。

做法：将黑甘薯洗净，连皮切成小块，加水与大米同煮稀粥即成。

食法：最好在减肥期间的早晚食用为佳，周期1个月。

(4) 黑薯泥

原料：黑甘薯500克，猪油25克。

做法：选黑甘薯洗净、去皮，上笼蒸熟或煮熟，取出压成泥。锅内下油烧热，放入薯泥，翻炒至水汽将干时，再加油继续炒至薯泥呈鱼子状时，快速炒匀即成。

食法：黑薯泥可以当主食，然后搭配些蔬菜和清汤即可，可长期食用。

特点：紫红油亮，甜香可口。

(5) 黑薯芝麻浓汤

原料：黑甘薯0.5千克，洋葱（切薄片）1/4个，高汤400毫升，牛奶100毫升，黄油1/2大匙，盐、胡椒各少许，黑芝麻适量。

做法：把黑甘薯去皮，切成3厘米的长条放入水中。将黄油放入锅中，放洋葱用中火炒软，加入甘薯，炒至半透明。加入高汤，用微弱的中火煮，等甘薯一变软，取出一小部分作装饰用，将剩下的放入容器中捣碎，加入牛奶、盐和胡椒，倒入器皿中，放上装饰用的黑甘薯和黑芝麻。

(6) 黑甘薯肉丸

原料：黑甘薯500克，地瓜粉350克，五花肉300克（剁细，放入葱、姜、盐、味精等调料搅动均匀备用）。

做法：①将黑甘薯去皮洗净，切成小块，放入蒸笼蒸熟。②待冷却后制成泥状，加入地瓜粉反复搅拌均匀。③将薯泥用手制成半圆形填入肉馅包成圆形即成。④将备用的蒸布用水打湿涂上少许食用油放入肉丸蒸熟即可。

注意，如果肉馅需加入青菜应先用沸水焯再用纱布挤干水分，目的是为了防止肉丸裂开出水，肉丸大小要均匀，每粒50～80克为宜，这样容易蒸熟。

特点：荤素搭配，营养丰富，香味扑鼻，美味可口。

黑甘薯也有缺点，一次不可过量食用以免积食；一定要蒸熟煮透，因为甘薯的淀粉细胞膜不经高温破坏难以被消化吸收，半生不熟吃后极易腹胀、泛酸。

第六章 黑马铃薯栽培技术

第一节 概 述

马铃薯是一年生草本蔬菜。其块茎可供食用，是重要的粮食、

图 6-1 黑马铃薯

蔬菜兼用作物。我国是世界第一种植大国。

黑马铃薯是马铃薯家族中的特殊品种，是马铃薯种的佼佼者（图 6-1，见彩图）。黑马铃薯名副其实，它的秧苗为黑紫色，表皮呈黑色，更奇特的是内部为黑紫色。黑马铃薯呈黑紫色的原因是其富含花青素（42 毫克/千克）。

黑马铃薯营养丰富，既可做配菜，又可做特色菜肴。炒、炸、烧、煮、煨、蒸、煎等均可，能做成几百道味道鲜美、形色各异的食品。另外，其本身含有丰富的抗氧化物质，经高温油炸后不需添加色素仍可保持原有的天然颜色。

吃马铃薯不必担心脂肪过剩，因为它只含 0.1%的脂肪，是所有充饥食物中脂肪含量最低的。每天多吃马铃薯，可以减少脂肪摄入。

2008 年联合国粮农组织发布消息称，据科学家分析，解决人类未来粮食安全的问题，只有靠马铃薯了，并且宣布 2008 年为“国际马铃薯年”。中国耕地中 60%是干旱缺水地区，在水资源短缺的情况下，要发展高效节水农业，马铃薯将成为一个很好的选择，它的水分利用率是小麦和玉米的 8 倍。

第二节　生物学特性及对栽培条件的要求

一、特征与特性

幼苗直立，株丛繁茂，株形高大，生长势强。株高 60 厘米，茎粗 1.37 厘米，茎深紫色，横断面三棱形。主茎发达，分枝较少。叶色深绿，叶柄紫色，花冠紫色，花瓣深紫色。薯体长椭圆形，表皮光滑，呈黑紫色，乌黑发亮，富有光泽。薯肉深紫色，致密度紧。外观颜色诱惑力强。淀粉含量 13%～15%，口感香面，品质好。芽眼浅，芽眼数中等。结薯集中，单株结薯 6～8 个，单薯重 120～300 克。全生育期 90 天，属中早熟品种，耐旱耐寒性强，适应性广，薯块耐贮藏。

二、生育时期

马铃薯从种薯到新生块茎收获可分为以下五个时期。

1. 发芽期

发芽期也叫芽条生长期，指从块茎上的芽开始萌发到幼苗出土的时期。该生长期是以根系和芽生长为中心，持续时间差异较大，短者1个月左右，长者可达数月之久。幼苗出土时，以地下主茎生长为主，有明显伸长的6～8个节。也含有茎叶的分化，是马铃薯扎根、结薯、后期茎叶健壮生长发育的基础。块茎萌发出苗的时间与土温有关，土壤10厘米温度达到13～15℃，从播种到出苗需25～30天。

2. 幼苗期

幼苗期指从幼苗出土到现蕾，经历根系发育、主茎孕苗期，时间20～25天。由于马铃薯种薯内含有丰富的营养和水分，在出苗前便形成了相当数量的根系和胚叶。出苗1周后主茎的地下部的叶腋处发生匍匐枝，半个月左右地上主茎形成6～8片叶（第一叶序）。以后茎叶的生长量猛增，并开始形成侧枝，待主茎上的叶片分化到12～16片后，顶芽便进入孕蕾期。地上部分出现花蕾时，地下匍匐茎已有一定数目，而且匍匐茎的顶端开始膨大，此为幼苗期的后期，也称为发棵期，要促控结合，使秧棵健壮，但不徒长。

幼苗期是以茎叶生长为中心，也是为开花结实、块茎形成奠定基础的时期。出苗后根系继续扩展，茎叶生长迅速，多数品种在出苗后7～10天匍匐茎伸长，5～10天顶端开始膨大；同时顶端第一花序开始孕育花蕾，侧枝开始发生。对生长环境的要求是温度21℃和充分的光照、适宜的土壤水分。所以，栽培上要早追肥、早灌水，多次中耕，疏松土壤，促使幼苗迅速生长和根系发育，控制茎叶徒长。

3. 产品器官形成期

产品器官形成期又可分为三个时期。①块茎形成期：也叫现蕾期，从块茎具有雏形开始，经历地上茎顶端封顶叶展开、第一花序开始开花、全株匍匐茎顶端均开始膨大，直到最大块茎直径达3～

4 厘米、上部茎叶干物质重和块茎干物质重平衡为止。本期是决定单株结薯数的关键时期，一般经历 30 天左右，农作措施是以水肥促进茎叶生长，迅速建成同化体系，同时中耕结合培土为茎膨大创造条件。地上部现蕾是地下部块茎开始形成和块茎数目确定的标志，是由茎叶生长为中心转向块茎生长为中心的转折点，主茎和侧枝并茂，花的发育迅速，块茎不断膨大。②块茎形成盛期：也叫开花期，即从开花始期到开花末期，也是块茎体积和重量快速增长的时期。一般在花后 15 天左右，块茎膨大速度最快，每天每株增重达 20～40 克，大约有一半的产量是在此期完成的。从地上部与地下部干物质重平衡开始，即进入块茎增长时期，此期叶面积已达最大值，茎叶生长逐渐缓慢并停止；地上部制造的养分不断向块茎输送，块茎的体积、重量不断增长，是决定块茎体积大小的关键时期。块茎形成期的长短与产量受温度、土壤水分和养分供应的制约。因此，开花期管理，应以保秧保薯为主，加强水肥管理，保持土层松软湿润，而地上茎、叶壮旺而不衰，促进养分转移。③块茎形成末期：也叫淀粉积累期。当开花结实结束，下部叶片开始枯黄，即标志着块茎进入形成末期。此期茎叶开始逐渐衰老，但块茎体积和重量继续增加。该期生长特点是地上部向块茎中转运碳水化合物、蛋白质和灰分，块茎日增重达最大值。淀粉的积累一直延续到茎叶全部枯死之前，采取的农作物措施主要是保持根、茎、叶减缓衰亡，加速同化物向块茎中的转移。

4. 成熟收获期

成熟、收获期决定于生产目的和轮作中的要求。一般当植物地上部茎叶黄枯，茎块内淀粉积累充分时，即为成熟收获期，以积累淀粉为中心。此期要求土壤湿度适中，光照充足，防止叶片早衰，促进养分转运。

5. 休眠期

块茎的休眠是马铃薯在发育过程中形成的特征。休眠原因主要是：①新收获的块茎外层生有很密的栓层细胞，阻止空气透入，使呼吸减弱，从而引起整个生理代谢过程减弱，使芽眼部分不能获得所需要的营养物质而进行休眠。②由于块茎内产生一种抑制芽的生长锥细胞进行分裂和生长的植物激素——脱落酸所致。休眠期一般20～90天，多数品种在成熟期后20天以内，休眠强度很大，休眠不易打破。休眠期越短，块茎越不耐贮存，休眠期越长，块茎越耐贮存。

三、对环境条件的要求

1. 温度

马铃薯生长发育需要较冷凉的温度。生育期间适宜日平均气温17～21℃，块茎萌发的最低温度为4～5℃；块茎播种后，地下10厘米土层温度达7～8℃时幼芽即可生长，10～12℃时出土，播种早的马铃薯出苗后常遇晚霜，气温降至－0.8℃时，幼苗受冷害，降至－2℃时幼苗受冻害，部分茎叶枯死。植株生长的最适宜温度为20～22℃，温度达到32～34℃时，茎叶生长缓慢，超过40℃完全停止生长。开花最适宜的温度为15～17℃，低于5℃或高于38℃则不开花。块茎形成的最适温度为20℃，增长最适温度为15～18℃，20℃时块茎增长速度减缓，25℃时块茎生长趋于停止，低于2℃或高于29℃时停止生长。芽条生长的最适温度为13～18℃，在这个范围内芽条茁壮，发根少，生长速率快。新收获块茎的芽条生长则要求25～27℃的高温，但芽条细弱，根数少。在生产实践中常遇到两种块茎生长反常现象。第一种现象是播种块茎上的幼芽变成了块茎，也称闷生薯。这种现象是由于播种前块茎储藏条件不好，窖温偏高所致。窖温在4℃以上，块茎休眠期过后即开始发芽。有的窖温在10℃以上，块茎上的芽子长得很长，把块茎生芽去掉后播种，块茎内养分向幼芽转移时遇到低温，幼芽没有生长条件，所以又把养分储藏起来形成了新的小块茎。如果播种时块茎不发芽或只是开始萌芽而不生长，待温度升高后才正常生长，这样就不会产生块茎。第二种现象是在块茎遇到长时间高温时即停止生长，待浇水降雨后土壤温度下降，块茎又开始生长，即二次生长。

2. 水分

马铃薯生长过程中必须供给足够的水分才能获得高产。生产1

千克干物质约消耗 708 千克水。在壤土上种植马铃薯，生产 1 千克干物质最低需水 666 千克，最高 1068 千克。沙质土壤种植马铃薯，生产 1 千克干物质需水量为 1046～1228 千克。一般亩产 2000 千克块茎，每亩需水量约为 280 吨，相当于生长期间 419 毫米的降水量。马铃薯生长过程需水量最多的时期是孕蕾至花期，盛花期茎叶的生长量达到了最高峰。这段时间水分不足，会影响植株发育及产量。从开花到茎叶停止生长，这一段时间内块茎增长量最大，植株对水分需要量也很大，如果水分不足会妨碍养分向块茎中的输送。

另外，马铃薯生长所需要的无机元素都必须溶解于水后，才能全部吸收。如果土壤中缺水，营养物质再多，植物也无法利用。同样，植株的光合作用和呼吸作用一刻也离不开水，如水分不足，不仅影响养分的制造和转运，而且会造成茎叶萎蔫，块茎减产。所以，经常保持土壤足够的水分是马铃薯高产的重要条件。通常土壤水分保持在 60%～80%比较合适。土壤水分超过 80%对植株生长也会产生不良影响，尤其是后期土壤水分过多或积水超过 24 小时，块茎易腐烂。积水超过 30 小时块茎大量腐烂，超过 42 小时后将全部烂掉。因此，在低洼地种植马铃薯要注意排水和实行高垄栽培。

发芽期单凭种薯中的水分就足够满足其生长需要。但如果土壤中不含易于被根系吸收的水分，则根不伸长、芽短缩，不能出土。因此，发芽期需土壤有足够的底墒，播种后需保持种薯下面土壤湿润，上面土壤干爽，这是保证适时出苗的技术要点。幼苗期要求适当的土壤湿度，前半期保持适度干旱，然后保持湿润，原则是不旱不浇，比起出苗后始终湿润净光合生产率提高 11%～16%，比起长期干旱提高净光合生产率 45%～50%。

发棵期前期要保持水分充足，以饱和持水量的 80%为宜。结薯后期要控制土壤水分不要过多，浇地时要注意排水，或实行高垄栽培，以免后期因土壤水分过多造成闷薯烂薯。

3. 土壤

马铃薯对土壤适应范围较广，最适合马铃薯生长的土壤是轻质壤土。因为块茎在土壤中生长，有足够的空气，呼吸作用才能顺利进行。轻质壤土不黏重，较肥沃，透气良好，对块茎和根系生长有利，还有增加淀粉含量的作用。这类土壤种植马铃薯，一般发芽快、出苗整齐，生长的块茎表皮光滑，薯形正常。黏重的土壤种植马铃薯，最好高垄栽培，有利于排水、透气。由于黏重土壤保肥、保水能力强，只要排水通畅，马铃薯产量往往很高。黏重土壤的管理要点是中耕、除草和培土以保持肥料。沙性大的土壤种植马铃薯应特别注意增施肥料因沙质土壤保水、保肥力最差。种植采取平作培土，适当深播，不宜浅播垄栽。因垄作一旦雨水稍大，把沙土冲走，很易露出块茎和匍匐茎，不利于马铃薯生长，反而增加管理上的困难。沙质土生长的马铃薯块茎整洁、表皮光滑、薯形正常、淀粉含量高、便于收获。

马铃薯喜 pH5.6～6 微酸性土壤，发芽期需土壤疏松透气，土面板结则影响根系发育，推迟出苗时间。幼苗期和产品器官形成期生长过程中，要求土壤见干见湿，经常保持土壤疏松透气，有利于根系扩展和发棵。如果土壤板结，会引起植株矮化、叶片卷皱和分枝势弱等。对于偏碱性土壤，种植马铃薯要选择抗病品种并施用酸性肥料。因为在偏碱性土壤中，放线菌活跃，马铃薯易感染疮痂病。

4. 光照

发芽期要求黑暗，因为光线抑制芽伸长，促进加粗、组织硬化和产生色素。幼苗期和发棵期长日照有利于茎叶生长和匍匐茎发生。结薯期适宜短光照，成薯速度快。在 12 小时日照长度下，养分向块茎输送的速度比 19 小时日照长度下快 5 倍。叶的光合强度在 12 小时日长下比 19 小时日长提高 50%。马铃薯是喜光作物，其生长发育对光照强度和每天日照时数有很明显的反应。强光不仅影响马铃薯植株的生长量，而且影响同化产物的分配和植株的发育。茎秆在弱光下伸长强烈，表现细弱；强光下茎秆矮壮。强光下叶面积增加，光合作用增强，植株和块茎的干物质重明显增加。短日照有利于结薯，不利于长秧。此外，短日照可以抵消高温的不利影响。高温一般促进茎伸长而不利于叶和块茎的发育。但在短日照下，可使茎矮壮、叶肥大，块茎形成较早。因此，高温短日照条件下块茎产量往往比高温长日照条件要高；光对马铃薯产量形成最有利的情况是，幼苗期短日照、强光和适当高温，有利于促根、壮苗和提早结薯；发棵期，长日照、强光和较大的昼夜温差，适当高温，有利于建立强大的同化系统；结薯期短日照、强光和较大的昼夜温差，有利于同化产物向块茎运转，促使块茎高产。

四、需肥水规律

（一）需肥规律

1. 需肥特点

马铃薯是高产作物，需要的肥料较多。肥料充足时植株可达最高生长量，相应块茎产量也高。试验表明，每生产 500 千克块茎，需从土壤中吸收氮 2.5～3.0 千克、磷 0.5～1.5 千克、钾 5.6～6.5 千克。在氮、磷、钾三要素中马铃薯需钾肥最多，氮肥次之，磷肥最少。氮对其产量增加效果明显，因为氮肥对马铃薯植株茎的伸长和叶面积增大有重要作用。适量施氮，马铃薯枝叶繁茂、叶色浓绿，有利于光合作用和养分的积累，对提高块茎产量和蛋白质含量有很大作用。但氮肥过多，特别是生长后期追施氮肥，易引起植株徒长，延迟结薯而影响产量。枝叶徒长造成枝叶柔嫩，易感染病害。氮肥施用量宁可基肥、种肥少施，苗期追氮，切忌基肥、种肥氮素过多。在全氮含量为 0.136%～0.161%、碱解氮含量为 0.0111%～0.012%的高产田，不宜增施氮肥，否则会显著减产。而在全氮含量小于 0.1%、碱解氮含量为 0.0069%～0.0097%的一般田块，增施氮肥会显著增产。磷肥虽然在马铃薯生长过程中需求量少，但却是植株生长发育不可缺少的肥料；磷能促进根系的发育，磷肥充足时幼苗发育健壮，还可促进早熟，增进块茎品质和提高耐贮性。磷肥不足时，导致马铃薯植株生长缓慢，茎秆矮小，叶面积小光合作用差，影响马铃薯产量。缺磷时，块茎内薯肉出现褐色锈斑，缺磷越严重，锈斑相应扩大，蒸煮时，锈斑处不烂发脆，影响商品品质。

钾元素是马铃薯生长发育的重要元素，尤其苗期，钾肥充足则植株健壮，茎秆坚实，叶片增厚，抗病力强。钾对光合作用和淀粉形成具有重要作用。钾元素可以延缓叶片衰老，促进蛋白质、淀粉、纤维素及糖类的合成，虽使其成熟期延长，但块茎大，产量高。植株缺钾表现为生长缓慢、节间变短、叶片变小，叶片后期出现古铜色病斑，叶缘向下弯曲，叶面缩小，叶脉下陷，叶尖及叶缘由绿色变为暗绿色，继而变黄，最后呈古铜色。颜色的变化由叶尖的边缘逐渐扩展到全叶，有时叶面出现紫纹，植株基部叶片同时枯死，而新叶则呈正常状态。植株易受寄主病菌的侵害。块茎变小，品质变劣，块茎内部呈灰色状。

除氮、磷、钾三要素之外，在马铃薯生长发育中还需硼、钙、镁、锌、硫、铜、铁、锰等微量元素。在发棵与开始旺盛结薯交替的时候，硼和铜对提高净光合生产率有特别的作用。铜是含铜氧化酶的重要组成成分，有增强呼吸的作用，可提高蛋白质含量，对增加叶绿素含量、延缓叶片衰老、增强抗病能力有良好作用。所以，马铃薯是喜铜作物，在花期喷铜和硼的混合液，有增产作用，并兼收防病和治病的效果。植株缺钙时，幼叶变小，颜色淡绿，叶缘卷起，逐渐枯死，侧芽死亡，块茎短缩、变形，块茎内呈现褐色分散斑点即坏死斑。缺镁时，基部老叶的叶尖及叶缘发生失绿现象，逐渐沿叶脉间扩展；最后叶脉间的组织填满褐色坏死斑并向上卷起，叶脉间部分突出且厚而脆，病叶最后死亡脱落。症状以基部叶片最重，逐渐向上部发展。缺硼时，生长点或顶芽枯死，侧芽迅速生长，节间缩短，从而使植株呈矮丛状，叶片增厚，叶缘上卷，叶子中积累大量淀粉。如果长期缺硼，则根部短粗且呈褐色，根尖死亡，块茎变小，表皮有裂痕。因绝大多数土壤中不缺乏这些微量元素，如发现有缺素症状，一般叶片喷洒微量元素肥料给予补充。

2. 施肥技术

(1) 基肥　以有机肥为主，一般用量为每 667 米^2 3500～5000 千克。施用方法依有机肥的用量及质量而定，量少（指 667 米^2 少于 1000 千克）质优的有机肥可顺播种沟条施或穴施在种薯块上，然后覆土。粗肥量多时应撒施，随即耕翻入土。磷、钾化肥也应作基肥施用。

(2) 种肥　在播种薯块时施用，用过磷酸钙或配施少量氮肥作种肥。但要注意，氮、磷肥不能直接接触种薯。许多地区有用种薯蘸草木灰播种的习惯，草木灰除起防病作用外，兼起种肥作用。

（3）追肥　多半是用氮素化肥，其用量因土壤肥力、前茬作物、灌溉、植株密度及磷肥施用水平而有所不同。在不施有机肥条件下旱作时，氮肥作追肥效果较差，以作基肥为宜，施氮量一般为每667米^2 5千克氮。如果现蕾期能浇1次水，则氮提高到6千克，浇水前开穴深施。对甜菜、高粱之后种植的马铃薯应适当增加氮肥用量，每667米^2 7千克氮；密度增大或配施磷肥时，氮肥用量应增加到每667米^2 8千克。总之，马铃薯的氮肥用量是根据条件而定，在马铃薯开花之前施入，开花后一般不再追施氮肥。在后期，为了预防早衰，可根据植株生长情况喷施0.5%尿素溶液和0.2%磷酸二氢钾溶液作根外追肥。

（二）需水规律

1. 需水特点

马铃薯需水较多，生长过程中必须供给足够的水分才能获得高产。春旱一般较重，而这一时期正值马铃薯苗期和块茎形成期，缺水对其产量影响很大，在生育中、后期也常不能保证水分的持续供应。生产实践表明，应用节水灌溉的马铃薯亩产高达3000～4000千克，而未实施节水灌溉的平均亩产仅为1500千克。

马铃薯需水量较大，每形成1千克干物质约需水约708千克，具体因气候、土壤、品种、施肥量而有所不同。总的说来，肥沃土质需水量少于贫瘠土质，壤质土需水量少于沙质土，耐旱和早熟品种需水量少于喜水肥和晚熟品种。马铃薯不能缺水，特别是在块茎形成和块茎增长阶段，要连续保持土壤湿润状态，一旦缺水易造成块茎畸形、品质降低，甚至严重减产，而马铃薯生育后期又不耐涝，雨涝或湿度过大会使薯块表面皮孔张开，使块茎不耐贮、易染病腐烂，丰产不丰收。

从各生育期需水量来看，幼苗期需水少，占全生育期总需水量的10%左右；块茎形成期需水量约占30%左右，是决定块茎数目多少的关键时期；块茎增长期需水量占50%以上，是决定块茎体积和重量的关键时期，需水量最多，对土壤缺水最敏感；淀粉积累期需水量占10%左右。

2. 节水灌溉技术要点

(1) 生育期灌水要求 ①发芽期不灌水。②幼苗期：在40厘米土层内保持田间最大持水量的65%左右为宜。③块茎形成期：以60厘米土层内保持田间最大持水量的75%～80%为宜。该期严重缺水的标志是花蕾早期脱落、植株生长缓慢、叶色浓绿、叶片变厚等。④块茎形成盛期：以60厘米土层内保持田间最大持水量的75%～80%为宜。如早熟品种在初花、盛花及终花阶段，晚熟品种在盛花、终花及花后1周内，应根据降雨情况来决定灌溉措施。勿灌水过多，以免引起茎叶徒长。⑤淀粉积累期：以60厘米土层内保持田间最大持水量的60%左右为宜。⑥成熟收获期不灌水。收获前15天停止灌溉，以确保收获的块茎周皮充分老化，便于储藏。

(2) 灌溉决策 根据土壤田间持水量决定灌溉，土壤持水量低于各时期适宜最大持水量5%时，就应立即进行灌水。灌溉量(吨/亩)＝容重×灌溉深度×土地面积(亩)×[要求的土壤含水量(%)－测得的土壤含水量(%)]。每次灌水量达到适宜持水量指标或地表干土层湿透与下部湿土层相接即可。当无测水条件时，可根据植株的生育表现决策，当中午叶片开始表现萎蔫症状时进行灌水。也可用简易测定法决策，在干墒、灰墒、黄墒时灌水，在褐墒、黑墒时不灌水，手握土干燥、无凉意则是干墒，手握土稍感凉意则是灰墒，手握土明显感到湿润则是黄墒，手握土成团、手有湿痕则是褐墒，手握土可挤出水痕则是黑墒。

(3) 灌溉方法 灌水要匀、用水要省、进度要快。目前，灌溉效果较好的节水灌溉方法是喷灌和滴灌。喷灌灌水均匀，少占耕地，节省人力，但受风影响大，设备投资高。滴灌节水效果最好，主要使根系层湿润，可减少马铃薯冠层湿度，降低马铃薯晚疫病发生的机会，与喷灌相比节省开支。

(4) 注意事项 ①除根据需水规律和生育特点灌水外，对土壤类型、降雨量和雨量分配时期等应进行综合考虑，正确确定灌水期和灌水量。②喷灌时注意，在两次灌溉的间期，应使植株有一段充分干旱时期，避免植株茎叶长时间保持过湿状态而导致晚疫病发生。

第三节 高产高效栽培技术

一、主要品种

(1) 黑美人马铃薯 幼苗直立，株丛繁茂，株形高大，生长势强。株高 60 厘米，茎粗 1.37 厘米，茎深紫色，横断面三棱形。主茎发达，分枝较少。叶色深绿，叶柄紫色，花冠紫色，花瓣深紫色。薯体长椭圆形，表皮光滑，呈黑紫色，乌黑发亮，富有光泽。薯肉深紫色，致密度紧。外观颜色诱惑力强。淀粉含量 13%～15%，口感香面品质好。芽眼浅，芽眼数中等。结薯集中，单株结薯 6～8 个，单薯重 120～300 克。全生育期 90 天，属中早熟品种，耐旱耐寒性强，适应性广，薯块耐贮藏。抗早疫病、晚疫病、环腐病、黑胫病、病毒病。一般亩产 1000～1500 千克。适宜全国马铃薯主产区栽培。

(2) 黑金刚马铃薯 幼苗生长势较强，田间整齐度好。株形半直立，分枝 3～4 个，株高 45 厘米，茎、叶绿色，叶缘平展，茸毛少，复叶中等，侧小叶 2～3 对，排列较整齐。花冠白色，无重瓣，雄蕊黄色，柱头三裂，花粉少，天然结实少。单株结薯 8～12 个，薯块长椭圆形，长 10 厘米左右，皮黑色，肉黑紫色，表皮光滑，芽眼数和深度中等。出苗至成熟 90 天左右，属中熟品种。结薯集中，单株平均结薯 630 克，大面积平均亩产 2000 千克左右，块茎休眠期 45 天左右，耐贮藏。经检测淀粉含量 14%，每千克黑金刚马铃薯中含粗淀粉 120 克、还原糖 2.49 克，每百克黑金刚马铃薯中含蛋白质 2.33 克、脂肪 0.1 克，每百克黑金刚马铃薯花青素含量高达 35 毫克。

(3) 紫玫瑰 块茎呈椭圆形，芽眼较小。果皮呈黑紫色，乌黑发亮，富有光泽。果肉为深紫色，外观好看，颜色诱惑力强。果肉淀粉含量高达 13%～15%，口感较好，品质极佳。据测定，每百克黑马铃薯中含蛋白质 2.30 克，脂肪 0.10 克，碳水化合物 16.50 克，钙 11 毫克，铁 1.20 毫克，磷 64 毫克，钾 342 毫克，镁 22.90 毫克，胡萝卜素 0.01 毫克，维生素 B_1 0.10 毫克，维生素 B_2 0.03

毫克，烟酸16毫克。另外，该品种富含花青素。

（4）紫罗兰 中晚熟品种，从出苗到茎叶枯黄生育日数90～120天。株形直立，株高60厘米左右，分枝少。茎紫色，茎横断面棱形。叶紫色，花冠白紫色，花药黄色，子房断面紫色。块茎长椭圆形，紫色皮紫色肉，芽眼浅，结薯集中。商品薯率75%以上；淀粉含量10.30%；每100克鲜薯维生素C含量456.22毫克；干物质含量17.52%，含有花青素和原花青素，具有保健作用。田间检验抗晚疫病，接种鉴定：抗PVX及PVY病毒。2004～2005年生产试验平均每公顷产量27636.8千克。

二、栽培季节

根据本地的气候条件，采用大棚栽培的适宜播种期为11月中、下旬，小拱棚栽培的适宜播种期为12月上、中旬。播种采用条播方式，2米宽畦播6条，1.8米宽畦播5条，播种密度为30厘米×12厘米，每亩种足1.8万～2万穴（株），播后进行泥土覆盖。

我国地域广阔，东西南北的自然地理气候状况差别显著，马铃薯的种植条件大不相同。

（1）马铃薯一季作区 北方地区，气候较寒冷，无霜期短，夏季气温不太高，雨热同季，或夏季雨少、春季干旱。这些地方的农民，春天播种秋天收获，一般是4月下旬至5月上旬播种，9月份收获，1年只种一季。

在一季作区，春季干旱是主要气候特点，农谚有“十年九春旱”的说法。春天风大，气温低，春霜（晚霜）结束晚，秋霜（初霜）来得早，7月份雨水较集中。因此，保墒，提高地温，争取早出苗，出全苗，便显得非常重要。一般多采用秋季深翻蓄墒、及时细耙保墒、冻前拖轧提墒、早春灌水增墒等有效方法，防旱抗旱保播种。播种时要厚盖土防冻害。苗前拖耢，早分次中耕培土，以提高地温。要及时打药防治晚疫病，厚培土保护块茎，减少病菌侵害和防止冻害的发生。

（2）马铃薯二季作区 在中原及中南部地区，也就是黄河、长江的中、下游，无霜期较长，夏季气温偏高，秋霜（初霜）来得晚，气温逐步下降。1～3月份进行早春播种，到5～6月份气温开始上升时，马铃薯已到收获期，能获得很理想的产量。这一季马铃薯就为春薯。春薯收获后虽然还有很长的无霜期，但气温高，雨水多，不适合马铃薯的生长。春薯留作下年种薯，储藏期长达6～7个月，此期又正值高温季节，很难储存，同时春种生产的块茎种性又不好，不宜作种薯用。于是，把春薯再播种下去，于冬初收获。这些块茎由于是在较低温度下形成的，又都是少龄壮龄薯，种性较好，作为第二年春播的种薯非常好，因而形成了秋季生产种薯的栽培制度。这一季为秋薯栽培。

马铃薯二季作区，虽然无霜期较长，但春薯种植仍要既考虑本茬增产早上市，又不耽误下一茬。所以要早播种，早收获，并选择结薯早、长个快、成熟早的品种。在马铃薯的生长期中，气温逐渐升高，降雨增加，植株容易出现疯长。因此，在发棵中后期现蕾时，可施用生长调节剂来控制地上部的生长，促进块茎膨大。

秋薯种植使用的是春季生产的种薯，收获时间短，未完全渡过休眠期。所以，必须对它进行打破休眠的处理，不然会造成出苗不齐不全，减少产量。

对春季生产种薯进行打破休眠处理，可以使用在短时间内能起到解除休眠作用的化学药剂。目前使用效果较好的有以下几种：①用赤霉素（920）打破休眠。把切好的芽块，放进5～10毫克/千克的赤霉素溶液中浸泡15分钟，捞出后放入湿沙中，保持20℃左右的温度即可。或把赤霉素（920）溶液，用喷雾器均匀地喷在芽块上，然后再放入湿沙中。②用硫脲打破休眠。把切好的芽块放入1%硫脲溶液中浸泡1小时，捞出后放入湿沙中层积；或用喷雾器将它喷在芽块上，然后再用湿沙层积。③用熏蒸法打破休眠：所用药剂为二氯乙醇、二氯乙烷和四氯化碳，将三者按7∶3∶1的容量比例，混合成熏蒸液，用于熏蒸种薯。不同品种，处理时间的长短也不同。使用这种方法打破马铃薯种薯的休眠，效果较好。

（3）南方马铃薯冬作区　在华南、东南沿海和西南地区的东南部等，夏季很长，冬季温暖，长年无霜，冬季月平均气温大部为14～19℃，而且降雨也不是很多，因而非常适宜种植马铃薯。冬季又正是水稻田的休闲期。当地利用这个季节种植马铃薯，产品除供当地菜用外，还大量出口东南亚等地，产值很高。

种薯来源是这个区域的特殊问题。冬种后每年 2～3 月份收获，但收获的块茎不能做种，一是因为收获的块茎是在高温下形成和生长的，种性极差；二是因为天气炎热，块茎无法储藏到 11 月份再用于播种。所以，每年必须从北方的种薯生产基地调入合格种薯，才能保证质量，达到丰产的目的。南方冬种马铃薯，大部分都是用稻田。稻田湿度较大，需要在整地时做成高畦，在高畦上播种马铃薯。有的地方土壤太黏，不宜深种，又培不上土，可以用稻草等覆盖根部，保证块茎生长，不被晒青。

（4）马铃薯一、二季作和冬作混作区　我国西南部纬度较低，海拔很高，气候复杂，有的地方四季如春，有的地方四季分明，有的地方比较炎热。这里虽然有各种植区的特点，但降雨较多，湿度较大，是晚疫病、青枯病、癌肿病的易发区，必须选用抗病品种。在这个区域内，四季都有马铃薯播种和收获。

三、栽培技术

（一）种薯准备

1. 种薯选择

马铃薯单产低的主要原因是种薯感染病毒退化，退化的种薯大幅度减产，解决种薯感染病毒退化的唯一途径是种植脱毒种薯。二季作区需要选用休眠期较短、植株较矮、结薯集中，适合食用、出口或间作套种的早熟品种。

（1）种薯挑选　选定某一优良品种后，还要进行优质种薯的挑选，种薯质量好才能把优良品种的特点表现出来。如果种薯质劣，那么这一优良品种的特点就表现不出来。因此，种薯出窖后第一件事就是挑选优质种薯。要除去冻、烂、病、伤、萎蔫块茎，并将已长出纤细、丛生幼芽的种薯，也予以剔除。而选取那些薯块整齐、符合本品种性状、薯皮光滑细腻柔嫩、皮色新鲜的幼龄薯或壮龄薯。同时，还要汰除畸形、尖头、裂口、薯皮粗糙老化、皮色暗淡、芽眼突出的老龄薯。

（2）种薯处理　种薯如不经过处理，出窖后马上切芽、播种，那么播种后不仅会出现出苗不齐、不全、不健壮，而且出苗也较晚，有时芽块要在土里埋40多天才出苗。其原因是窖温比较低，一般为3～4℃，种薯体温也在4℃左右，虽已储藏几个月，但仍处于被迫休眠之中。春季把它播种到地里后，地温上升很慢，芽块在地里体温上升也很慢，而且各芽块的小环境又不一致。因此，发芽慢、出苗慢，出苗先后差别大，甚至有的芽块还会烂掉，造成缺苗。为避免这些问题的出现，就要对种薯进行处理，其处理方法主要是困种、晒种和催芽。

① 困种晒种：把出窖后经过严格挑选的种薯，装在麻袋、塑料网袋里，或用席帘围起来，还可以堆放于空房子、日光温室和仓库等处，使温度保持在10～15℃，有散射光线即可。经过15天左右，当芽眼刚刚萌动见到小白芽锥时，就可以切芽播种了，以上称为困种。如果种薯数量少，又有方便的地方，可把种薯摊开为2～3层，摆放在光线充足的房间或日光温室内，使温度保持在10～15℃，让阳光晒着，并经常翻动，当薯皮发绿，芽眼萌动时，就可以切芽播种了，这称为晒种。困种和晒种的主要作用是提高种薯体温，供给足够氧气，促使解除休眠，促进发芽，以统一发芽进度，进一步汰除病劣薯块，使出苗整齐一致，不缺苗，出壮苗。

② 催芽：催芽可缩短马铃薯出苗时间，同时可延长马铃薯的生育期。大棚种植时，如茬口能及时衔接，可以不催芽直接播种。a. 催芽时间：播种前20～25天切块后催芽。b. 催芽方法：分室外催芽与室内催芽两种，催芽温度15～20℃为宜，严格控制温度不超过25℃。Ⅰ室外催芽：采用阳畦进行催芽，阳畦底部距地面40厘米。每150千克种薯约需阳畦2米^2，切块前3天整好阳畦，提前升温。薯块堆积厚度不能超20厘米，从阳畦北面倒入薯块，距阳畦南端40厘米不宜放置薯块，薯块上部盖草帘或沙子，喷洒适量温水，保持草帘或沙子潮湿即可，注意草帘应在畦外洒水，以防漏水烂种。草帘上部盖薄膜。在催芽过程中，视草帘或沙子潮湿情况，可适量喷洒1～2次温水，以保持适宜的水分。15天后，分拣出芽长1厘米以上的薯块在阳畦内单独存放炼芽，不再继续盖草

帘。达不到标准的可继续催芽，20 天后，揭开草帘见光炼芽。Ⅱ. 室内催芽：如室内温度适宜，可在室内散射光下催芽，室内温度低时，可在塑料棚内催芽，将种薯排到棚内，上盖 2～3 厘米厚的潮湿沙子，催芽过程中及时检查，出芽 1～2 厘米后，轻轻扒出薯块，播前 3～5 天放于散射光下低温炼芽。薯块运输时使用筐或纸箱装运，切忌使用编织袋、麻袋等袋子，以免损伤薯芽。为了防病，薯块可以用阿米西达、多菌灵等药剂掺滑石粉拌种，施用剂量按说明书；也可在播种后覆土前沟喷阿米西达进行消毒。种子消毒：每 667 米^2 用种 120～150 千克，用 25%瑞毒霉 400～500 倍液喷湿消毒。

2. 备种

① 单垄单行种植模式需种 150～175 千克/亩。②单垄双行种植模式需种 175～200 千克/亩。购种后，在室内通风干燥的条件下摊晾种薯 7～10 天，然后存放于不低于 2～4℃的环境下。

3. 切块

① 切块大小：一般薯块大小以 30～40 克为宜，切块大小与产量关系很大，切块愈大，则产量愈高，播种后，抗不良环境的能力强。②切块方法：切块最好在不低于 10℃的环境条件下进行。切块时，先将种薯脐部切掉不用。带顶芽 50 克以下的种薯，可自顶部纵切为二；50 克以上的大薯，应自基部顺螺旋状芽眼向顶部切块，到顶部时，纵切 3～4 块，可与基部切块分开存放，分别播种，可保证出苗整齐。切块后及时放于湿润、阴凉通风处摊晾 7～8 小时，温度不低于 10℃。待伤口愈合后进行催芽或播种。③切块注意事项：在切掉脐部的同时，观察种薯健康状况，淘汰带病种薯。切刀用高锰酸钾溶液或酒精消毒，避免交叉感染。切好的薯块应放置在纸箱或竹筐内，避免薯块直接放在地面或塑料薄膜上，以免影响切口愈合。

切芽块时要把薯肉都切到芽块上，不要留“薯楔子”，不能只把芽眼附近的薯肉带上，而把其余薯肉留下，更不能把芽块挖成小薄片或小锥体等。

通过切芽块，还可对种薯作进一步的挑选，发现老龄薯、畸形薯、不同肉色薯（杂薯），可随切随挑出去，病薯更应坚决去除。为了防止环腐病、黑胫病等病害通过切刀传染，切芽块者要准备两把切刀，并准备1个水罐（罐头瓶等）装上酒精或甲基托布津500倍液，把不用的切刀泡在药液里边，一旦切到病薯，即把病薯扔掉，并把切过病薯的刀泡入药液中消毒，同时换上在药液中浸泡过的刀继续切。根据生产实践，芽块最好随切随播种，堆积时间不要太长。如果切后堆积几天再播，往往造成芽块堆内发热，使幼芽伤热。这种芽块播种后出苗不旺，细弱发黄，易感病毒病，而且容易烂掉，影响苗全。

整薯播种可以避免芽块播种出现的一系列问题，更重要的是整薯播种可比芽块播种显著增产。实践证明，整薯播种比芽块播种一般可增产20%左右，最高的可增产1倍。

整薯播种为什么能增产呢？这是因为整薯播种大部分都选用小块整薯，而小块种薯大部分是幼龄或壮龄薯，生命力旺盛，而且由于整薯没有切口，体内的水分、养分能较好地保持，又没病害传染，病株少，顶芽优势明显，所以出苗整齐一致，苗全苗壮，株株长势强，能较好地发挥增产潜力。

另外，整薯播种还减少了分切芽块的工序，节省人工，并且适合机械化播种。整薯播种用多大块的马铃薯最好呢？根据研究结果和实践经验，认为50克左右的小种薯最好。这样，用种不是太大，产量也比较高。播种用的小种薯应采取密植、晚播和早收等办法，专门生产，不应从普通种薯中选小个整薯使用，因为里边常混有小老薯和感染病毒的薯块，很难挑选出去。整薯播种一定要提前进行催芽，以促进早熟。

4. 选地整地

马铃薯的种植，以“两大两深”为主，即“大芽块、大垄、深种、深培土”。

(1) 选地　种植马铃薯的土壤应具备以下三个基本条件：选择土壤肥沃、土层深厚的微酸性或中性（pH值不高于8.0）沙壤土或壤土；选择前茬未种过茄科作物（茄子、辣椒、番茄、烟草等）的地块；选择旱能灌、涝能排的地块。

土地选择得当，就能为马铃薯生长提供良好的环境条件和物质基础，确保达到丰产目标。如选地不当，就会因土地不利于马铃薯生长而难以实现丰产的预期目的。

种马铃薯的地块不宜选在低洼地、涝湿地和黏重土壤地块。这样的地块，在多雨和潮湿的情况下，马铃薯晚疫病发生严重，同时地下透气性不好，水分过大，不仅影响块茎生长，还常造成块茎皮孔外翻，起白泡，使病菌易于侵入造成腐烂，或不耐贮藏。

（2）整地　地块选好后，整地也不能马虎。马铃薯结薯是在地下，只要土壤中的水分、养分、空气和温度等条件良好，马铃薯根系就会发达，植株就能健壮生长，就能多结薯，结大薯。整地是改善土壤条件最有效的措施。整地的过程主要是深翻（深耕）和耙压（耙耱、镇压）。深翻最好是在秋天进行。如果时间来不及，那么春翻也可以，但以秋翻较好。因为地翻得越早，越有利于土壤熟化，使之可接纳冬春雨雪，有利于保墒，并能冻死害虫。深翻要达到20～25厘米。在春旱严重的地方，无论是春翻还是秋翻，都应当随翻随耙压，做到地平、土细、地暄、上实下虚，以起到保墒的作用。在春雨多、土壤湿度大的地方，除深翻和耙压外，还要起垄，以便散墒和提高地温。起垄时要按预定的行距，不要太大或太小，否则播种时不好改过来。许多地方靠畜力深翻，往往达不到要求的深度。因此，最好是机翻，这样深度有保证，不会留生格子，耙压质量好。

（3）施肥　深翻前每667米^{2}撒施有机肥4000～5000千克。马铃薯生育期短，需肥量大，需集中施肥，化学肥料以底肥为主，播种前15～20天造墒，结合旋耕可同时撒施硫酸钾型复合肥50～100千克。

5. 拱棚的搭建

大拱棚的内茎宽度一般在6～12米，拱高1.8～2.6米。适当扩大每棚面积，可有利于保持棚温，提高马铃薯生长积温。大棚拱架有钢结构、水泥结构、竹木质结构多种，可根据当地条件选用。大拱棚应选择厚度0.06～0.12毫米的无滴膜，较薄的棚膜一般用1年，可保证较好的透光度，促进马铃薯早熟，提高产量。较厚的棚膜一般用 2～3 年，可节省种植成本。小拱棚的高度一般为 1 米左右，宽度为 2～3 米。二层膜高度一般距离大拱棚顶部 30～50 厘米为宜，二层膜一般选择厚度为 0.02～0.03 毫米的薄膜。①整地施肥：选择生态条件好、远离污染源、地势高燥、土松地肥、土层深厚、易于排灌的沙质土壤。前茬以小麦、玉米或大豆茬为好。注意，前茬施用长残效除草剂的地块，不可种植黑马铃薯。伏秋整地的地块翻、耙、耢后起垄、镇压。春整地的地块，早春耙耢灭茬，达到待播状态。黑马铃薯生育期较短，需肥较集中，667 米^{2}施优质有机肥 4000～5000 千克、磷酸二铵 15 千克、尿素 15 千克、硫酸钾 10 千克，施肥后将土壤深耕细耙。②播种时间：当 5 厘米地温稳定在 5℃以上时即可播种，大拱棚三膜种植时，一般 12 月至翌年 1 月初播种为宜。播种深度：10～12 厘米。③播种密度：单垄单行种植模式，每 667 米^2 5000～5500 株，行距 65～70 厘米，株距 17～20 厘米。单垄双行种植模式，每 667 米^2 5500～6000 株，大行距 70～90 厘米，小行距 20 厘米，株距 27～33 厘米。“一犁定乾坤”，这是农民对马铃薯播种重要性的概括。许多保证丰产的农艺措施都是在播种时落实的，比如播种深度、垄（行）距、株（棵）距等，如把握不好，一错就是一年，播种搞不好，苗出不全，管理得再好也难以得到丰产。④播种条件：各地气候有一定差异，农时季节也不一样，土地状况更不相同，所以马铃薯的播种时间也不能强求划一，而需要根据具体情况来决定。总的要求应该是把握条件，不违农时。

马铃薯播种，首先要考虑的条件是地温。地温直接制约着种薯发芽和出苗。在北方一季作区和中原二季作区春播时，一般 10 厘米深地温应稳定通过 5℃，以达到 6～7℃较为适宜。因为种薯经过处理，体温已达到 6℃左右，幼芽已经萌动或开始伸长，如果地温低于芽块体温，不仅限制了种薯继续发芽，有时还会出现“梦生薯”，即幼芽开始伸长，但遇低温使它停止了生长，而芽块中的营养还继续供给，于是营养便被贮存起来，使幼芽膨大长成小薯块，这种薯块不能再出苗了，因而降低了出苗率。为避免这种现象的出现，一般在当地正常春霜（晚霜）结束前 25～30 天播种比较适宜。

其次，要考虑的条件是墒情。虽然马铃薯发芽对水分要求不高，但发芽后很快进入苗期，则需要一定的水分。在高寒干旱区域，春旱经常发生，要特别注意墒情，可采取措施抢墒播种。土壤湿度过大也不利，在阴湿地区和潮湿地块，湿度大，地温低，要采取措施晾墒，如翻耕或打垄等，不要急于播种。土壤湿度以“合墒”最好，即土壤含水量为14%～16%。

再次，要考虑采用的品种和种植目的。如果是早熟品种，计划提早收获上市，则要适当早播。如果是中晚熟品种，因为可以进行催芽，故可适当晚播。

6. 起垄

①平地开沟，沟深5厘米；②播种，将催好芽的薯块按既定种植模式放入沟内，保持芽朝上；③沟内施氮、磷、钾含量各15的硫酸钾型复合肥50千克；④撒除虫剂：每667米^{2}用5%的辛硫磷颗粒剂3～4千克；⑤覆土起垄，垄高20～25厘米，偏黏性土壤垄高应不低于30厘米，单垄单行种植模式垄上肩宽40厘米，单垄双行种植模式垄上肩宽55厘米。

（1）扩垄种植　提倡扩垄种植，可以合理利用地力和空间，是“两大两深”丰产种植技术的主要内容之一。总结农民种植马铃薯的经验，以垄（行）距60～70厘米、棵（株）距24～26厘米较好。但必须根据品种特性、生育期、地力、施肥水平和气温高低等情况决定．一般来说，早熟品种秧矮，分枝少，单株产量低，需要的生活范围小，可以适当加密，即缩小棵距，垄距不变，而中晚熟品种秧高，分枝多，叶大叶多，单株产量高，需要的生活范围大一些，所以应适当放稀，加大棵距。在肥地壮地、肥水充足，并且气温较高的地区和通风不好的地块上，植株也应相对稀植。如果地力较差、肥水不能保证，或是山坡薄地，种植可相对密一些。

（2）深开沟深播种　深种也是“两大两深”丰产种植技术的主要内容之一。为了落实深种技术，农民曾创造出很多办法，如套二犁深种、按田种植等，但都很费工，而且也不是越深越好。根据实践，只要是经过深翻20厘米以上的土地，用畜力犁或小拖拉机普通犁，就可以达到开沟深度要求。一般开沟深度应达到

13 厘米左右，下部施化肥及杀虫农药，用蹚圈轻拖覆土，这样垄中坐土 3 厘米左右，在坐土上播芽块，再用犁在原垄两侧分别坌土向垄沟捧土覆盖，叫挤垄播种。这样从芽块到垄顶 15 厘米左右，从芽块到地平面 10 厘米左右，就达到了播种要求的深度。过 2～3 天用耢轻拖，把垄背拖下 3～4 厘米，起到压实、保墒和提温的作用。如果墒情好、地温低，怕覆土厚地温上升慢，也可不用挤垄的办法覆土，采取平垄的方式，即点上芽块后，顺垄沟覆土 6～7 厘米厚，然后用石罐子镇压保墒，阳光直接照射，地温上升块。待苗拱土时，用犁坌垄背向垄沟苗眼捧土，称为串垄。再覆土 6～7 厘米，起出垄台，覆上的土是热土，不仅可以提高地温，还能增加土壤中的空气，也能起到灭草作用，有利于幼苗快速生长。

7. 除草剂选择

可用 33％二甲戊灵。施用除草剂要注意，若前茬用过普施特，需间隔 36 个月才能种马铃薯；若前茬用过氯嘧磺隆，需间隔 40 个月才能种马铃薯；若前茬使用玉农乐，每公顷有效成分超过 60 克，即 4％玉农乐每 667 米^2 超过 100 毫升，需间隔 18 个月才能种马铃薯；若前茬使用阔草清，每公顷有效成分 48～60 克，即 80％阔草清每 667 米^2 3.2～4 克，需间隔 12 个月才能种马铃薯；若前茬使用氟磺胺草醚，每公顷有效成分超过 375 克，即 25％氟磺胺草醚每 667 米^2 100 毫升，需间隔 24 个月才能种马铃薯；茬使用甲磺隆，每公顷有效成分超过 7.5 克，需间隔 34 个月才能种马铃薯；若前茬使用西玛津，每公顷有效成分超过 2240 克，即 50％西码津每 667 米^2 超过 300 克，需间隔 24 个月种才能种马铃薯；若前茬使用莠去津，每公顷有效成分超过 2000 克，即 38％莠去津每 667 米^2 超过 350 毫升，需间隔 24 个月种才能种马铃薯；若前茬使用绿磺隆，每公顷有效成分超过 15 克，需间隔 24 个月种才能种马铃薯；若前茬使用二氯喹啉酸，每公顷有效成分超过 106～177 克，需间隔 24 个月才能种马铃薯。若要缩短间隔期，就要前茬作物收获后，及时翻耕，多旋耙几次，雨水多次淋后方可。

8. 地膜覆盖

使用厚度为0.006毫米的地膜为宜，尤其是偏黏性土壤，盖膜时一定要拉紧拉实，两边用土压严。在播种过程中，及时搭建二膜或小拱棚，以及时提高地温。

(二) 田间管理

1. 出苗前的管理

这期间气温逐渐上升，春风大，土壤水分蒸发快，并容易板结，田间杂草大量滋生，应针对具体情况采取相应管理措施。垄作区，由于播种时覆土厚，土温升高较慢，在幼苗尚未出土时进行苗前耢地，以减薄覆土，提高地温，减少水分蒸发，促使出苗迅速整齐，兼有除草作用。注意切勿碰断芽尖。在出苗前，如土壤异常干旱，有条件的地方应进行苗前灌水。

2. 查田补苗

当幼苗基本出齐后，即应进行查田补苗。补苗的方法是在缺苗附近垄上找出一穴多茎的植株，将其中个别茎苗带土移栽。干旱时应浇水移栽。

3. 具体管理

(1) 肥水管理　大棚马铃薯温度管理早晚注意揭膜稍加调控即可满足生长需要，但是肥水管理得好坏，将直接影响其上市期。因此，前期播种至出苗前要闷棚10天左右，保持棚内土壤温、湿度，促苗早出。待出苗70%以上时开始放风降温，一般播种后10～15天可出齐苗，出苗后，选晴天浅松土除草，一次施肥即壮苗肥，也属丰产搭架肥，每667米^{2}施尿素加硫酸钾25～50千克。施肥后及时在畦行间盖猪牛栏粪约1500千克，以便保湿和疏松土壤。当苗长出大叶15～20厘米，或出苗后20天左右时，再施硫酸钾15千克、尿素10千克，后期根据植株叶色确定是否缺肥。当地上部分植株叶色深绿时，可每667米^{2}增施一次钾肥25千克；若地上部分植株枝条金黄色、粗壮时，可不增施肥料。

(2) 及时中耕　栽植后应立即镇压，以减少土壤空隙，防止跑墒，并使下层土壤水分上升，供给马铃薯发芽需要。出苗前可耢1遍，耢掉表土，提高地温，兼有灭草作用。在马铃薯幼芽顶土时进行1次深中耕浅培土。苗出齐后及时铲1遍，再趟1犁，少培土，提高地温，减少水分蒸发。在发棵期铲2遍趟2遍，多培土，做到垄沟窄、垄顶宽。在苗齐后，要及时查田补种。

(3) 幼苗出土后要及时破膜放苗，并用湿土将放苗孔封严。当幼苗出齐后，为了促进幼苗早发棵，可喷施叶面肥2～3次；在开花期，及时摘除花蕾。为提高大薯率，可叶面喷施甜果精800倍液2～3次。

田间管理具体要抓好“四早”。①早拖：在苗前进行拖耢、串垄，可起到提温、保墒、松土、灭草和壅土等作用，能促进根系发展，增加吸收能力，达到促地下、带地上、蹲住苗的目的，为马铃薯根深叶茂打好基础。②早中耕培土：中耕培土要分次在苗高5～10厘米时进行。第1次中耕培土，上土3～4厘米，以暄地、灭草为主；第2次在现蕾前进行，要大量向苗根壅土，培土应既宽又厚，要达到6厘米以上。早中耕培土可以使土暄、地热和透气，增强微生物活动，加速肥料分解，满足植株生长的营养需要。同时还可不伤或少伤匍匐茎，创造结薯多、块大的条件，并使后期薯块不外露，不出现青头。③早追肥：结合第1次中耕进行追肥，促进株壮，增加叶面积。据资料介绍，用同等数量的氮肥，分别在苗期、蕾期和花期追施，增产效果分别是苗期17%、蕾期12.4%、花期9.4%。从中可以看出，早追肥的增产效果最好。④早浇水：马铃薯开花时正好进入结薯期，需水量大增，有时靠自然降雨不能满足，就会影响块茎膨大。有浇水条件的，应在开花期进行人工浇水，不能浇得太晚。结薯后期浇水往往会造成秧子疯长，不利于后期“促地下、带地上”要求的实现，因此，农民有“马铃薯浇小不浇老”的说法。

三膜种植时，在出苗前可根据土壤墒情，选择适当时机浇1次透水，以促使苗齐苗壮。浇水时应选择天气晴朗时进行，如1次不能浇透，可间隔1～2天再浇水1次，已达到浇透水的效果。

出苗后及时破膜放苗，团棵期及时剔苗，保持一株健壮株。

4. 棚温控制和放风

(1) 上午8～10点，棚内温度升到18℃就要放风，下午3点钟左右棚内温度14～16℃时要关闭通风口。夜间温度稳定在10℃以上时，晚间可以不闭棚，注意防风。棚内温度一般不能超过25℃，棚温超过30℃时，容易造成烧苗。马铃薯受冻后，除及时浇水、防病和喷施叶面肥外，最主要的是控制好棚温。棚温达到15℃时应及时通风，使其不要超过25℃，杜绝捂棚提温的错误做法。

（2）通风有顺风和逆风两种方式，顺风是指在上风头封闭，下风头开口；逆风也叫“过堂风”，是指上下风头都开口通风。前期气温低时一般采用顺风通风，后期温度上升、植株逐渐健壮，一般采用逆风通风。通风口的大小，要根据棚内气温和天气及时调节。另外，通风时既要注意把没有通过风的地方轮换通风，又要注意大拱棚和二膜或小拱棚的结合。通风以采用侧面中部通风为宜，可防止冷风直接吹到马铃薯植株上，减少通风对通风口处马铃薯植株的伤害。

四、收获、储藏

早熟品种8月下旬，中晚熟品种9月上、中旬起收，收获后，进行堆放，使块茎散热、去湿、机械损伤愈合、表皮增厚。夜间气温降至0℃以下时，清选入窖。

第四节　黑马铃薯病虫害防治

一、非生理性病害防治

（一）马铃薯黄萎病

（1）危害症状　也叫早死病、早熟病。发病初期由叶尖沿叶缘变黄，后由黄变褐干枯，但不卷曲，直到全部复叶枯死，不脱落。块茎染病始于脐部，纵切病薯可见“八”字半圆形变色环（图6-2，见彩图）。

（2）发生规律　病菌在土壤中、病残秸秆及薯块上越冬，翌年种植带菌的马铃薯即引起发病。病菌发育适温19～24℃，最高30℃，最低5℃。一般气温低，种薯块伤口愈合慢，利于病菌由伤

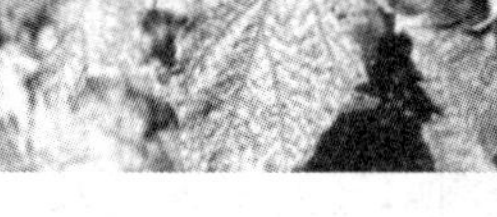

图 6-2　马铃薯黄萎病

图 6-3　马铃薯小叶病

口侵入。从播种到开花，日均温低于 15℃持续时间长，发病早且重；地势低洼、施用未腐熟的有机肥、灌水不当及连作地发病重。

（3）无公害综合防治技术　①轮作换茬：施用酵素菌沤制的堆肥或充分腐熟的有机肥，并与非茄科作物实行 4 年以上轮作。播种前种薯用 0.2%的 50%多菌灵可湿性粉剂浸种 1 小时。②药剂防治：发病重的地区或田块，每 667 米^2 用 50%多菌灵 2 千克进行土壤消毒；发病初期喷 50%多菌灵可湿性粉剂 600～700 倍液，隔 7～10 天 1 次，喷 1～2 次。

（二）马铃薯小叶病

（1）危害症状　由植株心叶长出的复叶开始变小，新长出的叶柄向上直立，小叶常呈畸形，叶面粗糙。严重时叶片皱缩，全株矮化，叶脉透明（图 6-3，见彩图）。

（2）发生规律　经过蚜虫及汁液摩擦传毒。25℃以上高温利于传毒媒介蚜虫的滋生、迁飞或传病，从而利于该病扩展，加重受害程度。在马铃薯上引起卷叶症，病毒稀释限点 10000 倍，钝化温度 70℃，体外存活期 12～24 小时，2℃低温下存活 4 天。

（3）无公害综合防治技术　①改进栽培措施：包括留种田远离茄科菜地；及早拔除病株；实行精耕细作，高垄栽培，及时培土；避免偏施、过施氮肥，增施磷钾肥；注意中耕除草；控制秋水，严防大水漫灌。②药剂防治：发病初期喷洒抗毒丰 300 倍液或20%病毒A可湿性粉剂500倍液、1.5%植病灵K号乳剂1000倍液。

（三）马铃薯病毒病

（1）危害症状 马铃薯病毒病症状多种多样，分别有以下几种。①花叶型：叶面出现淡绿、黄绿和浓绿相间的斑驳花叶，叶片变小、皱缩，植株矮化。②卷叶型：叶缘向上卷曲，甚至呈圆筒状，色淡，变硬革质化，有时叶背出现紫红色。③坏死型又叫条斑型，叶脉、叶柄、茎枝出现褐色坏死斑，叶片萎垂、枯死或脱落。④丛枝及束顶型：分枝纤细而多，缩节丛生或束顶，叶小花少，明显矮缩（图6-4，见彩图）。

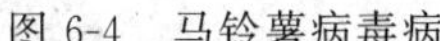

图6-4 马铃薯病毒病

图6-5 菟丝子为害马铃薯

（2）发生规律 通过蚜虫及汁液摩擦传毒。田间管理条件差，蚜虫发生量大发病重。此外，25℃以上高温有利于蚜虫迁飞或传病。

（3）无公害综合防治技术 ①加强栽培管理：适时播种，合理用肥，拔除病株等。留种田远离茄科菜地；实行精耕细作，高垄栽培，及时培土；避免偏施、过施氮肥，增施磷钾肥；控制秋水，严防大水漫灌。②药剂防治：发病初期喷洒抗毒丰300倍液或1.5%植病灵K号乳剂1000倍液、15%病毒必克可湿性粉剂500～700倍液。

（四）菟丝子为害马铃薯

（1）危害症状　菟丝子以藤茎缠绕在马铃薯植株上为害，致受害株茎变细或弯曲，植株低矮，叶片小而黄。整株朽住不长，直至死亡（图 6-5，见彩图）。

（2）发生规律　菟丝子种子可混杂在寄主种子内及随有机肥在土壤中越冬。其种子外壳坚硬，经 1～3 年才发芽，在田间可沿畦埂地边蔓延，遇合适寄主即缠茎寄生为害。

（3）无公害综合防治技术　①清洁田园：摘除菟丝子藤蔓，带出田外烧毁或深埋；在菟丝子幼苗未长出缠绕茎以前锄灭；可实行轮作；推行厩肥经高温发酵处理，使菟丝子种子失去发芽力或沤烂。②生物防治：可喷洒鲁保 1 号生物制剂，使用浓度要求每毫升水中含活孢子数不少于 3000 万个，每 667 米^2 2～2.5 升，于雨后或傍晚及阴天喷洒，隔 7 天 1 次，连续防治 2～3 次。

（五）马铃薯枯萎病

（1）危害症状　最初在幼嫩叶片的叶脉之间出现褪绿斑点，然后坏死。病株叶片呈青铜色，萎蔫、干枯并挂在茎上不脱落。叶片变色和死亡多发生在茎的一侧（图 6-6，见彩图）。

图 6-6　马铃薯枯萎病

图 6-7　马铃薯早疫病

（2）发生规律　病菌随病残体在土壤中或在带菌的病薯上越冬，借雨水或灌溉水传播，从伤口侵入。田间湿度大、土温高于

28℃或重茬地、低洼地易发病。

（3）无公害综合防治技术　①与禾本科作物或绿肥等进行 4 年轮作；选择健薯留种，施用腐熟有机肥，加强水肥管理，可减轻发病。②药剂防治：浇灌 12.5%增效多菌灵浓可溶剂 300 倍液。

（六）马铃薯早疫病

（1）危害症状　主要为害叶。受害叶生黑褐色、近圆形具明显同心轮纹的坏死病斑，严重时枯死。叶柄和茎秆受害，多发生于分枝处，病斑长圆形，黑褐色，有轮纹（图 6-7，见彩图）。

（2）发生规律　病菌在病残体或带病薯块上越冬，借风、雨传播。病菌易侵染老叶片，遇有小到中雨或连续阴雨或湿度高于 70%，植株长势弱时发病重。

（3）无公害综合防治技术　①播种时剔除病薯。加强栽培管理施足有机底肥，增施磷、钾肥，及时消除病残体并集中烧毁。选用早熟耐病品种，适当提早收获。②药剂防治：发病前开始喷洒 75%百菌清可湿性粉剂 600 倍液或 64%杀毒矾可湿性粉剂 500 倍液、80%喷克可湿性粉剂 800 倍液，隔 7～10 天 1 次，连续防治 2～3 次。

（七）马铃薯晚疫病

（1）危害症状　马铃薯晚疫病又称疫病，主要为害叶。发病后植株成片早期死亡，并引起块茎腐烂。叶上病斑灰褐色，边缘不整齐，周围有一褪绿圈。在潮湿条件下，病部与健康组织的交界处有一圈白霉层（图 6-8，见彩图）。

（2）发生规律　病菌从气孔或表皮侵入，随温度升高而活动，沿着幼苗的茎秆长到地面。气候温暖潮湿的在地上或地下的病斑上长出孢子囊侵染叶片与邻近的健苗，经过几次再侵染形成一定数量的病株病叶后成为发病中心才被发现。此时若气候继续潮湿，短期内全田发病。

（3）无公害综合防治技术　①减少菌源。首先要从无病留种开始。留种田除严格进行化学保护外，还应增高培土，注意排水，防止病菌随雨水渗入土中侵染新薯。提倡割蔓晒地 2 周后收获，在入窖、播种前淘汰并处理好病薯。②药剂防治：当田间出现中心病株

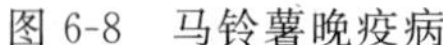

图 6-8 马铃薯晚疫病

图 6-9 马铃薯核菌病

时，立即清除中心病株，喷洒 1%～2%硫酸铜，每 7 天喷 1 次，连续喷 2～3 次。

(八) 马铃薯核菌病

(1) 危害症状　主要危害幼芽。幼芽染病形成芽腐，造成缺苗。出土后染病初植株下部叶子发黄，茎基形成褐色凹陷斑；重病株可形成立枯或顶部萎蔫或叶片卷曲（图 6-9，见彩图）。

(2) 发生规律　病菌在病薯或以留在土壤中的菌核越冬。带病种薯是翌年初侵染源，也是远距离传播的主要途径。菌丝生长最低温度 4℃，最高 32～33℃，最适 23℃，34℃停止生长，菌核形成适温 23～28℃。

(3) 无公害综合防治技术　①实行 2～3 年以上轮作，不能轮作的重病地应进行深耕改土，以减少该病发生。种植密度适当，注意通风透光，低洼地应实行高畦栽培，雨后及时排水，收获后及时清园。②药剂防治：发病初期开始喷洒 20%甲基立枯磷乳油 1200 倍液或 36%甲基硫菌灵悬浮剂 600 倍液。

(九) 马铃薯粉痂病

(1) 危害症状　主要危害块茎及根部。块茎染病，初在表皮上现针头大的褐色小斑，有晕环，后隆起、膨大，成为“疱斑”。“疱斑”表皮破裂、反卷，皮下组织现橘红色，散出大量深褐色粉状物

(孢子囊球)。“疱斑”下陷呈火山口状，外围有木栓质晕环，为粉痂的“开放疱”阶段(图 6-10，见彩图)。

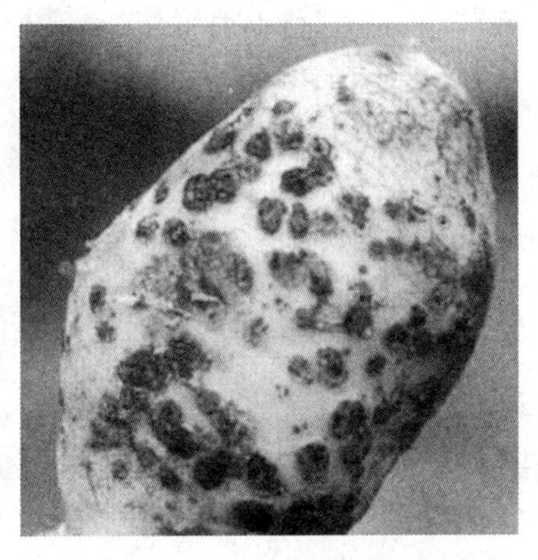

图 6-10 马铃薯粉痂病

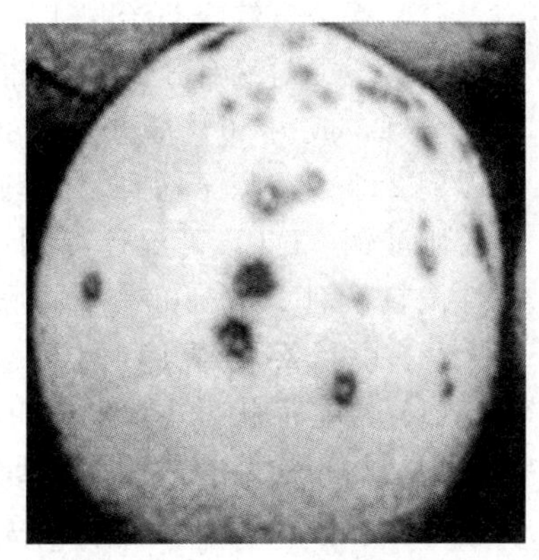

图 6-11 马铃薯疮痂病

(2) 发生规律 病菌在种薯内或随病残物遗落土壤中越冬，靠病土、病肥、灌溉水等传播。从根毛、皮孔或伤口侵入寄主。土壤湿度 90%左右，土温 18～20℃，土壤 pH4.7～5.4，适于病菌的发育，因而发病也重。一般雨量多、夏季较凉爽的年份易发病。本病发生的轻重主要取决于初侵染及初侵染病原菌的数量，田间再侵染即使发生也不重。

(3) 无公害综合防治技术 严格执行检疫制度，对病区种薯严加封锁，禁止外调。病区实行 5 年以上轮作。选留无病种薯，把好收获、贮藏、播种关，汰除病薯，必要时可增施基肥或磷钾肥，多施石灰或草木灰，改变土壤 pH 值。加强田间管理，提倡高畦栽培，避免大水漫灌，防止病菌传播蔓延。

(十) 马铃薯疮痂病

(1) 危害症状 老叶先发病，初生水渍状暗绿色斑点，扩大后成褐色病斑，四周具黄色环形窄晕环，内部较薄(图 6-11，见彩图)。

(2) 发生规律 病原菌随病残体在地表或附在种子表面越冬。通过风雨或昆虫传播到马铃薯叶、茎上，从伤口或气孔侵入。高温、高湿、阴雨天气是发病的重要条件，钻蛀性害虫及暴风雨造成伤口、管理粗放、植株衰弱发病重。

（3）无公害综合防治技术　①重病田实行2～3年轮作。采用无病种薯，或对病种子进行消毒，如用40%福尔马林200倍液浸种5分钟，或用40%福尔马林200倍液将种薯浸湿，再用塑料布盖严闷2小时，晾干播种。②药剂防治：发病初期开始喷洒50%琥胶肥酸铜（DT）可湿性粉剂400～500倍液，或77%可杀得可湿性微粒粉剂400～500倍液，隔7～10天1次，防治1～2次。

（十一）马铃薯癌肿病

（1）危害症状　主要危害块茎和匍匐茎。患病的块茎和匍匐茎形成瘤状物，初期为白色，后期变黑。发展到地上茎的肿瘤，在光照下初期为绿色，后期呈暗棕色（图6-12，见彩图）。

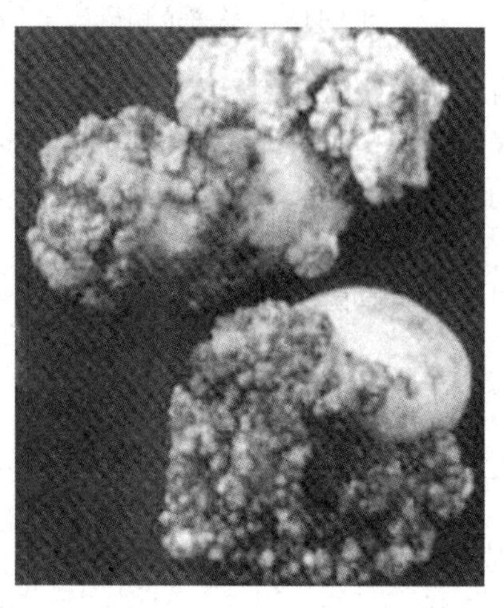

图6-12　马铃薯癌肿病

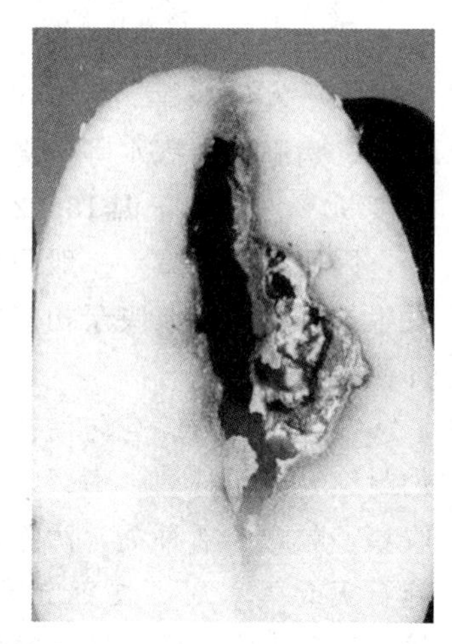

图6-13　马铃薯干腐病

（2）发生规律　病菌可在土壤中潜伏20年。除马铃薯块茎可以带病传播外，农具和人、畜带的有菌土壤，都可能传播本病。病薯块和薯秧也常混入肥料中致使厩肥传病等。癌肿病的休眠孢子抗逆性特别强。适于游动孢子侵入块茎的温度为3～24℃，最适温度为15℃。在土壤湿度为最大持水量的70%～90%时，地下部发病最严重，土壤干燥时发病轻。

（3）无公害综合防治技术 ①严格检疫：对疫区进行严格封锁，该地区的马铃薯禁止外运，以防病害蔓延。利用脱毒茎尖苗快繁高度抗病品种，尽快更替不抗病的品种。②药剂防治：用20%三唑酮乳油1500倍液浇灌或喷施20%三唑酮乳油2000倍液，每667米^{2}喷对好的药液50～60升。

（十二）马铃薯干腐病

（1）危害症状 主要侵染块茎。发病初期局部稍凹陷，扩大后出现皱褶，呈同心轮纹状，有时长出灰白色的绒状颗粒。病薯空心，空腔内长满灰白色绒状颗粒，最后块茎变成干腐状，一捏即成粉状（图6-13，见彩图）。

（2）发生规律 病菌在病残组织或土壤中越冬。多系弱寄生菌，从伤口或芽眼侵入。病菌在5～30℃条件下均能生长。储藏条件差，通风不良利于发病。

（3）无公害综合防治技术 收获运储期间尽量避免薯块受伤，减少侵染。收获后适当干燥待愈伤后入窖储存。储藏入窖前清除病、伤薯；储藏早期适当提高温度，搞好通风，促进伤口愈合；以后控制温度在1～4℃，减少发病。种薯切块后尽快播种；适当晚播，地温升高利于伤口愈合；用杀菌剂处理芽块，减少侵染源；用未污染的器具运送、播种种薯。生长后期注意排水，收获时避免伤口，收获后充分晾干再入窖，严防碰伤。窖内保持通风干燥，发现病烂薯及时汰除。

（十三）马铃薯白绢病

（1）危害症状 主要危害块茎。薯块上密生白色丝状菌丝，并有棕褐色圆形菜籽状小菌核，切开病薯皮下组织变褐（图6-14，见彩图）。

（2）发生规律 病菌遗留在土中或病残体上越冬。通过雨水、灌溉水、肥料及农事操作等传播蔓延。发育适温32～33℃，最高40℃，最低8℃，耐酸碱度范围pH1.9～8.4，最适pH5.9。马铃薯地块湿度大或栽植过密、行间通风透光不良、施用未充分腐熟的有机肥及连作地发病重。

图 6-14 马铃薯白绢病

图 6-15 马铃薯黑胫病

(3) 无公害综合防治技术 ①发病重的地块应与禾本科作物轮作，有条件的可进行水旱轮作，效果更好。深翻土地，把病菌翻到土壤下层，可减少该病发生。在菌核形成前，拔除病株，病穴撒石灰消毒。②药剂防治：病区可用40%五氯硝基苯1千克加细干土40千克，混匀后撒施于茎基部土壤上，或喷洒50%拌种双可湿性粉剂500倍液，防治1～2次，隔15～20天1次。

(十四) 马铃薯黑胫病

(1) 危害症状 主要侵染茎和薯块。病株矮小，节间短缩，叶片上卷，褪绿黄化，腹部变黑，萎蔫而死。薯块变为黑褐色，腐烂发臭（图6-15，见彩图）。

(2) 发生规律 病菌通过切薯传给种薯，造成母薯腐烂，并从母薯进入植株地上茎。田间病菌还可通过灌溉水、雨水或昆虫传播，从伤口再侵染健株。雨水多、低洼地发病重。储藏期和窖内通气不良，温度高、湿度大，容易造成烂窖。

(3) 无公害综合防治技术 ①适期早播促使早出苗。发现病株及时挖除，特别是留种田更要细心挖除，减少菌源。种薯入窖前要严格挑选，入窖后加强管理，窖温控制在1～4℃，防止窖温过高，湿度过大。②药剂防治：发病初期叶面喷洒“天达2116”800倍液+“天达诺杀”1000倍液、0.1%硫酸铜溶液，能显著减轻黑胫病。

(十五) 马铃薯青枯病

(1) 危害症状　下部叶片发病萎蔫后全株下垂，开始早晚恢复，持续4～5天后，全株茎叶全部萎蔫死亡，但仍保持青绿色，湿度大时，切面有菌液溢出。块茎染病后，挤压时溢出白色黏液，严重时外皮龟裂，髓部溃烂如泥（图6-16，见彩图）。

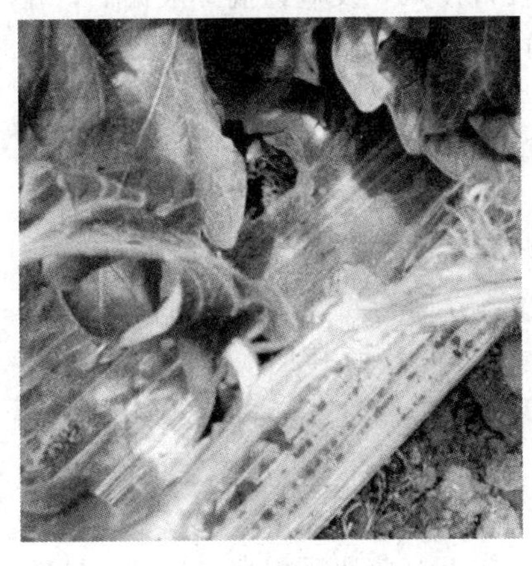

图6-16　马铃薯青枯病

图6-17　马铃薯环腐病

(2) 发生规律　细菌主要随病株残体在土壤中越冬，主要通过雨水、灌溉水、肥料、病苗、病土、昆虫、人畜以及生产工具等传播，在10～40℃均可发育，最适温度为30～37℃，最适pH值为6.6。因此，田间土壤含水量高、连续阴雨或大雨后转晴气温急剧升高则发病重；种植带病种薯，或种植在连作地及地势低洼、土壤偏酸的地块，易发病。

(3) 无公害综合防治技术　①实行与十字花科或禾本科作物4年以上轮作，最好与禾本科进行水旱轮作。选用抗青枯病品种。选择无病地育苗，采用高畦栽培，避免大水漫灌。②药剂防治：用青枯病拮抗菌MA-7、NOE-104，于定植时大苗浸根；也可在发病初期用硫酸链霉素或72%农用硫酸链霉素可溶性粉剂4000倍液或农抗“401”500倍液灌根，隔10天1次，连续灌2～3次。

（十六）马铃薯环腐病

（1）危害症状　马铃薯环腐病分枯斑型和萎蔫型。枯斑型，多从基部复叶顶上先发病，叶尖干枯或向内纵卷，发展严重时全株枯死。萎蔫型，初从顶部复叶开始萎蔫，叶缘稍内卷，后叶片开始褪绿，内卷下垂，终致植株死亡（图6-17，见彩图）。

（2）发生规律　病薯是环腐病的初侵染来源。在浇水或降雨时，可随流水传播，可从马铃薯伤口侵入，发病适温一般偏低，在18～24℃，土温超过31℃时，病害发生受到抑制。在马铃薯生育期间干热缺雨，有利病情扩展和显现症状。切块种植时，病菌能借切刀传播，成为环腐病传播蔓延的重要途径。

（3）无公害综合防治技术　①采用整薯播种，生育期间随时拔除病株，保证收获无病种薯。留种田先收，在收、选、晾和入窖过程中，严格进行挑选，剔除病薯，去杂去劣。②药剂防治：用50％托布津可湿性粉剂500倍液或1000倍的升汞水溶液浸泡种薯2小时，然后晾干播种。还可选用相当于种薯质量0.1％～0.2％的敌克松加草木灰拌种。

（十七）马铃薯软腐病

（1）危害症状　主要发生在块茎上。薯块受侵后，初期皮孔略凸起，呈水渍状，病斑圆形，表皮下组织软腐，直至整个薯块腐烂，并伴有恶臭气味（图6-18，见彩图）。

（2）发生规律　病菌潜伏在薯块的皮孔内及表皮上，借风雨、灌溉水及昆虫等传播。遇高温、高湿、缺氧，尤其是薯块表面有薄膜水，薯块伤口愈合受阻，病原细菌即大量繁殖，在薯块薄壁细胞间隙中扩展，同时分泌果胶酶降解细胞中胶层，引起软腐。

（3）无公害综合防治技术　①科学储藏：储藏中早期温度控制在13～15℃，经2周促进伤口愈合，以后在5～10℃通风条件下储藏。准备储藏的块茎应于成熟后收获；收获前5～7天停止浇水，以保证土壤干燥；收获时要避免擦伤薯皮；晾干薯皮后再装运。要储藏的薯块应于通风阴凉处存放2～3天，使薯块温度降至储藏环境温度；储藏前进行薯窖灭菌；储藏期间保持窖内通风，防止薯堆“出汗”。②药剂防病：发病初期喷洒5％琥胶肥酸铜可湿性粉剂

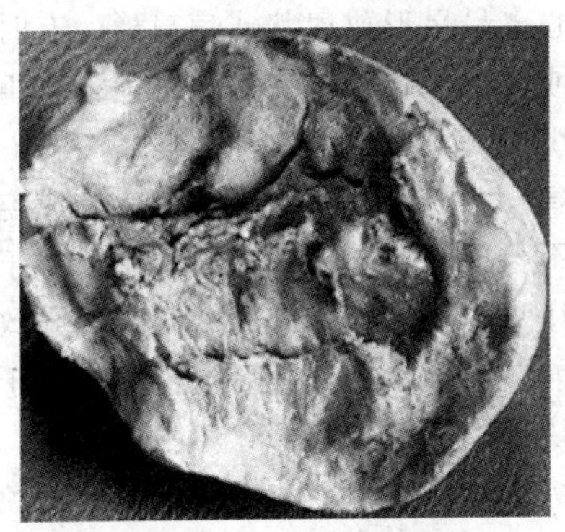

图 6-18　马铃薯软腐病

500 倍液，或 14%络氨酮水剂 300 倍液、77%可杀得 500 倍液。

二、生理性病害防治

(一) 块茎黑心病

(1) 危害症状　在块茎中心部出现由黑色至蓝色的不规则花纹，缺氧严重时整个块茎都可能变黑。

(2) 发病原因　由块茎内部缺氧所引起。在储藏窖密封严实或薯堆过大时，都会由于内部供氧不足而发生此病。同时，黑心病病情发展受温度影响。温度较低时，黑心病发展较为缓慢；但过低的温度（0～2.5℃），黑心病发展较为迅速；而且在特高温度下(36～40℃)，即便有氧气，但因不能快速通过组织扩散，黑心病也会发展。因此，过高、过低的极端温度，过于封闭的储藏条件，通透性差，均会加重黑心病病情。

(3) 无公害综合防治技术　①注意储藏期间保持薯堆良好的通气性，并保持适宜的储藏温度。室温必须保持在 1～3℃，相对湿度要保持在 85%以下，并保持空气流通。②储存期间，不同品种分别储存，不要与种子、化肥等混施，也不要放到烟、气较大的地方，这样马铃薯就不会霉变、发芽。

(二) 块茎空心病

(1) 危害症状　空心病多发生于块茎的髓部。一般大块茎易出现空心现象。空心多呈星形放射状或扁口形，有时几个空洞连接起来。洞壁呈白色或棕褐色。在出现空心之前，其组织呈水浸状或透明状。因内部组织张力增大而引起开裂。

（2）发生规律　块茎膨大速度过快是造成空心的基本原因。①植株群体结构不合理时，导致一些薯块生长过于旺盛，内外组织发展不均衡，往往空心严重。②钾肥缺乏也可导致空心病。③水分供应不合理，如前期水分缺乏，其后突然变为适于快速生长的环境条件，也会诱使块茎产生空心。

（3）无公害综合防治技术　①合理密植，避免缺苗，调节株间距离，增加植株间的竞争，从而阻止块茎过速生长和膨大，降低空心的发病率。②加强栽培管理，保证植株生长的水分供应，避免出现旱涝不均的情况，促进块茎均衡一致发育。增施钾肥，减少空心发病率。

（三）块茎裂口

（1）危害症状　块茎表面有一条或数条纵向裂痕，表面被愈合的周皮组织覆盖，这就是块茎裂口。裂口的宽窄长短不一，它是块茎迅速生长阶段，由于内部压力超过表皮的承受能力，而产生了裂缝，随着块茎的膨大，裂缝逐渐加宽。有时裂缝逐渐“长平”，收获时只见到“痕迹”。

（2）发生规律　主要是土壤忽干忽湿，根茎在干旱时形成周皮，膨大速度慢，潮湿时植株吸水多，块茎膨大快而使周皮破裂。此外，膨大期土壤肥水偏大也易引起薯块外皮产生裂痕。

（3）无公害综合防治技术　主要是增施有机肥，保证土壤始终肥力均匀；同时要适时浇水，在块茎膨大期保证土壤有适宜的含水量，避免土壤干旱，保持土壤透气性好。

（四）块茎畸形

（1）危害症状　畸形块茎多是由于块茎发生二次膨大而形成的。畸形的类型有肿瘤块茎，即块茎的芽眼部位突出，形成瘤状小薯；哑铃形块茎，即在靠近块茎顶部形成“细脖”；次生块茎，即在块茎上再形成块茎，在块茎上产生新的枝叶；链状二次生长，即块茎上长出匍匐茎再形成块茎。

（2）发病规律　高温、干旱与高湿交替出现等可引起块茎畸形。凡是能引起块茎不能正常发育的外界条件，都能引起块茎畸形。品种不同，二次生长引起的畸形表现也不同。在块茎生长期，由于高温干旱使块茎停止生长，甚至造成芽眼休眠。随后由于块茎已停止生长形成周皮，因而新吸收的养分就运到能够继续生长的部位，引起畸形生长。这些部位主要是芽眼、块茎顶端等处。

（3）无公害综合防治技术　主要是保持适宜的块茎膨大条件，即增施有机肥，以增加土壤肥力；适当深耕，注意中耕，保持土壤良好的透气性；注意浇水。

三、虫害防治

（一）马铃薯甲虫

（1）危害症状　危害马铃薯叶片和嫩尖，可把马铃薯叶片吃光，尤其是马铃薯始花期至薯块形成期受害，对产量影响最大（图6-19，见彩图）。

图 6-19　马铃薯甲虫

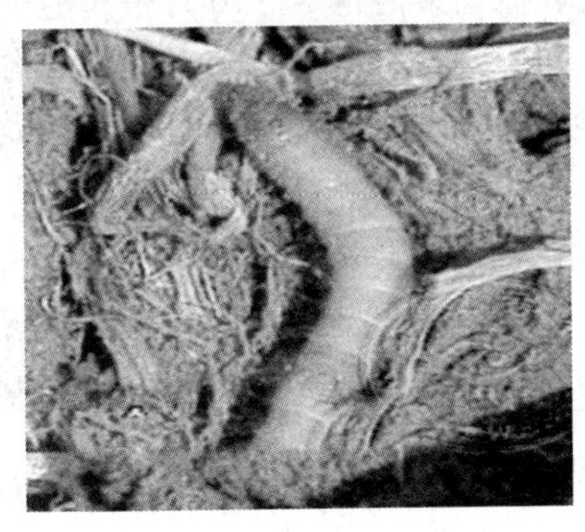

图 6-20　沟金针虫

（2）发生规律　1 年可发生 1～3 代，主要通过自然传播，包括风、水流和气流携带传播，还可通过人工传播。以成虫在土壤内越冬。越冬成虫潜伏的深度为 20～60 厘米。4～5 月，当越冬处土温回升到 14～15℃时，成虫出土，在植物上取食、交尾产卵，卵期 5～7 天。幼虫孵化后开始取食。幼虫 4 龄，4 龄幼虫末期停止进食，大量幼虫在被害株附近入土化蛹。幼虫在深5～15厘米的土中化蛹。

(3) 无公害综合防治技术　①秋翻冬灌，破坏马铃薯甲虫的越冬场所，可显著降低成虫越冬虫口基数，防止其扩散蔓延。轮作倒茬，在马铃薯甲虫发生严重区域，实行与非茄科蔬菜、作物轮作倒茬，中断其食物链，达到逐步降低害虫种群数量的目的。②药剂防治：发生初期喷洒杀虫畏、磷胺、甲萘威等杀虫剂，该虫对杀虫剂容易产生抗性，应注意轮换和交替使用。

(二) 沟金针虫

(1) 危害症状　幼虫在土中取食播种下的种子、萌出的幼芽、农作物和菜苗的根部，致使作物枯萎致死，造成缺苗断垄，甚至全田毁种（图6-20，见彩图）。

(2) 发生规律　2～3年发生1代，以幼虫和成虫在土中越冬。越冬成虫于2月下旬开始出蛰，3月中旬至4月中旬为活动盛期，白天潜伏于表土内，夜间出土交配产卵，9月中旬开始羽化，当年在原蛹室内越冬。10月下旬随土温下降幼虫开始下潜，至11月下旬10厘米土温平均1.5℃时，沟金针虫潜于27～33厘米深的土层越冬。由于沟金针虫雌成虫活动能力弱，一般多在原地交尾产卵，故扩散为害受到限制，因此在虫口高的田内一次防治后，在短期内种群密度不易回升。

(3) 无公害综合防治技术　在测报调查时，每平方米沟金针虫数量达1.5头时，即应采取防治措施。在播种前或移植前施用3%米乐尔颗粒剂，每亩2～6千克，混干细土50千克均匀撒在地表，深耙20厘米，也可撒在定植穴或栽植沟内，浅覆土后再定植，防效可达6周。

(三) 马铃薯瓢虫

(1) 危害症状　成虫、幼虫在叶背剥食叶肉，仅留表皮，形成许多不规则半透明的细凹纹，状如箩底（图6-21，见彩图）。

(2) 发生规律　1年发生1～2代。以成虫群集在背风向阳的山洞、石缝、树洞、树皮缝、墙缝及篱笆下、土穴等缝隙中和山坡、丘陵坡地土内越冬。第2年5月中、下旬出蛰，先在附近杂草

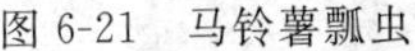
图 6-21　马铃薯瓢虫

图 6-22　马铃薯块茎蛾

上栖息，再逐渐迁移到马铃薯、茄子上繁殖为害。

（3）无公害综合防治技术　①及时清洁田园残株，降低越冬虫源基数。产卵盛期摘除叶背卵块；利用成虫的假死习性，拍打植株，用盆承接坠落之虫集中加以杀灭。②药剂防治：田间卵孵化率达 15%～20%时，可选用 20%氰戊菊酯乳油 3000 倍液、2.5%高效氯氟氰菊酯乳油 2000 倍液、2.5%敌杀死 1500 倍液喷雾。

（四）马铃薯块茎蛾

（1）危害症状　以幼虫危害叶片，潜入叶内，沿叶脉蛀食叶肉，仅留上下表皮，呈半透明状，严重时嫩茎、叶芽也被害枯死，幼苗可全株死亡（图 6-22，见彩图）。

（2）发生规律　1 年可发生 5～8 代。此虫世代重叠，同时期内有成虫、卵、幼虫和蛹发生，各期虫态均可越冬。老熟幼虫在田间多在干燥的表土或带有泥土的植株茎秆或叶子背面吐丝作茧化蛹，茧外附有泥沙、虫粪及碎叶。在马铃薯储藏期间，则多在薯块外部凹陷处或堆放薯块的空隙处、地面、墙缝等处作茧化蛹。

（3）无公害综合防治技术　①冬季翻耕灭茬消灭越冬幼虫；仓库熏蒸：彻底清除仓库的灰尘和杂物，用磷化铝熏蒸仓库，保证仓库不带虫；在大田生产中及时培土，在田间勿让薯块露出表土，减少成虫产卵的机会。②药剂防治：成虫期喷洒 10%菊·马乳油 1500 倍液、50%辛硫磷乳油 1000 倍液、50%杀螟松乳油 1000

倍液。

（五）小地老虎

（1）危害症状　幼虫将蔬菜幼苗近地面的茎部咬断，使整株死亡，造成缺苗断垄，严重的甚至毁种（图 6-23，见彩图）。

图 6-23　小地老虎

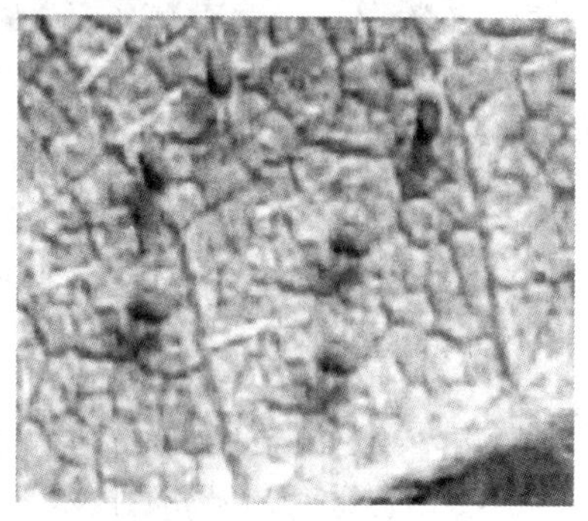

图 6-24　朱砂叶螨

（2）发生规律　成虫对黑光灯及糖醋酒等趋性较强。3 龄后昼间潜伏在表土中，夜间出来为害，动作敏捷，性残暴，能自相残杀。老熟幼虫有假死习性，受惊缩成环形。如属土质疏松、团粒结构好、保水性强的壤土、黏壤土、沙壤土均适于小地老虎的发生。尤在早春菜田及周缘杂草多，可提供产卵场所；蜜源植物多，可为成虫提供营养的情况下，将会形成较大的虫源，发生严重。

（3）无公害综合防治技术　①诱杀防治：一是黑光灯诱杀成虫；二是糖醋液诱杀成虫（将糖 6 份、醋 3 份、白酒 1 份、水 10 份、90%敌百虫 1 份调匀，在成虫发生期设置，有诱杀效果）。某些发酵变酸的食物，如甘薯、胡萝卜、烂水果等加入适量药剂，也可诱杀成虫。②化学防治：喷洒 40.7%毒死蜱乳油，每亩 90～120 克，兑水 50～60 千克，或用 2.5%溴氰菊酯或 20%氰戊菊酯 3000 倍液。

（六）朱砂叶螨

（1）危害症状　以吸取植物叶片汁液为主，能使叶变红或枯黄脱落（图 6-24，见彩图）。

（2）发生规律　1 年发生 10～20 代。翌春气温达 10℃以上时，即开始大量繁殖。3～4月先在杂草或其他寄主上取食，4月下旬至5月上、中旬迁入瓜田，先是点片发生，而后扩散全田。朱砂叶螨发育起点温度为7.7～8.8℃，最适温度29～31℃，最适相对湿度为35%～55%。因此高温低湿的6～8月份危害重，尤其干旱年份易于大发生。但温度达30℃以上和相对湿度超过70%时，不利其繁殖，暴雨对其有抑制作用。

(3) 无公害综合防治技术　①生物防治：提倡喷洒植物性杀虫剂，如0.5%藜芦碱醇800倍液、0.3%印楝素乳油1000倍液、1%苦参碱6号可溶性液剂1200倍液。②药剂防治：可用1.8%阿维菌素乳油3000倍液或2.5%联苯菊酯乳油1500倍液，防治2～3次。

(七) 桃蚜

(1) 危害症状　成虫及若虫在菜叶上刺吸汁液，造成叶片卷缩变形，植株生长不良，使花梗扭曲畸形，不能正常抽薹、开花、结实（图6-25，见彩图）。

图6-25　桃蚜

(2) 发生规律　1年发生多代，世代重叠极为严重。4月下旬产生有翅蚜，至10月下旬进入越冬。桃蚜的发育起点温度为

4.3℃，有效积温为137日度。发育最适温为24℃，高于28℃则不利其发育。因此，在我国北方地区呈春、秋两个发生高峰。桃蚜对黄色、橙色有强烈趋性，而对银灰色有负趋性。

（3）无公害综合防治技术　①生物防治：提倡采用绿色生物技术综合防治蚜虫，设施栽培时，提倡采用防虫纱网和20块彩色粘虫板，主防蚜虫。②药剂防治：可用70％吡虫啉水分散粒剂10000～15000倍液、20％吡虫啉浓可溶剂5000倍液、2.5％高渗吡虫啉乳油1200倍液。

第五节　黑马铃薯的保健食疗

马铃薯，又名土豆、洋芋、山药蛋，是世界主要粮食作物之一，仅次于稻、麦和玉米。马铃薯营养全面，价值高，耐储且储存时间长，是广大居民改善食品结构，进行生活保健的良好食品。下面介绍用马铃薯几种加工的食品。

（1）炸鲜薯条　选择颜色略黄纹理细腻的马铃薯，切成整齐的条状，浸于水中。然后将水沥干，放在油中以弱火炸，当用竹签等能轻易刺进时便可取出。吃前再以强火烹炸30～40秒使其呈焦黑色。炸后放在盛器中将油滴干，撒盐即成。

（2）油炸冻马铃薯条　将马铃薯去皮、切条，厚度为6～12.0毫米，长度大于10厘米。将切好的薯条进行清洗，以除去其表面淀粉。然后将马铃薯条浸入或喷洒抗氧化剂溶液，以防止马铃薯氧化变色。抗氧化剂溶液含0.5％～1％的焦磷酸钠、二硫酸钠或其他脱色剂。将溶液加热至55～82℃，将马铃薯条在溶液中浸泡10～25秒，接着将马铃薯条热烫，使其代谢功能失活，淀粉胶凝化。然后将马铃薯用普通方法冷冻。吃前深炸，深炸前马铃薯条无需融化，将其放入171～193℃的油锅中深炸1.5～3分钟即可。

（3）油炸马铃薯丸　去皮熟马铃薯79.5％、人造奶油4.5％、食用油9.0％、鸡蛋黄3.5％、蛋白3.5％。将马铃薯煮熟，捣烂成泥后与其他配料一起加入到搅拌混合机内，充分搅拌使物料混合均匀，通过成型机制成丸状。将丸子在180℃左右的油中油炸膨化。待冷却后再油炸。制成的油炸马铃薯丸直径为 12～14 毫米，香酥可口，风味独特。

（4）马铃冰激凌　砂糖 320 克、水 300 毫升、马铃薯泥 400 克、鲜奶油 500 毫升。首先将砂糖和水混合，煮沸杀菌后冷却，得到 32℃的糖浆 220 毫升。然后在 220 毫升的糖浆中添加马铃薯泥和鲜奶油，用冰淇淋机加工成冰激凌。

马铃薯在保健方面的作用如下。

（1）和中养胃、健脾利湿　土豆含有大量淀粉以及蛋白质、B 族维生素、维生素 C 等，能促进脾胃的消化功能，辅助治疗消化不良、慢性胃痛。

（2）宽肠通便　土豆含有大量膳食纤维，帮助机体及时排泄代谢毒素，防止便秘，预防肠道疾病的发生。

（3）降糖降脂、美容养颜　土豆能供给人体大量有特殊保护作用的黏液蛋白，预防心血管脂肪沉积，保持血管弹性，有利于预防动脉粥样硬化的发生。土豆同时又是一种碱性蔬菜，有利于体内酸碱平衡，中和体内代谢后产生的酸性物质，从而有一定的美容、抗衰老作用。

（4）对湿疹、烫伤也有一定功效。

一般人均可食用，但是糖尿病患者和脾胃虚寒易腹泻者应少食。

在日常生活当中食用土豆时应注意以下几点。

① 凡腐烂、霉烂或生芽较多的土豆，因含过量龙葵素，极易引起中毒，一律不能食用。

② 土豆适用于炒、炖、烧、炸等烹调方法。对于土豆泥、炸薯条，在加工过程中被氧化，破坏了大量的维生素 C，使其营养成分大大降低。而对于炸薯条来说，易增加脂肪的摄入量，而且炸薯条的油很难判断是否是新鲜的，加上反复高温加热，产生聚合物，所以要尽量少吃。

③ 土豆宜去皮吃，特别要削净已变绿的皮，有芽眼的部分应挖去，并放入清水中浸泡，炖煮时宜大火，以免中毒。

④ 土豆切开后容易氧化变黑，属正常现象，对人体不会造成危害。

⑤ 人们经常把切好的土豆片、土豆丝放入水中，去掉太多的淀粉以便烹调。但注意不要泡得太久而使水溶性维生素等营养流失。

第七章 黑花生栽培技术

第一节 概 述

黑花生，也被称作富硒紫花生、紫粒花生、紫花生（图 7-1，

图 7-1 黑花生

见彩图）。黑花生含钙、钾、铜、锌、铁、硒、锰和8种维生素及19种人体所需的氨基酸等营养成分。根据北京营养源研究所检测分析报告，黑花生蛋白质含量高达30%，比普通花生高达5个百分点。精氨酸含量3600毫克/100克。钾含量700毫克/100克，锌含量3.7毫克/100克，分别比普通花生高出19%、48%。特别是硒含量达8.3毫克/100克，比普通花生高出101%。

第二节　生物学特性及对栽培条件的要求

一、特性

黑花生为中早熟花生，籽仁皮黑色，百果重200克左右，植株半直立性，抗倒伏性好，株高39厘米，有效结果枝5～7个，叶色浓绿，连续开花，开花量较多，双仁果70%以上，出仁率高达70%以上，亩产一般300千克左右，全生育期110～135天。

二、形态特征

（一）种子的发芽和出苗

花生种子是由种皮和胚两部分组成。种皮主要起保护作用。胚包括胚芽、胚轴、胚根和子叶四部分。胚芽位于两子叶之间，由主芽和侧芽组成。主芽以后发育成主茎，侧芽发育成第一对侧枝。胚芽的下端为粗壮的胚轴和突出的胚根。成熟的种子内，主茎已有两片幼小的复叶，内有3～4片小复叶或叶原基；侧芽上可见2片苞叶或1片苞叶和1片真叶，内也有2～3片叶原基，在其苞叶叶腋内已有1～2个二次芽原基。所以，花生种子实际上已是一株分化相当完全的幼小植株。

花生种子成熟以后，给予最适宜的发芽条件也不能正常发芽，这种特性称为休眠。不同品种的种子，休眠期长短差异很大，一般珍珠豆型和多粒型品种休眠期短，在种子收获前如遇土壤湿度大、温度较高时，有的便可在土中发芽；而普通型和龙生型品种，休眠期较长。播前带壳晒种、种子加温处理以及用乙烯利打破种子的休眠，对加速酶的活性，提早种子发芽有较好的作用。

发育完全的种子，在完成一定时间的休眠以后，在适宜的条件下，就可以发芽出苗。发芽时，胚根先突破种皮向地下迅速生长，长到 1 厘米左右时，胚轴迅速分化向地上延伸，将子叶和胚轴推向地表。当子叶顶破土面见光，胚轴即停止伸长，而胚芽急速生长出第一片真叶展开时即为出苗。春播花生从种子发芽到出苗，早熟品种需 10～15 天，中熟品种需 15～20 天。花生种子发芽要求较高的温度。珍珠豆型和多粒型早熟小花生，种子发芽最低温度为 12℃，普通型花生最低温度为 15℃。发芽最适温度，早熟小花生 23℃左右，大花生 26～30℃。温度过低种子不能发芽，常引起烂种子；温度过高，达 40℃以上，胚根发育受阻，发芽率下降。花生从播种到出苗需积温 200～300℃。在一般情况下，种子吸水量相当本身质量的 40％～60％才能萌动，到出苗时需消耗相当于种子质量 4 倍的水分。幼苗出土最适宜的土壤持水量为 50％～60％，低于 40％或高于 70％均会影响种子正常发芽和出苗。

（二）根、茎、枝、叶的生长

1. 根系的生长和根瘤的形成

花生的根由主根、侧根和很多次生细根组成。种子发芽后，胚根迅速生长深入土中成为主根，主根上长出四列侧根，呈明显的十字排列，侧根上又长出许多次生细根，形成强大的圆锥根系。主根入土深度可达 1 米以上，甚至 2 米左右，但主要根群分布在 10～30 厘米土层中。根系横向分布可达 60 厘米。花生的根部生有根瘤。一般在幼苗主茎长出五片真叶以后，根部便逐渐形成根瘤。根瘤形成初期，固氮能力较弱，随着植株的生长，固氮能力逐步增强，到开花盛期固氮能力最强，是供花生氮素最多的时期。花生所需氮素的 4/5 由根瘤供给。

2. 主茎和分枝的生长

花生幼苗出土以后，顶芽生长成主茎。花生的主茎直立，一般有 15～25 个节间，高度 15～75 厘米。花生产区用主茎高度作为衡量花生个体发育状况和群体大小的一项简易指标。主茎高度以40～50 厘米为宜；超过 60 厘米则表示生长过旺，群体过大，极易倒伏；不足 30 厘米则为生长不良、长势弱的表现。

亩产 350 千克左右的高产田，主茎高度在 40 厘米以上，有些则在 50～60 厘米。花生是多次分枝作物。通常把主茎上长出的分枝称为第一次分枝，第一次分枝上生长的分枝称为第二次分枝，依此类推。第一次分枝的第一、第二个分枝是由叶节上长出，为对生，称为第一对侧枝，而以上的侧枝为互生。由于第三、第四个侧枝着生茎节的节间很短，好似对生，故习惯上称为第二对侧枝。当主茎上生出四条侧枝后，叫团棵期。第一、第二对侧枝是花生开花结荚的主要部位，占结荚总数的 70%～90%，所以其发育好坏对产量影响极大。由于花生开花结荚主要集中在第一、第二对侧枝及其分枝上，所以分枝过多特别是后期分枝过多，在生产上实际意义不大。一些普通型丛生花生高产地块每亩分枝数一般在 20 万～30 万个；中间型品种，每亩总分枝数为 10 万～19 万个，单株分枝 9 个左右。

3. 叶的生长

花生的叶可分为不完全的变态叶及完全叶（即真叶）两类。每一枝条第一或第一、第二节着生的叶都是不完全变态叶，称“苞叶”或“鳞叶”。花序上每一节都着生一片长桃形苞叶，每一朵花的茎部有一片二叉状苞叶。花生的真叶为羽状复时，分叶片、叶柄和托叶三部分。同一植株上主茎中部的小叶具有品种固有的形状，可作为鉴别花生类型的一个依据。叶枕受光照强度影响，膨压发生变化，使相对的四片小叶，在夜间或阴天时自行闭合，次晨或晴天又重新张开，这种现象称感夜运动或睡眠运动。不同类型的花生其叶色有明显差异。同一品种，叶色深浅常因外界条件及内部营养状况改变而发生变化，因此，花生叶色变化可作为水、肥状况和植株内部营养状况的诊断指标。春播花生主茎可着生 20 多片真叶。幼苗出土后，两片真叶首先展开，当主茎第三片真叶展开时，第一对侧枝上的一叶同时展开，以后主茎每长一片叶时，第一对侧枝也同时长出一叶。叶片展开后就基本停止伸长。

4. 根系和茎叶生长与环境条件的关系

花生根系生长，需要土层疏松、湿度适宜的土壤条件。沙质壤土，土质疏松，通气良好，有利于根系发育和根瘤形成。土壤水分以最大持水量的50%～60%为宜，若低于40%，根系生长缓慢，根瘤形成少，甚至不生根瘤，茎叶生长也受到抑制；若持水量达到80%，不仅根系分布浅，降低植株抗旱能力，而且易造成地上部徒长。茎叶生长除要求适宜养分、水分条件外，还要求较高温度和充足的光照。温度超过31℃或低于15℃时，花生茎叶就基本停止生长，温度降到23℃以下，生长较慢，温度在26℃左右生长最快。此外，花生在弱光条件下，主茎节间长，分枝少；良好的光照条件可使植株生长健壮，节间紧凑，分枝多。

（三）花芽分化

当花生幼苗侧枝长出2～4片真叶时，花芽就开始分化。团棵期是花芽大量分化的时期，此时分化的花芽多是能结成饱满荚果的有效花。一个花芽从开始分化到开花，一般需要20～30天，多粒型和珍珠豆型花生时间短些，普通型花生时间长些。

花生花芽分化过程，以珍珠豆型为例可分为以下几个时期：花芽分化期，即开花前25天；花萼分化期，即开花前20天；雄蕊、心皮、花瓣分化期，即开花前15天；胚珠、花药分化期，即开花前10天；花器扩大期，即开花前7～10天；花器成熟期，即开花前1～3天。

（四）开花和下针

1. 花的形态构造

花生的花是两性完全花，总状花序，着生在主茎或侧枝叶腋间的花梗上。每一花序一般能开2～7朵花，多的开到15朵以上。整个花器分为苞片、花萼、花冠、雄蕊、雌蕊五部分。

2. 开花与受精

花生在开花前花蕾膨大，一般在开花前一天傍晚，萼片裂开，露出黄色花瓣，到夜间花萼迅速伸长，至次日早晨开花时可长达3～6厘米。花多在早晨5～7时开放。开花前1～5小时，花药即开裂散粉，进行授粉。授粉后经12小时左右即可完全受精。开花受精后，花冠当天下午萎蔫。花生的开花顺序，一般自下而上，从内到外，左右轮流开放或同时开放。但在久旱遇雨时，开花顺序失常。花生的开花类型，根据第一次分枝上花序的着生情况可分为两类：一类是连续开花型，即主茎开花，侧枝不论是否再分枝，每个节上都能开花。另一类是交替开花型，一般主茎不开花，侧枝的第一、第二节分枝，第三、第四节开花，第五、第六节再分枝，第七、第八节开花，分枝与花序交替出现。普通型大花生“蓬莱一窝猴”即属此种。花生的开花期很长，花量较多。

（五）果针的伸长与入土

花生开花受精以后，子房茎部分生组织细胞迅速分裂，形成子房柄。子房在子房柄的尖端，其顶端呈针状，所以把子房和子房柄合称为果针。果针生长有向地性，尖端表皮细胞木质化呈帽状，保护子房入土结实。果针开始伸长较慢，以后逐渐加快，植株基部的果针经 4～6 天入土，处于高节位的果针入土约需 10 天以上。果针伸长 10 厘米以后，伸长减慢，入土能力降低，常因久不入土而停止生长。植株基部节间开花早，距地面近，果针大多数能入土结实；植株上部的花开花晚，距地面远，果针往往不能入土，即便入土也常因入土晚、气温低，影响子房发育，不能形成荚果。通常情况下，花生的成针率，占开花数的 30%～70%，成针率不高的原因很复杂，一是花器不全，没有受精；二是开花时温度过高或过低；三是空气相对湿度低于 50%时，严重影响成针率。果针入土深度因品种类型和着生部位而异。珍珠豆型和多粒型花生，果针入土 2～4 厘米；普通型花生较深，为 4～7 厘米；龙生型花生，果针入土更深些。

（六）花生开花下针与环境条件的关系

花生开花下针对水分要求较高，反应也最敏感。在 5～15 厘米土层内，以土壤持水量的 60%～70%为宜。当土壤持水量低于 50%时，开花数量显著减少，甚至中断开花；当土壤水分达到 80%时，会引起茎叶徒长，开花减少。果针入土需要湿润的空气和疏松的土壤，干旱常造成果针不能入土，形成大量的无效果针。花生开花下针需要大量的矿物质营养，特别是氮、磷两种元素。氮素能有效促进开花，磷素能增加前期有效花，防止植株早衰。花生开花下针期对温度要求较高，以日平均气温 25～26℃最为适宜。低于22℃或高于30℃时，开花数显著下降，而且开花不齐。如温度骤然降到12℃左右，花的发育和受精会受到严重影响。8月中旬以后开的花，有相当一部分由于温度降低不能发育成果针，即使下针，也不能成果。因此，在栽培上促进花生早日进入盛花期，对提高成果率具有重要意义。花生开花下针期有充足的光照是保证花早、花多、花齐的重要条件。如遇阴雨、光照弱，植株生长瘦弱，开花数量会显著减少。适当缩短光照可促进开花，能使始花期、盛花期和终花期提前。

（七）荚果的发育和成熟

花生果针入土后，子房开始发育形成荚果。从子房开始膨大到荚果成熟，整个过程可粗略分为两个阶段，即荚果膨大阶段和充实阶段。前一阶段主要表现在荚果体积的急剧增大。果针入土后，10天左右即成鸡头状幼果，10～20天，荚果体积增长最快，在入土后20～30天内，荚果体积即长到最大限度。但此时荚果含水量多，干物重增加还不快，荚果内主要为可溶性糖，油分很少，果壳木质化程度低，荚果光滑呈白色。后一阶段的主要特点是荚果，主要是种子干重迅速增长，糖分减少，含油量显著提高。果针入土后50～60天或60～70天干重增长接近停止。在此期间，果壳变厚变硬，种皮逐渐变薄，显现品种本色，在荚果发育的同时，胚器分化完成。荚果发育对环境条件的要求：地上开花、地下结果，这是花生不同于其他作物的主要特性。花生果荚的发育需要湿润、黑暗、氧气、养分和机械刺激等环境条件。湿润是荚果发育的基本条件之一。水分缺乏，造成子房萎缩，停止生长；水分过多或出现渍水情况，也会抑制荚果发育，造成果小、果少，秕果烂果增多。荚果发育所需的土壤水分，以土壤最大持水量的50%～60%为宜。黑暗和机械刺激是荚果发育不可缺乏的条件。花生果针如果一直悬空不使其入土，则无论伸长多少，始终不会膨大结实。土壤的机械刺激，对荚果的发育有一定的影响。适宜的温度和充足的空气也是荚果发育的重要条件。荚果发育时结果层土壤最低温度为15～17℃，最高温度为37～39℃，适宜温度为25～33℃。通气良好的土壤，有利于荚果的发育。荚果的发育能否达到大而饱满，与结果层土壤养分状况有密切关系。因此，结果层土壤中矿质营养，特别是磷、钙丰富，对促进荚果的膨大、饱满有较好的效果。

三、生育时期

花生是具有无限开花结实习性的作物，其开花期和结实期很长，而且在开花以后很长一段时间，开花下针和结果是在连续不断的交错进行。花生的生育期是指花生从出苗到荚果成熟所经历的天数。在花生的整个生育过程中，可分为种子发芽出苗期、幼苗期、开花下针期、结荚期、饱果成熟期五个生育时期。

（1）种子发芽出苗期　从播种到50%的幼苗出土并展开第一片真叶为种子发芽出苗期。此期以长根为主，要求温度最低在12℃以上，普通型和龙生型品种要求15℃以上，在25～27℃发芽最快，发芽率也最高，是发芽的最适温度。温度过高或降低均会延长发芽时间。种子发芽要求湿度为土壤田间持水量的60%～70%为宜，花生种子至少需要吸收相当于种子风干重的40%～60%的水分才能开始萌动，从发芽到出苗时需吸收种子质量4倍的水分。同时还要求土壤中有足够氧气，满足发芽时的呼吸需要。

（2）幼苗期　从50%的种子出苗到50%植株第一朵花开放为幼苗期。此期根系生长很快，苗期光合生产率达最高值。在苗期叶片干重占全株干重的大部分，苗期相对生长量较高，但绝对生长量不大。无论是株高、叶面积或全株干物质重量到苗期结束时只占全生育期总积累量的10%左右，气温高低对苗期长短和生长都有较大影响。此外，土壤水分、营养状况对苗期也有一定影响。

（3）开花下针期　从50%的植株开花到50%的植株出现鸡头状幼果为开花下针期。此时营养生长、生殖生长并进，花生殖株大量开花下针，营养体迅速生长。春播品种此期需时25～35天，夏播品种此期需时15～20天。本期对水分、光照和温度的反应敏感，因此应注意对光、温、水的调节。同时开花下针期需要大量的营养，对氮、磷、钾的吸收占总量的23%～33%，根瘤大量形成，能为花生提供越来越多的氮素。

（4）结荚期　从50%的植株出现鸡头状幼果到50%植株出现

饱果为结荚期。这一时期大批果针入土发育成荚果，营养生长也同时达到最盛期，所形成的果数一般可占最后总果数的60%～70%，果重亦开始显著增长，增长量可达最后重的30%～40%，有时可达到50%以上，结荚期是花生整个一生中生长的最盛期，所吸收的肥料亦达到最高峰，故此期对温度、水分、光照、养分的要求极高，必须加强田间管理。

（5）饱果成熟期　从50%植株出现饱果到荚果成熟收获，称饱果成熟期。这一时期营养生长逐渐衰退停止，荚果快速增重，是以生殖生长为主的一个时期，是荚果产量形成的主要时期。

四、对环境条件的要求

（1）温度　不同类型的花生，播种层的适宜土壤温度如下：珍珠豆型、多粒型花生播种期的适宜地温为12℃，发芽期适宜地温25～35℃，开花期适宜地温25～28℃，最高38℃，最低22℃。荚果发育的适宜地温25～33℃，最高37～39℃，最低15℃。龙生型、普通型花生播种期适宜地温15℃，发芽期适宜地温25～35℃，开花期适宜地温25～28℃，最高38℃，最低22℃，荚果发育的适宜地温25～33℃，最高37～39℃，最低15℃。

（2）水分　花生较耐旱，受旱后也比较容易恢复生理功能。但要获得高产，还要有足够的水分，不同品种、不同气候区的花生，耗水量有很大差异，一般情况下，北方半干旱区春播普通型大花生，亩产150～175千克，其耗水量为315～345毫米，当亩产达250千克以上时，则耗水量达435毫米以上。在南方湿润气候地区播种的珍珠豆型花生，亩产200多千克，耗水量仅为180～255毫米。

花生在整个生育期中，有两个水分敏感期，即饱果后期和结荚后期，特别是结荚后期，遇到干旱减产严重。若结荚后遇到20天的干旱，籽仁可减产83.5%，而饱果期有20天干旱，减产也可达56%。

（3）光照　花生喜光，生长期中需要较强的光照，若光照不足，对花生生长不利，开花减少，秕果增多，产量下降。但荚果发育不能缺少黑暗条件。

五、需肥规律

（一）各营养元素对花生的作用

氮肥在苗期应供给充足，以促进幼苗生长。磷肥能使花生种子早萌发，促进根系和根瘤的生长发育，增强幼苗抵抗低温和干旱的能力，可以促进花生成熟，籽粒饱满，提高结荚率。钾肥对茎蔓、果壳及果仁的生长有促进作用，在沙土地保肥较差的土壤，增施钾肥效果明显。钙肥可使花生植株健壮、分枝增多、结果多、果实饱满、壳白皮薄，可增产达30%左右。硼肥可增加根瘤和结果数，一般增产10%。钼肥增加根瘤数，根瘤形成早，植株健壮，成果多，出仁率高。锌肥、铁肥可提高花生产量，又可防病，用0.2%硫酸锌溶液与硫酸亚铁溶液合喷施叶片可防止黄白叶症。

（二）各个生育期的需肥特点

花生的吸肥能力很强，除根系外，果针、幼果和叶子也可直接吸收养分。花生各生长发育阶段需肥量不同。

苗期需要的养分数量较少，氮、磷、钾的吸收量仅占一生吸收总量的5%～10%，开花期吸收养分数量急剧增加，氮的吸收占其一生吸收总量的17%，磷占22.6%，钾占22.3%。

结荚期是花生营养生长和生殖生长最旺盛的时期，有大批荚果形成，也是吸收养分最多的时期，氮的吸收占其一生吸收总量的42%，磷占46%，钾占60%。饱果成熟期吸收养分的能力渐渐减弱，氮的吸收占其一生吸收总量的28%，磷占22%，钾占7%。

（三）合理施肥

（1）施足基肥　667米^{2}施农家肥1500～2000千克、尿素8～10千克、过磷酸钙30千克和氯化钾10～15千克。并要注意钾肥深施，钙肥浅施。

（2）微肥浸种　用0.2%～0.3%钼酸铵或0.01%～0.1%硼酸水溶液或0.15%硫酸锌溶液拌种或浸种，可补充花生所需的微量元素，提高产量。

（3）苗期追肥　苗期如缺氮肥就会阻碍壮苗早发和根瘤的形

成。一是根际施肥。在花生主茎长有 3～4 片真叶时，每 667 米^2 500～100 千克有机肥与 3～4 千克尿素混合后，条施或穴施在根际区内，施后盖土。二是叶面喷施。幼苗期用 0.5%～1%尿素喷洒叶面，每隔 3～4 天喷一次，连喷 3～4 次。同时也可补充微量元素，如用 0.2%～0.3%硼砂溶液，或用 800 倍钼酸铵溶液或多元素叶面肥叶面喷雾。

(4) 开花下针期追肥　盛花期追施钙肥，以施入结实圈内效果最好。也可初花下针时，每亩用 1～2 千克过磷酸钙兑水 75 千克喷叶面。还可喷施微量元素，如 0.2%～0.3%硼砂溶液、800 倍钼酸铵溶液、0.5%硫酸锰溶液、0.2%硫酸锌溶液与硫酸亚铁溶液混合液。

(5) 结果期追肥　用 1%硫酸锰溶液和 0.3%磷酸二氢钾和 2%尿素溶液叶面喷雾，4～5 天 1 次，连喷 3～4 次。

六、需水规律

花生需水量的大小，同灌水方法密切相关，同时与花生需水量的组成有关。棵间蒸发是作物需水量的重要组成部分，花生叶面蒸腾和棵间蒸发比例在 2.8～4.6 之间，棵间蒸发大于叶面蒸腾量。这种组成比例就造成了不同灌水方法下消耗水量的不同。土壤蒸发的大小，同土壤湿度的时空分布有关。当土壤湿度大时土壤蒸发量就大，而不同的灌水方法，形成了土壤水分时空分布不同的特点。例如，地面灌溉使土壤初始含水量处在饱和状态，而喷灌后的土壤含水量处在田间持水量状态，滴灌则是处在非饱和的扩散状态下，这样作物需水量中的棵间蒸发就变得不一致了。每生产 1 千克花生，大约需要 1000 千克水。但这一数值也不是一定值，它将随着花生的品种和气候条件而变化。

第三节　高产高效栽培技术

一、主要品种

(1)“黑珍”花生　该品种植株半直立型，株高 40～45 厘米，侧枝长 50 厘米。中早熟，叶色浓绿，连续开花，开花量多，结果率中等，双仁率 70%左右，籽仁椭圆形、外皮紫黑色，抗旱抗病性较强，适合中等以上肥力地块种植。该品种南方可春夏播种，北方可麦后抢茬直播，种植及管理与普通花生相同，亩用种子 15 千克，一般亩产 300 千克左右，高产者可达 350 千克以上。

（2）黑丰 1 号　早熟品种，大粒花生，春播全生长期 130 天左右，夏播 110 天左右。长势稳健，一般不会出现疯长，叶色深绿带黑，株高 45 厘米，高抗倒伏。连续开花数目多，结实率高，亩产 450 千克左右，如采用保护地覆膜栽培，亩产可达 500 千克。其果壳坚硬，不易破裂，双仁果占 90%，单仁果占 10%。百果重 230 克，百仁重 180 克左右。

（3）黑花生 1 号　生育期 130 天左右，茎秆粗壮，叶片肥大，主茎高 45～50 厘米，大果型，结果集中易收获，双果率 70%，百果重 250 克。蛋白质含量 30.7%，比普通花生高 5%，精胺酸含量 36.3 毫克/克，比普通花生高 23.9%，脂肪含量 44.67%，十八种氨基酸总含量 27.57%。硒含量 8.3 微克/100 克，比普通花生高 101%；锌含量 3.7 毫克/100 克，比普通花生高 48.00%；钾含量 700 毫克/100 克，比普通花生高 19.00%。硒、锌、钾是人体重要的营养元素，具有益智、健脑、抗衰老等功效。对土壤要求不严，凡适合种花生的土壤均可种植，以土层深厚、耕层活、土性好、pH 值 5.5～7.2 最为适宜，一般亩产 300～450 千克，高产地块可达 500 千克以上。

二、栽培季节

花生是一种耐旱性较强的作物，适种于漫岗沙丘区，以沙土最适宜。中国花生分布很广，各地都有种植。主产地区为山东、辽宁东部、广东雷州半岛、黄淮河地区以及东南沿海的海滨丘陵和沙土区。其中山东省约占全国生产面积的 1/4。我国花生种植以农业自然区为基础可划分为七个花生产区：北方大花生区、南方春秋两熟花生区、长江流域春夏花生交作区、云贵高原花生区、东北部早熟花生区、西北内陆花生区，这些地区均适宜种植黑花生。

当春季5厘米土层地温稳定在12℃时，即可播种春花生，大约在4月底至5月上旬，地膜覆盖栽培可稍提前7～10天。秋花生播种要求生育后期气温大于18℃，大体在“立秋”至“处暑”期间播种较为适宜，切莫播种过早。

三、栽培技术

（一）土壤选择

选择土质肥沃、色泽浅、土层深、耕层活、土性好、质地疏松、排水良好的沙壤土种植。随秋整地作垄，施有机肥，667米^{2}施5000～7500千克，垄作开沟、疏施，畦作撒施。垄作栽培也可在播种当年下种前疏施农肥。播种时，每667米^{2}施磷酸二铵25～50千克、硫酸钾15～25千克作种肥。酸性土壤随基肥施石灰。前茬收割后，灭茬，秋翻、耙、压后做成新垄。准备地膜覆盖栽培的地块，做成底宽75～80厘米、畦高5厘米、畦面宽65～70厘米的畦，畦与畦中间做成20～25厘米宽、15厘米高的小垄，以备播种时取土用。

花生是地上开花地下结实的作物，不仅根系生长需要土层深厚、水气协调的土壤环境，果针入土结实也需要既通气透水，又蓄水保肥、上松下实的土壤条件。

（1）深耕整地　花生前茬和当茬都要注意适当耕翻，逐年加深熟化的耕作层。原土层深厚，由于历年浅耕形成了犁底层的花生田，当年深耕增产效果十分显著。深耕深翻打破犁底层后，耕作层水、肥、气、热得以协调，有利于花生生长发育。春花生地要进行秋、冬耕或春耕，深耕翻的时间宜早不宜迟。秋耕要在早秋作物收获后进行，冬耕要在晚秋作物收获后及时进行。秋、冬耕深度25～30厘米，春耕宜浅，深度20～25厘米，耕匀耙细保墒，达到深、厚、细、平，无明暗坷垃，清除残余根茬、石块等杂物。

（2）土壤改良　对于较黏紧的土壤，在秋冬或早春深耕后适当压沙或含磷风化石，能显著改善土壤质地与通透性。一般每亩压沙或含磷风化石10米^3，均匀铺撒地面，浅耕耙，使花生结实层土沙混匀。

（3）四沟配套　为了解决花生田旱灌涝排问题，要在整地的基础上，播前结合起垄，做好平原洼地台（条）田沟、横节沟、垄沟，丘陵地做好堰下沟、竹节沟、腰沟、垄沟四沟配套，使花生田沟沟相通，排灌畅通。

（4）轮作换茬　花生连作，或重茬可导致病虫害扩大蔓延，尤其是花生青枯病、茎腐病、白绢病等病害；土壤微生物群落失去平衡，土壤养分失调，造成减产损失。一般应与其他作物实行 3 年以上轮作。

（二）种子准备与播种

（1）晒种　播前要带壳晒种，选晴天 10～15 时，在干燥的地方，把花生平铺在席子上，厚 10 厘米左右，每隔 1～2 小时翻动 1 次，晒 2～3 天。剥壳时间以播种前 10～15 天为好。要求发芽率达 95％以上。

（2）根瘤菌拌种　每 667 米^2 用种量加根瘤菌粉 25 克，菌粉加清水 100～150 毫升调成菌液，均匀地拌在种子上即可。

（3）品种选择及处理　选用高产、优质、抗病、适应性广、商品性好的品种。种子纯度 96％，净度 98％，含水量 10％。

播种前，对病虫害重发地块可选择高效低毒的药剂拌种或包衣，禁止使用甲拌磷（3911）、对硫磷（1605）、克百威（呋喃丹）拌种或含有上述成分的种衣剂包衣。用辛硫磷、毒死蜱等药剂拌种，可控制蛴螬、金针虫、蝼蛄等地下害虫危害；用多菌灵、甲基硫菌灵等药剂拌种，可防治茎腐病、根腐病、黑霉病、菌核病等根茎部病害；用物理保护剂无毒高脂膜或者农乐 1 号海洋生物制品拌种，可防治根结线虫病。

（4）播种

① 播种时期：一般当 5 厘米地温稳定在 15℃时，便可播种。春播覆膜花生在 4 月底至 5 月上旬播种为宜。要足墒播种，播种时播种层适宜的土壤水分为田间最大持水量的 70％左右。如墒情不足，应采用播种沟溜水等抗旱措施。

② 起垄标准与播种密度：按 85～90 厘米宽起垄，垄顶宽 55～

60厘米，垄高10厘米，垄顶整平，每垄种植2行花生，小行距35～40厘米，每穴两粒种子。大花生品种8000～9000穴/667米^2，小花生品种10000～11000穴/667米^2。

③ 选择地膜：选用厚0.004～0.005毫米、幅宽90厘米的聚乙烯地膜或除草膜。推荐使用无除草剂的黑色地膜。

④ 播种方式：因地制宜，采用先播种后覆膜或先覆膜后打孔等播种方式。如果选用普通地膜，覆膜前每667米^{2}喷50%乙草胺乳油75毫升，兑水50～75千克，均匀喷在地面上。推荐应用花生多功能机械化播种覆膜技术。不论采用哪种方式，覆膜时都应做到铺平、拉紧、贴实、压严。播种深度4～6厘米。

(5) 播种期　春季当5厘米土层地温稳定在12℃时即可播种，在4月底至5月上旬，地膜覆盖栽培可稍提前7～10天。

(6) 播种密度　垄作：垄距50厘米，穴距13～17厘米，每穴播两粒。地膜覆盖畦作：一畦两行，小行距40厘米，穴距13～17厘米，每穴两粒。

(7) 播种方法　垄作：开沟深5厘米左右，先施种肥，再以每穴两粒等距离下种，均匀覆土，镇压。覆膜栽培：分为先播种后覆膜和先覆膜后播种两种方法。先播种后覆膜可采用机械或人工进行。人工在畦面平行开两条相距40厘米的沟，深4～5厘米，畦面两侧均留13～15厘米。沟内先施种肥，再以每穴两粒等距离下种，务使肥种隔离，均匀覆土，使畦面中间稍鼓呈微弧形，要求地表整齐，土壤细碎。然后喷除草剂乙草胺，每667米^{2}用量40～60毫升，兑水50～75千克喷洒。如墒情不好，要加大兑水量，均匀喷洒，使土壤保持湿润。最后，用机械覆膜或人工覆膜，要求膜与畦面贴实无折皱，两边盖土将地膜压实。最后在播种带的膜面上覆土成10～12厘米宽、6～8厘米高的小垄。

(三) 田间管理

1. 开孔放苗

先播种后覆膜的花生幼苗顶土（膜）时，要及时开孔引苗，以免灼伤幼苗。随开孔随在膜孔上覆土，以防止跑墒散温。开孔后要经常进行田间检查，及时将压在膜底的侧枝抠出膜外。

2. 排涝和灌溉

7～9 月，降雨比较集中，正值花生生长中后期，如果雨水较多，应及时排水防涝。在开花下针期和结荚期如久旱无雨，应及时浇水补墒。收获前 4～6 周遇严重干旱，是主要的黄曲霉菌侵染因子，有条件的应及时浇水，杜绝黄曲霉菌侵染。花生田浇水提倡小水润浇，不要大水漫灌。

3. 防止徒长

（1）人工去顶　在中高肥水条件下，在花生下针后期结荚前期，当株高超过 40 厘米时，为防止徒长，可人工摘掉花生主茎和主要侧枝的生长点，以摘除未展开叶为宜。

（2）化学调控　在花生盛花后期，当株高超过 35 厘米以上，有旺长趋势，会造成倒伏的地块，可实行化学调控。每 667 米^2 用 5%烯效唑可湿性粉剂 70～100 克，或壮饱安可湿性粉剂 20 克，兑水 50 千克，在晴天下午 3 点喷雾，避免重喷、漏喷和喷后遇雨。不徒长的花生田不必施用。禁止使用比久，逐步减少（淘汰）多效唑的施用。要谨慎施用化学生长调节剂控制徒长，严格控制用量。

4. 防止早衰

结荚期叶面喷施 0.2%磷酸二氢钾溶液 50 千克，或其他叶面肥，也可与防治叶斑病一并进行。

在花生开花结荚初期，每 667 米^2 喷施 0.2%高效磷酸二氢钾水溶液 50～75 千克，间隔 10 天再喷施 1 次。若花生叶片发黄，可再加入 0.5%～1%的尿素水溶液，其效果更佳，一般能增产 20%左右；喷施稀土微肥：在花生始花期，每隔 10 天左右喷施 1 次稀土微肥水溶液，前后 2 次，可增产 10%左右。方法是，每 667 米^2 每次用农用硝酸稀土 15 克，加水 50 千克，稀释后均匀喷施于花生叶片即可；喷硼肥：在初花期和盛花期，分别喷施 1 次硼肥水溶液，即每 667 米^2 用硼砂 100～150 克，加水 50～75 千克稀释，不仅能促进花粉萌发，有利于传粉受精，而且能提高花生坐果率，防止出现“果二而不仁”症，增产 15%左右；喷施钼肥：于花生开花期，全田叶面喷施钼肥水溶液 1 次，至花针期间隔 10 天，再喷第 2 次，既能促进花生根瘤的固氮作用，增进叶片光合强度，又可协调营养生长和生殖生长，促进荚果充实饱满，增产10%以上。钼酸铵水溶液的浓度以0.1%左右为宜。

5. 剪枝

花生开始有花苞时，用剪刀把病枝和无花向上枝剪掉。剪无花枝时，对枝叶矮小的，每窝留3～4枝。枝叶高大的，每窝留2～3枝。

6. 摘除主茎

盛花期10天后摘除主茎增产效果明显，每667米^{2}可增产10%左右，摘除过早或过迟，效果不显著。

7. 花生踩秧

在花生生长旺季，采取人工踩秧措施能控上促下，促使果针下扎，可使单穴有效果数增加3～5个。一般在7月下旬至8月上旬，选晴天下午3时后，用脚将直立的花生秧踩倒，缩短果针与地面距离，促使果针早入土。

8. 扒土埋果

花生大量果针入土时，用锄在花生行间锄一遍，再用手在果苗周围扒土埋果，可以提高果针入土率及结果率。

四、收获、储藏、加工

（1）适时收获　当花生植株中、下部叶片逐渐枯黄脱落，大多数荚果果壳韧硬发青，网纹明显，荚果内海绵组织（内果皮）完全干缩变薄，并有黑褐色光泽，籽粒饱满，果皮和种皮基本呈现本品种固有颜色时收获。收获前，人工顺垄揭掉地膜，带出田外，妥善处理。收获后，及时拣出土壤中的残膜，将带荚果的花生植株根果向阳晾晒2～3天，促进后熟和风干，然后摘果，平摊晒果，及时晾晒至水分低于10%，确保不霉变，减少黄曲霉毒素的产生。摘除花生秧上的残膜，晒干贮存作为饲料。

（2）储藏　花生的安全储藏含水量应小于9%，当含水量大于10%、温度大于17℃时便会发霉。花生仁含有丰富的蛋白质，因而干燥缓慢且易受冻。入仓时要严格控制水分和温度。无论是散装、围装和袋装，花生水分含量都要降到9%以下，温度控制在

17℃以下，这样不会发霉。花生入库初期，呼吸强度大，散发的热量和水分多，要注意通风，以排湿降温，否则会造成闷仓、闷垛，严重影响质量。留种的花生荚果最好用麻袋装，并预先剔除破损粒和秕粒。堆垛要稍低一些，并定期进行检查。如果是散装的，最好在种子表面盖一层粗席，再在席上盖一层麻袋片，这样既可隔热防潮，又可防止花生种子因踩踏而受损伤。另外，花生一般不宜用隔年种子。

(3) 加工　五香花生米的加工　制作方法：按每 5 千克花生米，加 500 克食盐、50 克蒜、5 克花椒、5 克大料的比例备料。将花椒、大料、食盐等放入容器中，并加入去皮捣碎的大蒜，然后将淘洗干净的花生米放入容器中与调料混合，再倒入开水至全部浸没花生米为止。加上盖浸泡 2～3 小时，捞出摊开晾干。

在一口洗净晾干的大锅内放入干净的沙粒，用火炒热后，及时倒入晾干的花生米。炒至有“噼啪”声响，用手捻动花生易脱皮时，改用文火再炒几分钟即可出锅。筛去沙子即可。在炒花生米的过程中，要经常搅动，以免花生米烧焦炒煳。

第四节　黑花生病虫害防治

一、非生理性病害防治

(一) 花生黑斑病

(1) 危害症状　黑斑病主要危害叶片，病斑近圆形，黑褐色。在叶背面病斑上有同心轮纹，病害严重时，产生大量病斑，引起叶片干枯脱落（图 7-2，见彩图）。

(2) 发生规律　病菌随病残体遗落土中越冬，随风雨传播。病斑首先出现在靠近土表的老叶上。植株生育前期发病轻，后期发病重。嫩叶发病轻，成叶和老叶发病重。田间湿度大或早晚雾大露重天气持续最有利于发病。连作地、沙质土或植地土壤瘠薄，或施肥不足，植株生势差发病也较重。

(3) 无公害综合防治技术　①收获后及时清除病残体，实行秋季深翻，加速病残体分解。病重田可与禾本科或薯类进行 2 年轮

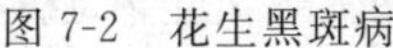

图 7-2　花生黑斑病

图 7-3　花生丛枝病

作，水旱轮作效果更好。加强栽培管理，合理密植，施足基肥，增强植株抗病性；开沟排水，降低田间湿度。②药剂防治：用 0.5％石灰倍量式波尔多液、70％甲基托布津可湿性粉剂 1000 倍液、75％百菌清可湿性粉剂 600 倍液，10～15 天后再喷 1 次。

（二）花生丛枝病

（1）危害症状　病害在花生开花下针时开始发生。病株枝叶丛生，节间短缩，严重矮化，多为健株株高的 1/2，病株叶片变小变厚，色深质脆，腋芽大量萌发，长出的弱小茎叶密生成丛，正常叶片逐渐变黄脱落（图 7-3，见彩图）。

（2）发生规律　该病由小绿叶蝉传播。带毒成虫和若虫可终生传病。嫁接可传病，种子不传病。凡叶蝉大发生年份，病害发生严重。

（3）无公害综合防治技术　适时播种，春花生适时早播，秋花生适时晚播。加强肥水管理，提高抗病力。及时拔除病苗，及时防治叶蝉，可减轻病害发生。

（三）花生轮斑病

（1）危害症状　在叶上常靠近叶缘形成黑褐色轮纹斑，病斑轮纹粗，上生黑色霉层（图 7-4，见彩图）。

（2）发生规律　病菌在病残叶上越冬，以分生孢子进行传播。

（3）无公害综合防治技术　一般可用相当于种子质量 0.3％的

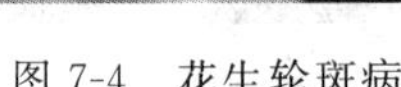

图 7-4 花生轮斑病

图 7-5 花生褐斑病

50%多菌灵、福美双拌种。

(四) 花生褐斑病

(1) 危害症状 花生褐斑病又称花生早斑病。主要为害花生叶片，初为褪绿小点，后扩展成近圆形小斑。病斑周围有亮黄色晕圈。湿度大时病斑上可见灰褐色粉状霉层。叶柄和茎秆染病病斑长椭圆形，暗褐色（图 7-5，见彩图）。

(2) 发生规律 病菌在病残体上越冬。借风雨传播进行初侵染。生育温度范围 10～33℃，最适温度 25～28℃。气候多雨潮湿则发病重。嫩叶较老叶发病重。

(3) 无公害综合防治技术 ①轮作换茬，实行多个品种搭配与轮换种植，防止因品种单一化和病菌优势小种的形成而造成品种抗病性退化或丧失。应避免偏施氮肥，增施磷钾肥，整治排灌系统，雨后清沟排渍降湿。②清理田间：花生收获后及时清洁田园，清除田间病残体，及时深耕。病残体要集中烧毁或沤肥，以减少病原。

(五) 花生斑驳病毒病

(1) 危害症状 病株矮化不明显，上部叶片形成深绿与浅绿相嵌的斑驳，常在叶片中部或下部沿中脉两侧形成不规则形或楔形箭戟形斑驳（图 7-6，见彩图）。

(2) 发生规律 主要靠汁液接触传染，也可靠豆蚜、棉蚜、桃蚜、玉米蚜等进行非持久性传毒，花生也能传毒，但传毒率仅为

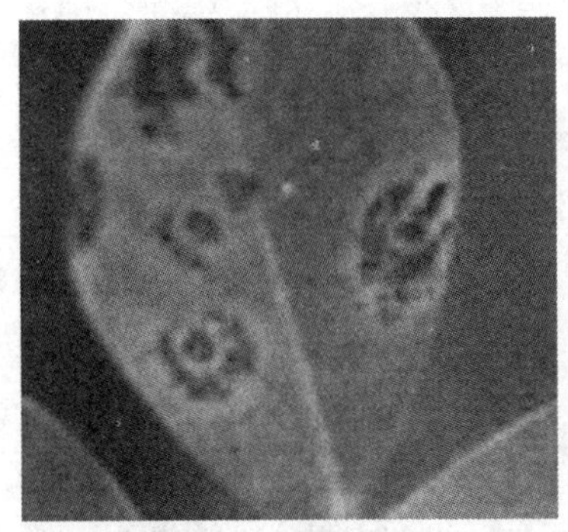

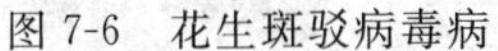
图 7-6　花生斑驳病毒病

图 7-7　花生冠腐病

0.02%～2%，菜豆种子传毒率低于 1%。

(3) 无公害综合防治技术　①间作换茬：花生与小麦、玉米、高粱等作物间作，可减少蚜传。提倡覆盖地膜或播种后行间铺银灰膜，也可在花生出苗后平铺长 80 厘米、宽 10 厘米的银灰膜条，高出地面 30 厘米驱蚜效果好。②药剂防治：用 0.5%菇类蛋白多糖水剂 300 倍液或 10%病毒王可湿性粉剂 500 倍液喷洒。

(六) 花生冠腐病

(1) 危害症状　花生冠腐病又名黑霉病、曲霉病。多在苗期发生。茎基部染病出现稍凹陷黄褐斑，呈干腐状。病部长满黑色霉状物。病株地上部呈失水状，很快枯萎而死（图 7-7，见彩图）。

(2) 发生规律　病菌在土壤、病残体或种子上越冬，借风雨、气流传播进行再侵染。花生团棵期发病最重。高温高湿或旱湿交替后利于发病。排水不良、管理粗放地块发病重。连作花生田易发病。

(3) 无公害综合防治技术　①轮作换茬：提倡与非寄主植物实行 2～3 年轮作，降低发病概率。花生种子晒干，单独保存，储藏期间防止种子受热；播种前晒几天，然后剥壳选种。②加强管理：适时播种，播种不宜过深；合理密植，防止田间郁闭；施用充分腐熟的有机肥；适时灌溉，雨后及时排除积水，降低田间湿度。在花蕾期、幼果期、果实膨大期要喷施地果壮蒂灵，使地下果营养输导管变粗，提高地果膨大活力，抗病增强。

（七）花生疮痂病

（1）危害症状　主要为害叶片、叶柄及茎部。叶片染病时叶两面产生圆形至不规则形小斑点，中间凹陷，病斑黄褐色，叶背面为淡红褐色。叶柄、茎部染病，引起叶柄及茎扭曲，上端枯死（图7-8，见彩图）。

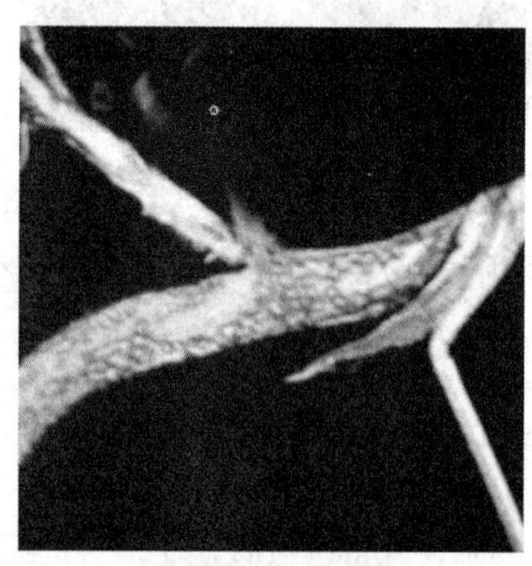

图 7-8　花生疮痂病

图 7-9　花生网斑病

（2）发生规律　病菌在病残体上越冬，翌春借风、雨传播进行初侵染和再侵染。

（3）无公害综合防治技术　①轮作换茬：与禾本科作物进行 3 年以上轮作，播种前用新高脂膜 800 倍液浸种，但时间不宜过长。②药剂防治：可用 50％多菌灵粉剂等针对性药剂进行防治，每隔 5～7 天喷施 1 次，连续喷施 2～3 次。

（八）花生网斑病

（1）危害症状　花生网斑病又称褐纹病、云纹斑病。先侵染叶片，初沿主脉产生圆形至不规则形的黑褐色小斑。阴雨连绵时叶面病斑较大，近圆形，黑褐色；重者病斑融合。干燥条件下病斑易破裂穿孔，造成严重落叶（图 7-9，见彩图）。

（2）发生规律　病菌在病残体上越冬，借风雨传播进行初侵染。连阴雨天有利于病害发生和流行。田间湿度大的地块易发病，连作地发病重。

（3）无公害综合防治技术　①与非豆科作物轮作1～2年。清洁田间，收获后及时清除病残体。②药剂防治：发病初期喷70％代森锰锌600倍液，或50％多菌灵800倍液，隔7～10天喷1次，连续喷2～3次。

（九）花生茎腐病

（1）危害症状　主要侵染茎枝，引起茎枝腐烂，轻则造成局部茎枝枯死，重则致全株死亡。在花期以后，地上部主茎和侧枝成段变黑枯死，患部亦密生小黑粒。早发病的常致荚果不实或烂果，发病越早对产量影响越大（图7-10，见彩图）。

图7-10　花生茎腐病

图7-11　花生芽枯病毒病

（2）发生规律　病菌随病残体遗落土壤中或混入土杂肥中越冬。借风雨或水流传播，从表皮或伤口侵入致病。病菌生长温度范围为10～40℃，最适温度为23～35℃。气温较高的年份和季节，如经常大雨骤晴，土温变化剧烈，或气候干旱，土表温度高，植株易受灼伤的发病重；基肥不足或施用未充分腐熟的土杂肥发病重；整地粗放，苗期生长不良，成株生长中后期多易发病；种荚晒藏管理不善，荚果有发霉的，发病较重。

（3）无公害综合防治技术　①晾晒种子：常发病地区认真抓好无病田选留种和种荚收、晒、藏等环节，防止种荚储藏期发霉。精细整地，施足基肥，配方施肥，避免施用未充分腐熟的土杂肥，苗期及时灌溉防旱，促植株壮旺，增强抵抗力。②药剂处理：用

40%三唑酮·多菌灵或45%三唑酮·福美双按种子质量0.3%拌种密封24小时后播种。

（十）花生芽枯病毒病

（1）危害症状　病株顶端叶片出现很多伴有坏死的褪绿环斑，沿叶柄或顶端表皮下的维管束变为褐色坏死或导致顶端枯死，顶端生长受抑，严重的节间短缩、叶片坏死，植株矮化明显（图7-11，见彩图）。

（2）发生规律　本病病原为番茄斑萎病毒。该病毒钝化温度45～50℃，可系统侵染花生等，引起花叶、环斑、坏死等症状。主要由花生田烟蓟马等4种蓟马传毒。

（3）无公害综合防治技术　①选用无病种子：建立无病留种田或距病田100～400米建立隔离地带，繁殖后用于大面积生产，基本上可以控制本病。②药剂防治：使用脱毒剂1号或2号处理种子，或用相当于种子质量0.5%的35%种衣剂4号拌种。

（十一）花生锈病

（1）危害症状　主要危害春花生。花生叶片染病，初在叶片正面或背面出现针尖大小淡黄色病斑，表皮破裂露出红褐色粉末状物。下部叶片先发病，渐向上扩展。叶上密生夏孢子堆后，很快变黄干枯，似火烧状（图7-12，见彩图）。

图7-12　花生锈病

图7-13　花生根颈腐病

（2）发生规律　借风雨传播形成再侵染。萌发温度11～33℃，最适25～28℃，20～30℃病害潜育期6～15天。春花生早播病轻，秋花生早播则病重。施氮过多，密度大，通风透光不良，排水条件差，发病重。水田花生较旱田花生病重。高温、高湿、温差大利于病害蔓延。

(3) 无公害综合防治技术 ①播种前或收获后，清除田间及四周杂草和农作物病残体，集中烧毁或沤肥；深翻地灭茬，促使病残体分解，减少病原和虫原。与非本科作物轮作，水旱轮作最好。②药剂防治：选用无病、包衣的种子，如未包衣则种子须用拌种剂或浸种剂灭菌。

(十二) 花生根颈腐病

(1) 危害症状 苗期染病，造成子叶变黑腐烂，然后侵染近地面的茎基部及地下根颈处，初生水浸状黄褐色病斑，后逐渐绕茎或根颈扩展形成黑褐色病斑。湿度大时，病株变黑腐烂。病部生黑色小粒点（图 7-13，见彩图）。

(2) 发生规律 病菌主要以菌丝和分生孢子器在花生种子或土壤中的病残体上越冬，成为翌年的初浸染源。牲畜食用病株饲料后排出的粪便及混有病株的土杂肥也是重要菌源。主要通过流水和风雨传播。田间植株无日灼、虫伤及机械伤口时，病菌再次侵染较难成功。其发病与否与幼茎常遭太阳暴晒、后期老叶凋落、抗性差等因子有关。花生生长后期分枝易被病菌侵染，造成枝条死亡。收获期遇连阴雨天气，种荚不能迅速晒干，常出现荚果发霉，造成翌年发病率高且早。土质黏重、土层薄、基肥不足、出苗迟缓的易发病。

(3) 无公害综合防治技术 ①与禾本科作物轮作 1～2 年。防止种子霉捂，精选种子，收获时要充分晒干。宜选夏播花生留种。收获后要及时清除病残体，烧毁或深翻。带有病残体的粪肥分充分腐熟。②花生齐苗后和开花前喷洒 50%多菌灵可湿性粉剂或 70%甲基硫菌灵可湿性粉剂 800～1000 倍液、50%苯菌灵可湿性粉剂 1500 倍液。

(十三) 花生根腐病

(1) 危害症状 花生根腐病俗称鼠尾、烂根。成株受害，主根根颈上出现长条形褐色病斑，根端呈湿腐状，易脱离脱落，无侧根或极少，形似鼠尾。潮湿时根颈部生不定根。病株地上部矮小，叶片变黄，开花结果少，且多为秕果（图 7-14，见彩图）。

图 7-14　花生根腐病

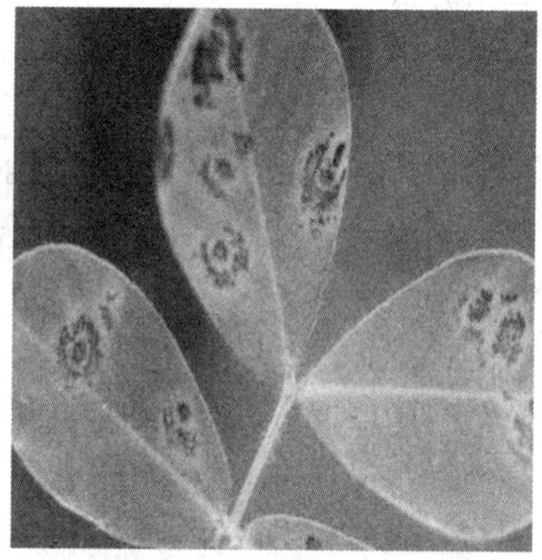

图 7-15　花生炭疽病

（2）发生规律　病菌在土壤中越冬。主要借雨水、农事操作传播，从伤口或表皮直接侵入。苗期多阴雨、湿度大发病重。连作田、土层浅、沙质地易发病。

（3）无公害综合防治技术　①合理轮作：因地制宜确定轮作方式、作物搭配和轮作年限。②药剂防治：用相当于种子质量 0.3％的 40％三唑酮、多菌灵可湿性粉剂加新高脂膜拌种，密封 24 小时后播种。

（十四）花生炭疽病

（1）危害症状　主要侵害叶片。病斑多自叶尖、叶缘开始发生，斑面常现轮纹。后期斑面上现散生、针头大小的黑粒，湿度大时小黑粒转呈朱红色小点（图 7-15，见彩图）。

（2）发生规律　病菌随病残体遗落土中越冬，借雨水溅射或小昆虫活动而传播，从寄主伤口或气孔侵入致病。温暖高湿的天气或植地环境有利发病；连作地或偏施过施氮肥、植株生势过旺的地块往往发病较重。

（3）无公害综合防治技术　①重病区注意选用抗病品种；清除病株残体，深翻土地；加强栽培管理，合理密植，增施磷钾肥，清沟排水；提倡轮作。②选用 25%溴菌腈 600 倍液或 50%咪鲜胺锰盐 1000 倍液，隔 7～15 天 1 次，连喷 2～3 次，交替喷施。

(十五) 花生白绢病

(1) 危害症状　主要为害茎部、果柄及荚果。发病初期叶片枯黄，茎基部组织呈软腐状，表皮脱落，严重的整株枯死。土壤湿度大时可见白色绢丝状菌丝覆盖病部和四周地面，后产生油菜籽状白色小菌核（图 7-16，见彩图）。

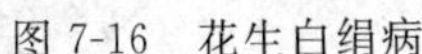

图 7-16　花生白绢病

图 7-17　花生焦斑病

(2) 发生规律　病菌在土壤中或病残体上越冬，靠流水或昆虫传播蔓延。高温、高湿、土壤黏重、排水不良、低洼地及多雨年份易发病。连作地、播种早发病重。

(3) 无公害综合防治技术　①收获后及时清除病残体，深翻。与水稻、小麦、玉米等禾本科作物进行 3 年以上轮作。春花生适当晚播，苗期清棵蹲苗，提高抗病力。②发病初期喷淋丰洽根保 600～800 倍液或 50%苯菌灵或 50%扑海因或 50%腐霉利、20%甲基立枯磷 1000～1500 倍液，每株喷淋兑好的药液 100～200 毫升。

(十六) 花生焦斑病

(1) 危害症状　花生焦斑病又称花生早斑病、叶焦病、枯斑病。先从叶尖或叶缘发病，病斑楔形或半圆形，周围有黄色晕圈，后枯死破裂，状如焦灼，上生许多小黑点即病菌子囊壳（图 7-17，见彩图）。

（2）发生规律　病菌在病残体上越冬或越夏，借风雨传播，生长温限8～35℃，最适温度28℃，高温高湿有利于孢子萌发和侵入。田间湿度大、土壤贫瘠、偏施氮肥发病重。黑斑病、锈病等发生重，焦斑病发生也重。

（3）无公害综合防治技术　①采用轮作、深翻、掩埋病株残体，适当早播，降低密度，覆盖地膜等措施，有良好的防治效果。②选用1∶2∶200倍波尔多液，或75%百菌清500～800倍液，或70%代森锰锌300～400倍液防治。

（十七）花生根结线虫病

（1）危害症状　花生根结线虫病又称花生根瘤线虫病，俗称地黄病、地落病、黄秧病等。幼虫侵入花生的幼嫩根尖，形成不规则形根结，线虫钻入花生根部中柱造成根液渗流，损耗养分。为害新根根尖，使次生根结成团。病株生长缓慢或萎黄不长，植株矮小，始花期叶片变黄瘦小，叶缘焦枯，提早脱落。花小且开花晚，结果少或不结果（图7-18，见彩图）。

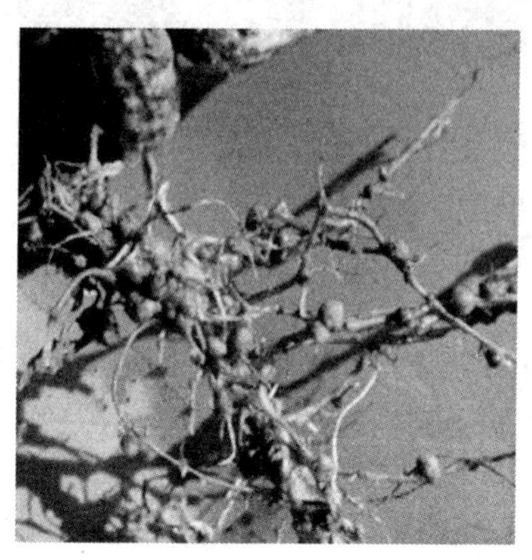

图7-18　花生根结线虫病

图7-19　花生黄花叶病

（2）发生规律　病原线虫在土壤中的病根、病果壳虫瘤内外越冬，也可混入粪肥越冬。从花生根尖处侵入，在细胞间隙和组织内移动。虫瘤耐低温和水淹能力较强。山东一般1年3代。主要靠病田土壤传播，也可通过农事操作、水流、粪肥、风等传播，野生寄主也能传播。调运带病荚果可引起远距离传播。土壤达田间最大持水量70%左右时适于线虫侵入。线虫随土壤中水分多少上下移动。干旱年份易发病，雨季早、雨水大、植株恢复快发病轻。沙壤土或沙土、瘠薄土壤发病重。连作田、管理粗放、杂草多的花生田易发病。

(3) 无公害综合防治技术　①轮作倒茬与非寄主作物或不良寄主作物轮作2～3年。清洁田园，深刨病根，集中烧毁。增肥改土，增施腐熟有机肥。铲除杂草，重病田可改为夏播。忌串灌，防止水流传播。②用10%防线1号乳油，每667米^2 2～2.5千克，加细土20千克制成毒土撒入穴内，覆土后播种。或用10%涕灭威2.5～5千克、3%呋喃丹5～6千克、5%克线磷2～12千克、5%硫线磷8千克；播种时要分层播种，防止药害。

(十八) 花生黄花叶病

(1) 危害症状　花生黄花叶病又称花叶病。早期侵染，植株变矮，单株荚果数和大果比例明显减少。病株在顶端嫩叶上出现褪绿黄斑或网状明脉，叶缘上卷，叶柄下垂，随后发展成黄绿相间的黄花叶，可见网状明脉和绿色条纹，病株中度矮化，籽粒变小（图7-19，见彩图）。

(2) 发生规律　病毒通过带毒花生种子越冬，田间靠蚜虫传播扩散。在病害流行年份，早在花生花期即可形成发病高峰。花生苗期降雨少、温度高的年份，蚜虫发生量大，病害严重流行。雨量多、温度偏低年份，蚜虫发生少，病害轻。

(3) 无公害综合防治技术　①加强管理，与小麦、玉米、高粱等作物间作，可减少蚜传。合理施肥，适当增施草木灰。适时灌溉，雨后及时排水。花蕾期、幼果期、果实膨大期要喷施地果壮蒂灵，可使地下果营养输导管变粗，提高地果膨大活力，增加产量。②药剂防治：注意防治蚜虫，发病初期，要按植保要求用针对性药剂加新高脂膜进行防治。

二、生理性病害防治

花生烂种

(1) 危害症状　春花生播种后出苗前，常发生烂种，造成缺苗断垄（图 7-20，见彩图）。

图 7-20 花生烂种

（2）发生规律 种子质量差或储藏不当，或储藏期过长易引起烂种。地热低洼、土壤黏重、质地差、土壤含水量高，种子出苗时间长，整地不实，影响种子对水分的吸收等也可引起烂种。

（3）无公害综合防治技术 播种前带皮晒种，加快花生新陈代谢，增强种子渗透压，提高种子吸水力；播前 1～3 天剥皮，选粒大无损伤、胚根未萌动的种子播种。

三、虫害防治

（一）花生叶螨

（1）危害症状 叶受害初呈现很多失绿小斑点，渐扩大连片，严重时全叶苍白枯焦早落（图 7-21，见彩图）。

（2）发生规律 华北以雌成虫在杂草、枯枝落叶及土缝中吐丝结网潜伏越冬；2 月均温达 5～6℃时，越冬雌虫开始活动，6～7 月上旬进入发生盛期，对春花生造成局部为害，7 月进入雨季后为害减轻，如后期仍干旱可再度猖獗为害，至 9 月气温下降陆续向杂草上转移，10 月陆续越冬。

（3）无公害综合防治技术 ①提倡与非寄主植物进行轮作，避

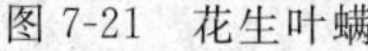
图 7-21　花生叶螨

图 7-22　花生蚜

免与豆类、瓜类进行轮作；适时播种，合理密植；科学施肥，提高植株抗性；合理灌溉，防止过干过湿；田间叶螨大发生时及时拔除被害株；收获后及时清除田间病残体，以及田间、周边杂草。②药剂防治：可喷洒 20％三氯杀螨醇 800 倍液、50％久效磷乳油 1500 倍液、10％浏阳霉素乳油 1000 倍液、44％多虫清乳油（667 米^2 用药 33 毫升）。

（二）花生蚜

（1）危害症状　集中在心叶及幼嫩的叶背面、嫩茎和幼芽为害，开花后为害花萼管、果针，吸食汁液。受害植株生长矮小，叶片卷缩，严重时茎叶变黑，蚜虫排出大量“蜜露”，引起霉菌寄生，重者可造成植株枯死（图 7-22，见彩图）。

（2）发生规律　发生代数因地而异。主要以无翅胎生若蚜于避风向阳处的荠菜、苜蓿、地丁等寄主上越冬，也有少量以卵在枯死寄主的残株上越冬。在南方无越冬现象。

（3）无公害综合防治技术　①花生田周围地块尽量避免种植豌豆等其他寄主植物，以减轻为害。清洁田园，清除田间病残体，以及铲除田间及周边杂草，破坏蚜虫生存环境。②药剂防治：喷洒 10％吡虫啉可湿性粉剂或 50％抗蚜威可湿性粉剂 2500 倍液、50％辛硫磷乳油 1500 倍液。

（三）花生田小绿叶蝉

（1）危害症状　成虫、若虫刺吸叶、嫩梢皮层汁液，致叶缘黄化，叶尖卷曲，叶脉呈暗红色，严重时叶尖、叶缘呈红褐色焦枯状，芽梢生长缓慢甚至停滞（图 7-23，见彩图）。

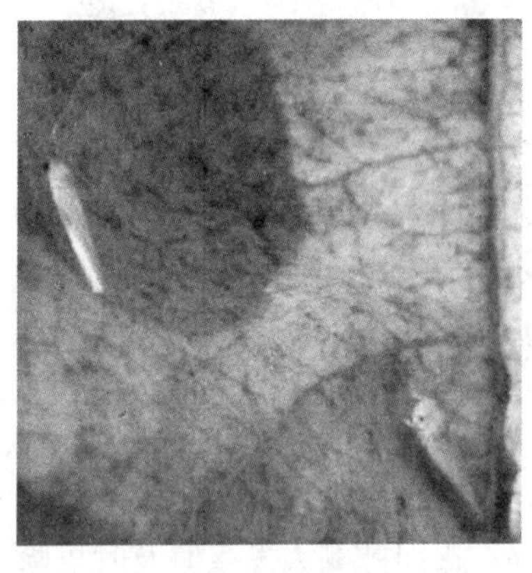
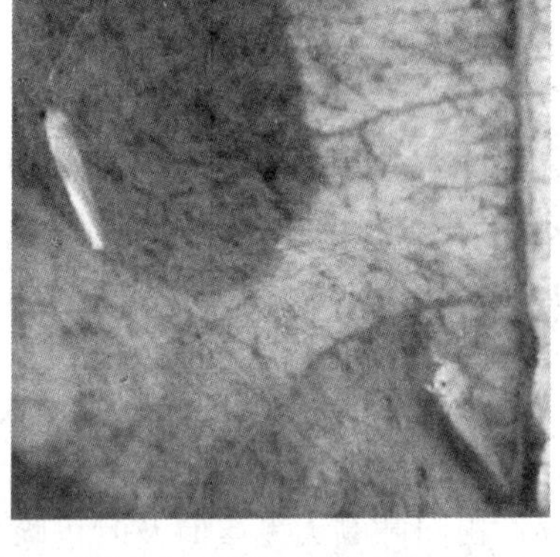

图 7-23　花生田小绿叶蝉

图 7-24　花生田棉铃虫

（2）发生规律　安徽 1 年发生 10 代，3 月中、下旬气温 10℃以上时开始活动，世代重叠，有趋嫩性，喜在芽梢、嫩叶背面栖息，芽下的 2～3 叶虫口数量大，3 龄后若虫、成虫活泼，横行或跳跃。中午烈日照射或阴雨天、露水未干时都躲在花丛中不活动或只在丛间移动。

（3）无公害综合防治技术　①发现杂草及时铲除；及时收获，发现嫩梢上的卵粒随时去除。②药剂防治：当每百叶有虫 20～25 头时，及时喷洒 90％晶体敌百虫 1000 倍液或 50％辛硫磷乳油 1500 倍液、50％杀螟松乳油 1200 倍液。

（四）花生田棉铃虫

（1）危害症状　以幼虫食害花生的叶片和花蕾成缺刻，尤其喜食花蕾，影响受精和果针入土，造成大幅度减产（图 7-24，见彩图）。

（2）发生规律　华北花生区年发生 4 代，主要为害小麦、豌豆、番茄；第二代发生在 6 月中旬至 7 月上旬，主要为害春花生。

（3）无公害综合防治技术　①花生田实行冬深耕，破坏越冬蛹；在成虫发生盛期用杨树枝把诱集成虫。②药剂防治：当有虫株率达到5%～10%时，喷洒10.8%凯撒乳油（每667米^2 4～6毫升）或45%丙·辛乳油1000～1500倍液，667米^{2}喷兑好的药液50升。

（五）花生田灰地种蝇

（1）危害症状　花生出苗前，幼虫钻蛀种子，咬食子叶或胚芽，致种子不能发芽或腐烂；也可钻入幼苗茎内，将茎蛀食成空心而枯萎（图7-25，见彩图）。

图7-25　花生田灰地种蝇

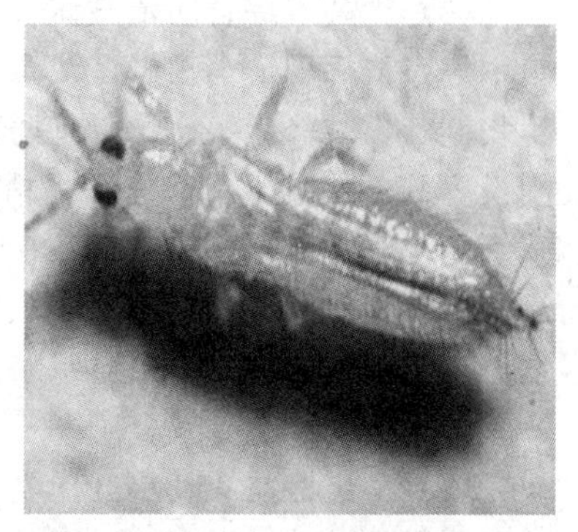

图7-26　花生田大蓟马

（2）发生规律　1年发生2～5代，北方以蛹在土中越冬。种蝇在25℃以上条件下完成1代需19天。35℃以上70%卵不能孵化，幼虫、蛹死亡，故夏季种蝇少见。种蝇喜白天活动，幼虫多在表土下或幼茎内活动。

（3）无公害综合防治技术　①加强管理：改善耕作制度；适时播种，减少低温造成的烂种；合理密植，防止田间郁闭；施用的基肥和饼肥必须充分腐熟，均匀深施后盖土，地面上不露粪肥，减少种蝇产卵；收获后及时深耕，可以杀死部分越冬卵。②药物防治：喷撒1.5%乐果粉剂或2.5%辛硫磷粉剂、2%巴丹粉剂、2.5%敌百虫粉剂，每667米^2 1.5～2千克。

（六）花生田大蓟马

（1）危害症状　成虫、若虫以锉吸式口器穿刺锉伤植物叶片及花组织，吸食汁液。幼嫩心叶受害后，叶片变细长，皱缩不开，形成“兔耳状”。受害轻的影响生长、开花和受精，重则植株生长停滞，矮小黄弱。花受害后，花朵不孕或不结实（图 7-26，见彩图）。

（2）发生规律　以成虫在紫云英、葱、蒜、萝卜等的叶背或茎皮的裂缝中越冬。世代重叠，若虫钻入表土 0.5～1 厘米深处进行蜕皮，蜕皮时先变为预蛹，后再蜕皮化蛹，卵经 1 周羽化为成虫。3～4 月干旱易大发生，高温多雨年份发生轻。

（3）无公害综合防治技术　①早春清除田间杂草和枯枝残叶，集中烧毁或深埋，消灭越冬成虫和若虫。加强肥水管理，促使植株生长健壮，减轻为害。②物理防治：利用蓟马趋蓝色的习性，在田间设置蓝色粘板，诱杀成虫，粘板高度与作物持平。③药剂防治：喷洒 50%辛硫磷乳油 1500 倍液或 10%吡虫啉可湿性粉剂 2500 倍液、30%灭多威乳油 2000 倍液、1.8%爱比菌素 4000 倍液或 20%复方浏阳霉素乳油 1000 倍液。

（七）花生蚀叶野螟

（1）危害症状　幼虫吐丝卷缀叶片，在卷叶内啃食叶肉，只剩叶脉，影响结荚（图 7-27，见彩图）。

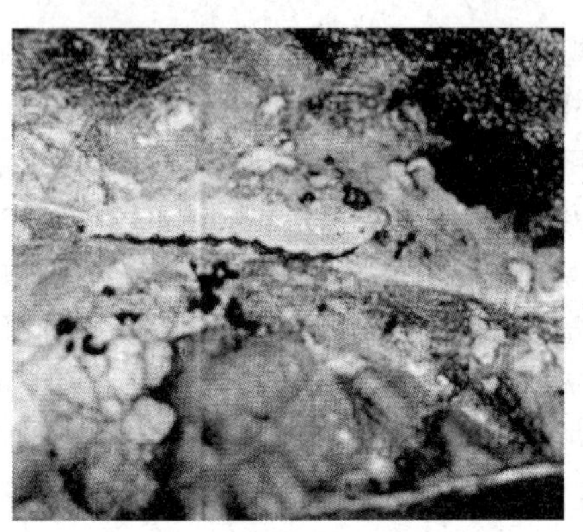

图 7-27　花生蚀叶野螟

（2）发生规律　6～7 月及 8～9 月间出现幼虫大量为害，9 月末至 10 月化蛹、羽化为成虫。白天不活动，夜晚取食。

（3）无公害综合防治技术　①幼虫卷叶后，可摘除卷叶，集中消灭幼虫。合理施肥，适时灌溉，雨后及时排水。花蕾期、幼果期、果实膨大期要喷施地果壮蒂灵，可使地下果营养输导管变粗，提高地果膨大活力，增加产量。②药剂防治：喷洒25%爱卡士乳油1500倍液或50%辛硫磷乳油1200倍液、40%乐果乳油1000倍液加新高脂膜800倍液，隔7～10天1次，防治2～3次。

第五节　黑花生的保健食疗

据检测分析，黑花生富含硒、钙、铜、锌等微量元素。

黑花生油中含有大量的亚油酸，这种物质可使人体内胆固醇分解为胆汁酸排出体外，避免胆固醇在体内沉积，减少多种心脑血管疾病的发生率。黑花生中的锌元素含量普遍高于其他油料作物。每百克花生油的含锌量达到8.48毫克，是色拉油的7倍，是菜籽油的16倍，是豆油的7倍。锌能促进儿童大脑发育，激活中老年人的脑细胞，对延缓衰老有特殊作用。

（1）治疗各种出血症　将落花生衣制成100%注射液，一般少量出血症每日肌内注射1～2次，每次2～5毫升。通常在1～2日内即可收到止血效果。严重大出血可行静脉注射，每日1～2次，每次20～40毫升，在数小时至12小时内即可止血。

（2）治疗慢性气管炎　取落花生衣100克，加水煎约10小时以上，过滤，浓缩到100毫升，加糖。每日分2次服，10日为1个疗程。

（3）治疗冻伤　将花生皮炒黄，研成细粉，每50克加醋100毫升调成浆状，另取樟脑1克，用少量酒精溶解后加入调匀。涂于冻伤处厚厚一层，用布包好。治疗50余例，一般2～3天即愈。

（4）治疗高血压　将花生米泡在醋中，7天后食用，每天早晚各吃10粒，可治疗高血压。

（5）治疗贫血　花生米（连衣）250克，煮酥烂，分3次食用，可治疗贫血，连服1周即可见效。生花生米（连红衣）60克，嚼碎吞食，每天3次，可以辅助治疗血友病，7～14天为1疗程。

（6）治疗久咳少痰　花生米50克，大枣5枚，冰糖50克，水煮饮服，每天 2 次，可以润肺化痰。

（7）治疗胃及十二指肠溃疡　花生米 50 克，浸在清水中，半小时后取出捣烂。将 200 毫升鲜牛奶煮开，加入捣烂的花生，再煮开，取出待凉，加入蜂蜜适量，每晚睡前服用，可治疗胃及十二指肠溃疡。

（8）治疗消化不良症　花生米 30 克，山楂 15 克，炒香嚼服，每天 1 剂，连服数日，可治疗消化不良症。

参　考　文　献

[1]　张红生等. 种子学. 北京：科学出版社，2010.

[2]　严斧. 作物光温生态. 北京：中国农业科学技术出版社，2009

[3]　12316 新农村热线专家组. 玉米栽培与病虫草害防治 400 问. 长春：吉林出版集团有限责任公司，2008.

[4]　刘子丹等. 作物栽培学总论. 北京：中国农业科技出版社，2007.

[5]　谢立勇等. 北方水稻生产与气候资源利用. 北京：中国农业科学技术出版社，2009.

[6]　曹雯梅等. 现代小麦生产实用技术. 北京：中国农业科学技术出版社，2011.

[7]　韩天富. 大豆优质高产栽培技术指南. 北京：中国农业科技出版，2005.

[8]　王铭伦等. 花生标准化生产技术. 北京：金盾出版社，2009.

[9]　毛志善等. 甘薯优质高产栽培与加工. 北京：中国农业出版社，2006.

[10]　徐洪海. 马铃薯繁育栽培与储藏技术. 北京：化学工业出版社，2010.

[11]　中国农业百科全书等编辑部. 中国农业百科全书·农作物卷（上下）. 北京：中国农业出版社，1998.

[12]　中国农业百科全书编委会. 中国农业百科全书·农作物卷（上下）. 北京：农业出版社，1990.

欢迎订阅农业类图书

书号	书　　名	定价/元
18188	作物栽培技术丛书——优质抗病烤烟栽培技术	19.8
17494	作物栽培技术丛书——水稻良种选择与丰产栽培技术	19.8
17426	作物栽培技术丛书——玉米良种选择与丰产栽培技术	23.0
16787	作物栽培技术丛书——种桑养蚕高效生产及病虫害防治技术	23.0
16973	A级绿色食品——花生标准化生产田间操作手册	21.0
18413	水产养殖看图治病丛书——黄鳝泥鳅疾病看图防治	29.0
18391	水产养殖看图治病丛书——常见虾蟹疾病看图防治	35.0
18389	水产养殖看图治病丛书——观赏鱼疾病看图防治	35.0
18420	水产养殖看图治病丛书——常见淡水鱼疾病看图防治	35.0
18211	苗木栽培技术丛书——樱花栽培管理与病虫害防治	15.0
18194	苗木栽培技术丛书——杨树丰产栽培与病虫害防治	18.0
15650	苗木栽培技术丛书——银杏丰产栽培与病虫害防治	18.0
15651	苗木栽培技术丛书——树莓蓝莓丰产栽培与病虫害防治	18.0
18095	现代蔬菜病虫害防治丛书——茄果类蔬菜病虫害诊治原色图鉴	59.0
17973	现代蔬菜病虫害防治丛书——西瓜甜瓜病虫害诊治原色图鉴	39.0
17964	现代蔬菜病虫害防治丛书——瓜类蔬菜病虫害诊治原色图鉴	59.0
17951	现代蔬菜病虫害防治丛书——菜用玉米菜用花生病虫害及菜田杂草诊治图鉴	39.0
17912	现代蔬菜病虫害防治丛书——葱姜蒜薯芋类蔬菜病虫害诊治原色图鉴	39.0
17896	现代蔬菜病虫害防治丛书——多年生蔬菜、水生蔬菜病虫害诊治原色图鉴	39.8
17789	现代蔬菜病虫害防治丛书——绿叶类蔬菜病虫害诊治原色图鉴	39.9
17691	现代蔬菜病虫害防治丛书——十字花科蔬菜和根菜类蔬菜病虫害诊治原色图鉴	39.9

续表

书号	书　名	定价/元
17445	现代蔬菜病虫害防治丛书——豆类蔬菜病虫害诊治原色图鉴	39.0
17525	饲药用动植物丛书——天麻标准化生产与加工利用一学就会	23.0
16916	中国现代果树病虫原色图鉴(全彩大全版)	298.0
17326	亲近大自然系列——常见野生蘑菇识别手册	39.8
15540	亲近大自然系列——常见食药用昆虫	24.8
16833	设施园艺实用技术丛书——设施蔬菜生产技术	39.0
16132	设施园艺实用技术丛书——园艺设施建造技术	29.0
16157	设施园艺实用技术丛书——设施育苗技术	39.0
16127	设施园艺实用技术丛书——设施果树生产技术	29.0
09334	水果栽培技术丛书——枣树无公害丰产栽培技术	16.8
14203	水果栽培技术丛书——苹果优质丰产栽培技术	18.0
09937	水果栽培技术丛书——梨无公害高产栽培技术	18
10011	水果栽培技术丛书——草莓无公害高产栽培技术	16.8
10902	水果栽培技术丛书——杏李无公害高产栽培技术	16.8
12279	杏李优质高效栽培掌中宝	18

如需以上图书的内容简介、详细目录以及更多的科技图书信息，请登录 www.cip.com.cn。

邮购地址：(100011) 北京市东城区青年湖南街13号　化学工业出版社

服务电话：010-64518888，64519683（销售中心）；如果出版新著，请与编辑联系：010-64519351